金属工艺基础

主　编　周光万
副主编　曹凤红　程精涛　高红莲
参　编　尹小燕　陈　永　刘　峰　吴振远
　　　　毛　磊　宋月鹏　李　响
主　审　董仲良

机械工业出版社

本书系统地介绍了金属零件制造工艺技术基础，阐述了热加工和冷加工工艺方法本身的规律性及在机械加工中的应用和相互联系。内容包括：金属材料及热处理、铸造、金属的塑性成形、焊接、金属切削加工、精密加工和特种加工、典型表面加工分析、金属工艺过程的拟定。书中涵盖一定数量的实例，以加深读者对理论知识的理解和记忆；每章后列出复习题，便于读者掌握所学知识。

本书可作为高等院校机械类和材料成形类各专业的教材，也可供机械工程技术人员参考。

图书在版编目（CIP）数据

金属工艺基础/周光万主编. —北京：机械工业
出版社，2014.1
ISBN 978 - 7 - 111 - 44978 - 2

Ⅰ.①金…　Ⅱ.①周…　Ⅲ.①金属加工 - 工艺学
Ⅳ.①TG

中国版本图书馆 CIP 数据核字（2013）第 288683 号

机械工业出版社（北京市百万庄大街 22 号　邮政编码 100037）
策划编辑：陈保华　责任编辑：陈保华　杨明远
版式设计：常天培　责任校对：程俊巧
责任印制：张　楠
北京京丰印刷厂印刷
2014 年 1 月第 1 版 · 第 1 次印刷
169mm×239mm · 18 印张 · 399 千字
0 001— 3 500 册
标准书号：ISBN 978 - 7 - 111 - 44978 - 2
定价：42.00 元

前　言

随着工业技术的发展和改革开放的不断深入，新一轮的产业调整使我国成为制造业大国。机械制造业作为技术密集型产业，它的健康快速发展离不开高素质的机械加工技术人员。为了方便广大机械行业领域的技术人员、相关专业在校师生掌握金属零件制造工艺技术的基础知识，我们编写了这本《金属工艺基础》。

本书包含热加工和冷加工两部分内容。

热加工部分包括第1章至第4章。第1章金属材料及热处理，主要讲述金属材料的主要性能、热处理方法和工业用钢；第2章铸造，主要讲述铸造的工艺基础，着重介绍砂型铸造和特种铸造；第3章金属的塑性成形，主要讲述金属的塑性变形实质，塑性变形后对金属材料的力学性能和组织的影响，锻造工艺的制订及冲压过程；第4章焊接，主要讲述焊条电弧焊、埋弧焊、气体保护焊、钎焊、高能束焊和其他常用焊接技术在生产中的应用，以及金属材料的焊接性及焊接结构设计。

冷加工部分包括第5章至第8章。第5章金属切削加工，主要讲述切削加工概念、刀具材料及刀具角度、切削过程及影响加工质量的主要因素，以及常见的切削加工方法，如车削、钻削、镗削、刨削、拉削、铣削和磨削；第6章精密加工和特种加工，主要讲述精整加工、光整加工及特种加工的特点和应用；第7章典型表面加工分析，主要讲述外圆面加工、孔加工、平面加工、螺纹加工及齿轮加工；第8章金属工艺过程的拟定，主要讲述工件的装夹和夹具对加工质量的影响，以及工艺规程的拟定和典型零件加工工艺实例。

本书由成都理工大学工程技术学院的周光万担任主编，曹凤红、程精涛、高红莲担任副主编，董仲良担任主审。参加编写的人员有：成都理工大学工程技术学院的尹小燕，郑州大学材料学院的陈永、刘峰、吴振远、毛磊、宋月鹏、李响。在本书编写过程中得到了刘克威老师的帮助，在此表示衷心的感谢。

由于编者的水平所限，书中难免存在错误、疏漏和不当之处，恳求广大读者批评指正。

编　者

目　录

第1章 金属材料及热处理

现代工业、农业、国防和科学技术都离不开工程材料，而金属材料是制造工程结构件、设备、机器和零件的主要材料。金属材料及热处理主要是研究金属材料的化学成分及主要性能，经热处理后其内部组织与性能之间的相互关系。

金属材料的性能包括力学性能、物理化学性能及工艺性能，见表1-1，它们是进行结构设计、选用和制订加工工艺的重要依据。

表 1-1　金属材料的性能

性能种类	具体内容
力学性能	强度、硬度、塑性、韧性和疲劳强度等
物理性能	熔点、密度、导电性、导热性等
化学性能	耐蚀性、抗氧化性等
工艺性能	铸造性能、焊接性能、锻压性能、切削加工性、淬透性等

1.1 金属材料的主要力学性能

金属材料的力学性能是金属材料在外力作用下表现出来的性能，包括强度、硬度、塑性、韧性和疲劳强度等。

1.1.1 强度

强度是金属材料在外力作用下抵抗永久变形和断裂的能力。工程上常用抗拉强度和屈服强度来表征金属材料的强度。

1. 拉伸力-伸长曲线

抗拉强度和屈服强度是用拉伸试验来测定的。试验前先将被测金属材料制成图 1-1a 所示的标准试样。将试样装在拉伸试验机上缓慢地施加轴向静载荷，使之承受轴向静拉力。随载荷的不断增加，试样逐渐被拉长，直到拉断为止，如图 1-1b 所示。试验机会

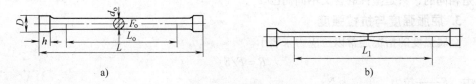

图 1-1　拉伸试验标准试样

a）试验前　b）试验后

自动记录每一瞬间的拉伸力（拉力）F 和伸长量 ΔL，并绘出拉伸力-伸长曲线。低碳钢的拉伸力-伸长曲线如图 1-2 所示。

低碳钢的拉伸力-伸长曲线中，当拉力不超过 F_e 时，Oe 是直线，拉力与变形量成正比，拉力卸去后，试样恢复到原来的长度，这种变形称为弹性变形。拉力超过 F_e 后，试样除发生弹性变形外，还产生了部分塑性变形，此时卸去拉力后，试样不能恢复到原来的长度，这种变形称为塑性变形。当拉力继续增加到 F_{eH} 不再增加，但试样仍然继续伸长，此点（H 点）称为上屈服点，当拉力下降到 F_{eL} 后，曲线开始上升，此点（L 点）称为下屈服点，这种现象称为"屈服"。拉力继续增加，塑性变形明显增大。当拉力增加到 F_m 以后，试样截面局部开始变

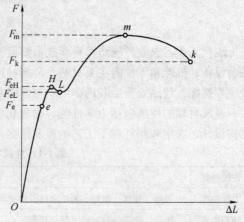

图 1-2　低碳钢的拉伸力-伸长曲线

细，出现了"缩颈"，如图 1-1b 所示。因为截面积变小，继续变形所需的拉力减小，而变形量增大，当拉力在 F_k 时试样在缩颈处断裂。

从图 1-2 中可以看出，低碳钢拉伸过程中的四个阶段如下：

1）Oe 段为弹性变形阶段。可以认为，此阶段变形完全是弹性变形。

2）eL 段为屈服变形阶段。此阶段发生弹塑性变形，即除了有弹性变形外，还有塑性变形。

3）Lm 段为强化变形阶段。经过屈服阶段后，材料内部组织起了变化，从而提高了材料抵抗变形的能力。

4）mk 段为缩颈变形阶段。当外力达到强度极限后，外力开始下降，试样截面局部开始变细，出现缩颈，直至断裂。

2. 应力-延伸率曲线

为了更好地反映出材料的力学性能，可将纵坐标的拉力改用应力 R 表示，将横坐标的变形量改为延伸率 e。应力即单位截面上所受的力，受拉力时称为正应力；当单位截面上受的是压力时称为负应力，用 $-R$ 表示。延伸率表示的是单位长度的伸长量，$e = \Delta L / L_o$。此时绘成的曲线称为应力-延伸率曲线（R-e 曲线）。R-e 曲线与 F-ΔL 曲线形状是相同的，只是坐标的含义不同而已。

3. 屈服强度与抗拉强度

金属强度的指标通常以拉应力来表示。

$$R = F/S_o$$

式中　F——拉力，单位为 N；

　　　S_o——试样原始横截面积，单位为 mm^2。

应力 R 单位为 MPa（兆帕）或 Pa（帕），是国际单位制。目前我国材料手册中有的

还用工程单位制，即 kgf/mm^2（千克力每平方毫米），两者的关系为 $1kgf/mm^2 \approx 10MPa$。

（1）屈服强度　当金属材料呈现屈服现象时，在试验期间达到塑性变形发生而拉力不增加，但试样仍然发生塑性变形而伸长。屈服强度应区分为上屈服强度 R_{eH}（试样发生屈服而拉力首次下降前的最大应力）和下屈服强度 R_{eL}（在屈服期间，不计初始瞬时效应时的最小应力），如图 1-3 所示。

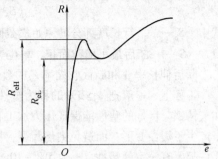

图 1-3　上屈服强度和下屈服强度

有些材料的应力-延伸率曲线没有明显的屈服强度，工程规定以试样产生 0.2% 塑性变形时的应力作为材料的屈服强度，用 $R_{p0.2}$ 表示。

屈服强度是材料力学性能的重要指标之一。因为机械零件在工作中是不允许产生塑性变形的，所以在机械中绝大多数传动件，都以屈服强度作为强度设计指标的依据。

（2）抗拉强度　材料在拉断前所能承受的最大最大应力，用 R_m 表示。

$$R_m = F_m/S_o$$

式中　R_m——抗拉强度，单位为 MPa；

F_m——最大拉力，单位为 N；

S_o——原始横截面积，单位为 mm^2。

抗拉强度也是材料的主要力学性能指标之一，它表征材料在拉伸条件下所能承受的最大应力值。机械零件或金属构件，当应力达到 R_m 时，意味着要发生断裂。对于脆性材料（如灰铸铁等）断裂前不发生塑性变形，无屈服之言，则用 R_m 作为强度设计的依据。因此，除脆性材料外，R_m 不直接用于强度计算，通常只作为材料质量评定指标或间接用于估算材料的疲劳能力。

1.1.2　塑性

塑性是指金属材料在外力作用下产生塑性变形（或永久变形）而不被破坏的能力。常用的塑性指标有断后伸长率 A 和断面收缩率 Z。

1. 断后伸长率

试样拉断后的标距残余伸长与原始标距的百分比，称为断后伸长率，用 A 表示。

$$A = [(L_u - L_o)/L_o] \times 100\%$$

式中　L_o——原始标距，单位为 mm；

L_u——断后标距，单位为 mm。

必须指出，断后伸长率的数值与试样尺寸有关。因此，试验时应对所选定的试样尺寸作出规定，以便进行比较。当用断后伸长率比较材料的塑性时，只能在相同规格的材料之间进行比较。

2. 断面收缩率

试样拉断后，横截面积的最大缩减量与原始横截面积的百分比，称为断面收缩，

用 Z 表示。

$$Z = \left[\left(S_{o} - S_{u} \right) / S_{o} \right] \times 100\%$$

式中　S_{o}——平行长度部分的原始横截面积，单位为 mm^{2}；

　　　S_{u}——断后最小横截面积，单位为 mm^{2}。

断后伸长率 A 和断面收缩率 Z 的数值越大，表示材料的塑性越好。

工程上，一般把 $A > 5\%$ 的称为塑性材料，如低碳钢；把 $A < 5\%$ 的称为脆性材料，如灰铸铁。良好的塑性能保证压力加工和焊接，又能保证机械零件一旦遇到超载时，由于产生了塑性变形，而避免突然断裂，从而增加零件的安全可靠性。因此，一般的机械零件都要有一定的塑性（A 为 $5\% \sim 10\%$）。

1.1.3 硬度

硬度是金属表面抵抗局部变形、压痕、划痕的能力。它是衡量金属软硬的指标。硬度的高低直接影响到机械零件表面的耐磨性和寿命。硬度不像强度和塑性那样是一对一的物理量，它是材料强度、塑性和加工硬化倾向的综合反映。也就是说，硬度的高低在一定程度上反映了金属材料强度、塑性的大小。工程上常用的硬度有布氏硬度和洛氏硬度。

1. 布氏硬度

布氏硬度的测试方法如图 1-4 所示，用一定载荷 F 把直径为 D 的硬质合金钢球压入被测材料的表面，停留一定时间后，卸去载荷。由于 D 和 F 都是定值，卸去载荷后，用专用的放大镜测出压痕直径 d，并依据 d 的数值从专门的表格中查出相应的布氏硬度值，用 HBW 表示。数据写在符号的前面，如 350HBW。

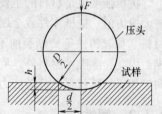

图 1-4　布氏硬度试验原理图

因为布氏硬度计测量面积大，不受内部硬质点和空穴的影响，所以用它测量的硬度数据准确，重复性好。但它不能测薄壁件和在工件上直接应用，因为它压痕大，影响工件的表面质量。

2. 洛氏硬度

洛氏硬度测试的原理是，用一定的载荷将顶角为 $120°$ 的金刚石锥体或直径为 $1.588\mathrm{mm}$ 的淬火钢球压入被测试件的表面，根据压痕深度测出它的硬度值。洛氏硬度计是从洛氏硬度刻度盘上直接读数的。现在的新型洛氏硬度计如图 1-5 所示。该硬度计操作简便，测量准确，多点测试后，直接打印出来，并求出平均值。洛氏硬度共有 15 种不同的洛氏硬度标尺，标注在洛氏硬度符号 HR 后面，组成 15 种硬度符号，分别为 HRA、HRB、HRC、HRD、 HRE、 HRF、 HRG、 HRH、 HRK、 HR15N、

图 1-5　新型洛氏硬度计

HR30N、HR45N、HR15T、HR30T、HR45T。其中，HRC 应用最广泛。硬度的表示方法：硬度数字标在符号前面，如 180HBW、45HRC。表 1-2 所示为几种洛氏硬度测试规范。

表 1-2   几种洛氏硬度测试规范

标尺	压头类型	主试验力	适用测试材料	测量范围
HRA	120°金刚石圆锥压头	50kgf（490.3N）	硬质合金、表面淬火钢等	20～88HRA
HRB	直径为 1.588mm 的球[①]	90kgf（882.6N）	退火钢、灰铸铁、非铁合金等	20～100HRB
HRC	120°金刚石圆锥压头	140kgf（1373N）	淬火钢、调质钢等	20～70HRC

① 淬火钢球（HRBS）或硬质合金球（HRBW）。

洛氏硬度的优点是：既能测试软材料，又能测试硬材料；既能在试件上测试，也能在成品上测试；操作简便、迅速、压痕小，且不伤零件。缺点是测得数据重复性较差，需多点测试，求出平均值。

由于硬度是材料塑性、强度以及塑性过程中加工硬化的综合反映，所以机械零件的硬度高低不仅影响零件的耐磨性，同时也影响其强度、刚性和工艺性。因此，机械零件图上一般只标硬度，其他性能不标注。

1.1.4 韧性

很多的机械零件，如锻锤的锤头、冲模等，在工作中要承受冲击载荷。如果只用静载荷来计算零件的强度极限指标显然是不合理的，为此应考虑材料承受冲击的能力，这样才能保证这些零件在工作中的安全性。冲击韧性是指材料在冲击载荷作用下吸收塑性变形功和断裂功的能力，常用冲击吸收能量和冲击韧度来表示。

工程上目前通常采用摆锤冲击试验法来测量金属材料的冲击韧性。冲击试样如图 1-6a 所示，冲击试验机如图 1-6b 所示。按图 1-6c 所示，将冲击试样安装在试验机上，此时摆锤（质量为 m）的位能为 mgH_1，然后自由落下一次性冲断试样，冲断试样后，摆锤凭借剩余的能量 mgH_2 又升到 H_2 的高度。摆锤冲断试样所消耗的位能称为冲击吸收能量，用符号 KV（V 型缺口）或 KU（U 型缺口）表示，单位为 J，即 $KV = mg(H_1 - H_2)$。

冲击韧度可按以下公式计算

$$a_K = KU（或 KV）/S$$

式中 a_K——冲击韧度，单位为 J/cm²；

KU（或 KV）——冲击吸收能量（可在刻度盘上读出），单位为 J；

         S——试样缺口处的横截面积，单位为 cm²。

通常情况下，在试件上都开有如图 1-6a 所示的 U 型缺口，便于冲断。但是，对于脆性材料一般不开缺口（如铸铁、淬火钢等），防止冲击值较低。

冲击值的大小，与许多方面有关，它不仅受试样形状、表面粗糙度及内部缺陷、组织的影响，还与试验的环境温度有关，因此它仅作选择材料时的参考，不直接用于强度计算。

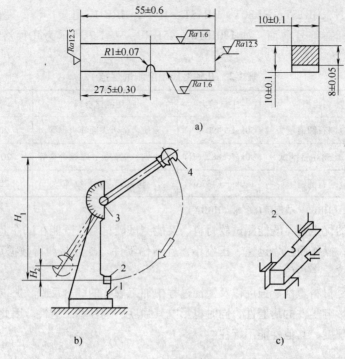

图 1-6 冲击试验原理

a）冲击试样 b）冲击试验机 c）安装示意图

1—试验机底座 2—冲击试样 3—刻度盘 4—摆锤

1.1.5 疲劳强度

疲劳强度 S 是指材料在多次（10^7 或更高次数）交变载荷作用下而不引起断裂的最大能力。将按正弦曲线变化的对称循环应力用 σ_N 表示。

有些零件如曲轴、齿轮连杆、弹簧，在工作中各点受到方向、大小、反复变化的交变应力的作用，在工作一段时间后，有时突然发生断裂，而这时的应力往往远远小于该材料的抗拉强度 R_m，有时甚至小于屈服强度。这种断裂称为疲劳断裂。

断裂是机械零件失效中最严重和最危险的现象。就断裂而言，有韧性断裂、脆性断裂和疲劳断裂。工件在经历一段时间后，伴随有明显的塑性变形而断裂，这种断裂称为韧性断裂。韧性断裂的断口多呈纤维状，暗淡而无光泽。如果断裂前没有明显的变形预兆，而突然断裂，这种断裂称为脆性断裂。脆性断裂的断口平整，有金属光泽。在交变载荷作用下，机械零件所承受的应力远远小于屈服极限应力，突然发生断裂，而且事前无明显塑性变形预兆，这种断裂称为疲劳断裂。疲劳断裂的断口既不像脆性断裂那样平整有光泽，也不像韧性断裂那样有明显的塑性变形，介于两者之间，在显微镜下可以观察到三个明显区域：光滑的裂纹发生区、波浪状的裂纹扩展区和结晶或纤维状的最终断裂区。无论哪种断口，它的发展过程都是由裂纹的发生和裂纹的进一步扩展两个阶段构成的。

　　图 1-7 所示为通过疲劳试验得出的循环应力 σ_N 与断裂前的应力循环次数 N 的疲劳

曲线。材料所承受的循环应力越大而应力
循环次数就越小；当循环应力低于某一值
时，疲劳曲线呈水平曲线，表明金属材料
在此应力下，可经受无数次应力循环仍不
发生断裂，此时的应力值称为材料的疲劳
强度，用 S 表示。

　　影响材料疲劳强度的因素有：材料的
内部缺陷、表面划痕、表面应力性质、载
荷性质及结构形状等。提高疲劳强度的措

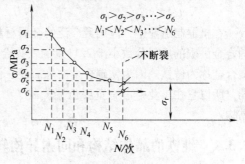

图 1-7　疲劳曲线示意图

施有：改善其形状结构，减少应力集中；采取用喷丸和表面热处理来提高零件的表面质
量；尽量控制夹渣、气孔等缺陷。

1.2　金属材料的物理化学性能及工艺性能

1.2.1　物理性能

　　金属材料的物理性能指材料的密度、熔点、热膨胀性、导电性和磁性等。

　　由于机械零件的用途不同，对其材料物理性能的要求也不同。例如：飞机应用密度
小的铝镁钛合金；熔点高的合金用来制造耐热零件，如飞机发动机的涡轮叶片；而散热
器、热交换器等应选用导热性好的材料；托克马克热核反应环流器装置、热核反应装
置、扫雷舰应选用无磁材料。选材料时，应注意工作环境、工作性质，选择相应的金属
材料，否则就会造成不必要的损失。

1.2.2　化学性能

　　金属材料的化学性能主要是指在常温下或高温下，对周围介质抗侵蚀的能力。例
如：啤酒发酵罐应选耐酸性腐蚀的材料（不锈钢）制造；船舶应选用耐碱性腐蚀的材
料制造；医疗、食品机械应选用不锈钢制造。

1.2.3　工艺性能

　　工艺性能是指金属材料适应加工工艺要求的能力。工艺性能主要有铸造性能、锻压
性能、焊接性能、切削加工性能等。这些性能都是由材料的物理性能、化学性能、力学
性能综合决定的。例如，灰铸铁有好的铸造性能，流动性好、收缩性小，所以广泛用来
制造复杂铸件。需指出，可锻铸铁塑性很差，不能因为名字就采用锻造加工，其实可锻
铸铁是不可锻造的。低碳钢的碳含量低，焊接性好，常常用来制造焊接结构件。

1.3   铁碳合金及相图

在机器制造业中，应用最广泛的金属材料就是铁碳合金，铁碳合金就是铁和碳组成的合金。碳的质量分数小于 2.11% 的铁碳合金称为钢，碳的质量分数大于 2.11% 的铁碳合金称为铸铁。因为铁碳合金冶炼简便、价格低廉，并具有良好的力学性能和工艺性能，所以它在工业中占有重要位置。欲了解钢和铸铁的本质，必须先了解纯铁的晶体结构。

1.3.1   纯铁的晶体结构和同素异构转变

1. 金属的结晶

物质由液态转变为固态晶体的过程称为结晶。结晶的实质是指原子从无规则排列到有规则排列的过程。因此，金属的结晶就是由液态金属原子转变为固体晶体的过程，即金属原子由无序排列到有序排列过程。

纯金属的结晶是在一定温度下进行的。图1-8 所示为纯金属结晶时的冷却曲线，该图的纵坐标表示温度 T，横坐标表示时间 t。冷却曲线是用热分析法测定出来的。从图 1-8a 可看出，曲线上有条水平线，这就是由于结晶热的放出，补偿了热量的损失，保持温度不变，从而使曲线在结晶时呈水平直线。该水平线所对应的温度即为纯金属的理论结晶温度（纯铁的理论结晶温度为 1538℃），用 T_0 表示。在实际生产中，冷却速度是较快的，不可能那么缓慢，实际结晶温度用 T_n 表示，它总低于理论结晶温度的这种现象称为过冷。把理论结晶温度与实际结晶温度之差称为过冷度，用 ΔT 表示，即 $\Delta T = T_0 - T_n$，如图 1-8b 所示。金属结晶的过冷度大小与冷却速度有关，冷却速度越快，金属的实际结晶温度就越低，过冷度就越大；反之，冷却速度越慢，过冷度就越小。

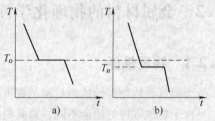

图 1-8   纯金属结晶时的冷却曲线
a）理论冷却曲线 b）实际冷却曲线

液态金属结晶过程是遵循"晶核不断形成和长大"这个结晶基本规律进行的，如图 1-9 所示。液态金属冷却时，首先出现一些极细微的小晶体，称之为晶核。在这些晶核中，有的依附原子自发地集聚在一起，并按一定的规律排列而成，这些晶核称为自发晶核。随着温度的降低，自发晶核越来越多。另外，液态中还有些高熔点的杂质，其中有些杂质也起到了晶核的作用，这种晶核称为外来晶核。随着温度的降低，自发晶核和外来晶核逐渐增多，而最先形成的晶核也不断按树枝方向长大，当它们长大方向互相抵触时，这个方向就停止生长。晶核不断出现并逐渐长大，当液态耗尽，结晶完毕。

结晶的过程中晶核形成和长大是同时进行的，直至结晶完毕。

金属晶粒的大小对其力学性能有很大影响：晶粒越细，金属的强度、硬度就越高，塑性、韧性就越好。晶粒细化，决定晶核数目的多少，晶核越多，晶粒就越细，晶粒长

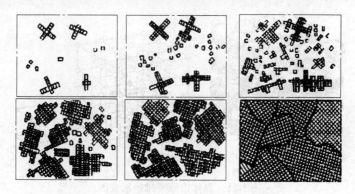

图 1-9　液态金属结晶过程

大的余地就越小。因此，细化晶粒的途径主要有以下几方面：

（1）控制过冷度　形核率和长大率与过冷度有关。过冷度越大，即冷却速度较快，形核率和长大率都增加，但两者的增加速率不同，形核率 N 大于长达率 G，N/G 的值越大，形成的晶核数目就越多，晶粒就越细小，如图 1-10 所示。

（2）变质处理　用增大过冷度来细化晶粒，只对小型铸件、薄件有效，对于厚壁铸件就不太实用。如果在浇注前向液态金属中加入形核剂（外来晶核），则可促进形成大量的非均匀晶核来细化晶粒。例如：在钢中加入钛、锆、钒；在

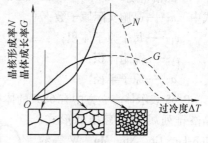

图 1-10　过冷度的影响

N—形核率　G—长大率

铸铁中加入硅、铁既可以增加外来晶核的数目，又可以为促进石墨化出力。

（3）振动和搅拌　对即将凝固的金属进行振动或搅拌：一方面靠人工输入能量，促进晶核的形成；另一方面将结成树枝晶的晶核打碎成多晶核。这也是一种细化晶粒的有效措施。

（4）塑性加工和热处理　对已凝固的固态金属，可进行塑性加工和热处理来细化晶粒，如正火、退火等方法。

2. 纯铁的晶体结构

晶体中原子总是按一定规律排列的，如图 1-11a 所示。这种内部原子作规律排列的物质称为晶体。为了描绘晶体内部原子在空间排列的方式，用假想的直线将原子中心连接起来，使之成为空间格子，这就是晶格，如图 1-11b 所示。每一种晶格反映出一定的排列规律，而组成晶格的最小基本单元称为晶胞，如图 1-11c 所示。

常见的晶胞结构有体心立方晶格、面心立方晶格和密排六方晶格。

（1）体心立方晶格　体心立方晶格是长、宽、高都相等的立方体，如图 1-12a 所示。在立方体的八个顶角都有一个原子，在正方体的中心还有一个原子，所以实际原子数为 $8 \times 1/8 + 1 = 2$。由此还可以推算出原子在这类晶胞所占体积的百分数，称其为晶

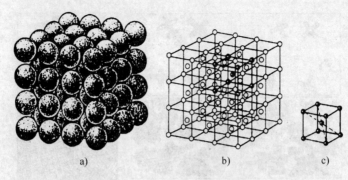

图 1-11　晶体中原子排列示意图

a）原子堆垛模型　b）晶格　c）晶胞

格密度。

$$晶格密度 = nv_1/v_2 = \left(2\times4/3\pi r^3\right)/a^3 = \left[2\times4/3\pi\left(\sqrt{3}/4a\right)^3\right]/a^3 = 0.68$$

式中　n——晶胞实际原子数；

v_1——每个原子体积；

v_2——晶胞体积；

a——原子半径。

0.68 表示体心立方中有68%的体积被原子占据，其余32%为间隙体积，所以这种晶格排列属于紧密排列形式。如 δ-Fe、Cr、Nb、Mo、W 等约30 多种金属属于此种排列。

（2）面心立方晶格　面心立方晶格同样是一个立方体，除在立方体的八个顶角上各有一个原子外，在立方体的六个面的中心各有一个原子，如图1-12b 所示，用上述同样的计算方法，计算出原子数为4，晶格密度为 0.74，即原子占据的体积为74%，空隙为26%，也属于紧密排列。如 γ-Fe、Cu、Ni、Al、Ag 等约20 多种金属属于此种排列。

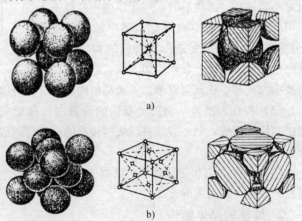

图 1-12　体心立方和面心立方晶格

a）体心立方　b）面心立方

（3）密排六方晶格　密排六方晶格如图 1-13 所示，它是由六个呈正六边形的底面所组成的一个正六方柱体，其原子

图 1-13　密排六方晶格

数为 $6 \times 1/6 \times 2 + 2 \times 1/2 + 3 = 6$，晶格密度为 74%，也属于紧密排列，如 Mg、Zn、Be、Cd、δ-Ti、δ-Co。

3. 纯铁的同素异构转变

大多数金属在结晶后，直至冷却到室温，其晶格的类型都不会发生改变。但是有些金属，如 Mn、Fe 就不同，在凝固以后的不同温度下有着不同的晶格结构。这种在固态下由于温度的改变致使晶格也随之发生改变的现象，称为同素异构转变。

图 1-14 所示为纯铁冷却曲线。由该图可知，液体凝固时晶体是体心立方晶格，称之为 δ-Fe。在 1394℃ 时发生同素异构转变，在恒温下转变为面心立方晶格，称之为 γ-Fe，它是无磁性的。当温度冷却到 912℃ 时，面心立方晶格的 γ-Fe 在恒温下转变为体心立方晶格，称之为 α-Fe。从图 1-14 中还可以看出，同素异构转变和液态金属结晶类似，同样遵循晶核的形成与长大同时进行的规律，也有过冷现象，也有结晶热放出，整个转变是在恒温下进行的，所以曲线有三个平台。上述的同素异构转变对钢铁的热处理有着重要的意义，

尤其是：$\gamma\text{-Fe} \xrightarrow{912℃} \alpha\text{-Fe}$。

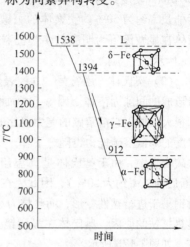

图 1-14　纯铁冷却曲线
及晶体结构变化

纯铁在同素异构转变时，由于密度发生变化，伴随着发生体积的变化，这种变化是热加工时产生内应力的原因之一。钢铁材料之所以能通过热处理的方法来达到改善其性能的目的，就是利用了这一特性。

1.3.2　铁碳合金的基本组织

1. 固溶体

有些合金的组元在固态时具有一定的相互溶解的能力，例如，一部分碳原子能溶解到铁的晶格内，铁是溶剂，碳是溶质，而合金的晶格仍保持铁原有晶格类型。这种溶质溶入溶剂晶格而保持溶剂晶格类型不变的金属晶体，称为固溶体。固溶体又有置换固溶体和间隙固溶体之分，如果溶质代替了部分溶剂原子，占据溶剂晶格某些结点位置时，所形成的固溶体称为置换固溶体；当溶质原子在溶剂晶格中不占据结点位置，而是嵌入各结点之间的空隙所形成的固溶体称为间隙固溶体。铁碳合金中的固溶体都是碳溶入铁的晶格中的间隙固溶体，如图 1-15 所示。而碳的溶解度是有限的，属有限固溶体，碳在铁中的溶解能力取决于铁的晶格类型，并随温度的升高而增加。

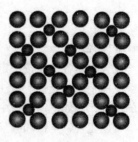

图 1-15　间隙固溶体

碳溶入铁形成固溶体，溶剂铁的晶格产生不同程度的畸变，如图 1-16 所示。正是这种畸变使合金的塑性降低，强度、硬度有所增加，这就是所谓的固溶强化。

（1）铁素体　用符号"F"表示。它是碳溶入 α-Fe 中形成的间隙固溶体。它溶碳能力小，在 727℃时最大溶解度为 0.0218%。铁素体的性能接近纯铁，屈服强度约为 250MPa，硬度约为 80HBW，冲击韧度为 45 ~ 50J/cm²，断后伸长率约为 50%。铁素体的可锻性和焊接性都很好。铁素体在显微镜下为明亮的多边晶粒，但晶界曲折，如图 1-17a 所示。

图 1-16　溶剂铁产生晶格畸变

（2）奥氏体　用符号"A"表示，它是碳溶入 γ-Fe 中所形成的间隙固溶体。因 γ-Fe 为面心立方晶格，原子间空间很大，所以它溶解碳的能力要比 α-Fe 高许多。在 1148℃，最大溶解度为 2.11%，随温度的降低溶碳能力也随之下降，当温度达到 727℃时，碳的质量分数约为 0.77%。在铁碳合金中，由于奥氏体是高温组织，强度、硬度都不高，但它的高温塑性特别好（断后伸长率约为 50%），因此，在钢的轧制或锻造时，都要加热形成奥氏体状态，这时钢易于进行塑性变形，而且抗力小。冷却后就不是奥氏体了，变形就困难了，这就是趁热打铁的原因。奥氏体在显微镜下呈多边形晶粒，晶界较铁素体平直，并存有双晶节，如图 1-17b 所示。

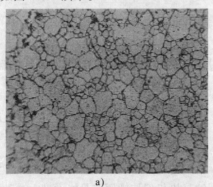

a)　　　　　　　　　　　　　　　　b)

图 1-17　铁碳合金的基本组织

a）铁素体　b）奥氏体

2. 化合物

化合物是各组元按一定的整数比结合而成，并具有金属性质的均匀物质，它属于单相组织的金属化合物。需注意的是，金属化合物与金属中存在某些非金属化合物有着本质的不同，例如，钢和铁中存在的 FeS、MnS，不具有金属性质，它属于非金属夹杂物。

金属化合物是铁和碳形成的化合物，通常把 Fe₃C 称为渗碳体，它具有复杂的晶格类型。

渗碳体的性能：碳的质量分数高达 6.69%。其性能是硬度很高，强度低，塑性差，韧性极差，断后伸长率接近于零，故不能单独使用，而是与铁素体、奥氏体等组成机械混合物。

渗碳体是钢种的强化相，其组织可呈片状、粒状、网状等不同形状。渗碳体的数量、形状和分布均对钢的性能有很大的影响。

渗碳体在一定条件下可发生分解，形成石墨，其反应式为

$$Fe_3C = 3Fe + C$$

3. 机械混合物

机械混合物是由结晶过程所形成的两相混合组织。它可以是纯金属、固溶体或化合物各自的混合物，也可以是它们之间的混合。机械混合物各相保持原有的晶格，其性能介于各组成相之间，它不仅取决于各相的性能和比例，还与各相的形状、大小和分布有关。铁碳合金中的机械混合物有珠光体和莱氏体。

（1）珠光体　珠光体是铁素体和渗碳体组成的机械混合物，用符号"P"表示。

珠光体的性能：碳的质量分数为 0.77%，由于渗碳体在混合物中起到了强化相作用，珠光体的性能比单一的铁素体的性能高了许多。珠光体的抗拉强度高（约为750MPa），硬度较高（约为180HBW），而且塑性和韧性比较好（断后伸长率为20% ~ 25%，冲击韧度为 $30 \sim 40$ J/cm^2）。

珠光体在显微镜下呈片状，如图 1-18所示，其中白色的为铁素体，黑色点状的为渗碳体。

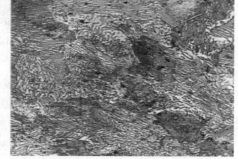

图 1-18　珠光体

（2）莱氏体　莱氏体是奥氏体和渗碳体组成的机械混合物。莱氏体分为高温莱氏体和低温莱氏体。高温莱氏体是奥氏体和渗碳体组成的机械混合物（A + Fe$_3$C），存在于727℃以上，用 Ld 表示。当高温莱氏体冷却到727℃以下时，将转变为珠光体和渗碳体组成的机械混合物（P + Fe$_3$C），称为低温莱氏体，用 Ld′表示。

莱氏体中碳的质量分数为4.3%，因而莱氏体的性能与渗碳体相近，硬、脆，塑性接近零。

1.3.3　铁碳合金相图

铁碳合金相图是研究铁碳合金在平衡状态下的组织随温度、合金成分的变化而变化的图，如图 1-19 所示。铁碳合金的结晶过程要比纯铁的结晶过程复杂得多，不同成分的结晶过程差别也很大，把不同成分的合金结晶过程和温度、区域的组织用图形表示出来，这就是铁碳合金相图。掌握它就能对碳钢和铸铁的内部组织及其变化规律有一个比较完整的概念，在今后的生产中就能更好地利用它，为制订热处理、压力加工、焊接等工艺规程打下一个良好的基础。

铁碳合金相图相当复杂，图 1-19 所示为以组织组成物填写的铁碳合金相图。

1. 合金相图的分析

（1）特性点的分析 铁碳合金相图中有四个基本相，即液化相 L、奥氏体相 A、铁素体相 F 和渗碳体相 Fe_3C，它们各有其相应的单相区。

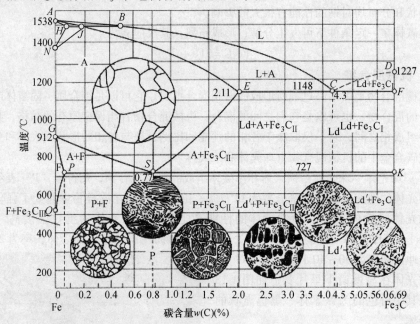

图 1-19　铁碳合金相图

在铁碳合金相图中，其用字母标出的点表示一定的特性（成分、温度和某种临界状态），所以称为特性点。铁碳合金相图中的特性点见表 1-3。

（2）各线段的分析 相图中各线段都表示铁碳合金内部组织发生组织转变的界限（成分、温度），这些线又称特性线。

1）ABCD 线——液相线，此线以上的区域是液相区，用 L 表示，液态合金冷却到此线开始结晶。

2）AHJECF 线——固相线，此线表明合金冷却到此线全部转为固态，也可以认为固态合金加热到此线开始熔化。

表 1-3　铁碳相图中的特性点

符号	温度/℃	w（C）（%）	意　　义
A	1538	0	纯铁熔点
B	1495	0.53	包晶反应时液态合金的浓度
C	1148	4.30	共晶点
D	1127	6.69	渗碳体熔点
E	1148	2.11	碳在 γ-Fe 中的最大溶解度
F	1148	6.69	渗碳体
G	912	0	α-Fe 与 γ-Fe 同素异构转变点
H	1495	0.09	碳在 δ-Fe 中的最大溶解度
J	1495	0.17	包晶点

（续）

符号	温度/℃	w (C)（%）	意　义
K	727	6.69	渗碳体
N	1394	0	γ-Fe 与 δ-Fe 同素异构转变点
P	727	0.218	碳在 δ-Fe 中的最大溶解度
S	727	0.77	共析点
Q	室温	0.0008	碳在 δ-Fe 中的溶解度

3）ECF 线——共晶线，此线表示碳的质量分数大于 2.11% 的液态合金冷却到此线（1148℃）时，均要发生共晶反应。

所谓共晶反应是指铁碳液态合金在冷却过程中，碳的质量分数达到 4.3%、温度达到 1148℃时，在恒温下，同时析出奥氏体和渗碳体的机械混合物——莱氏体的反应，用 Ld 表示，它的反应式为 $L_c \Leftrightarrow Ld$（A + Fe_3C）。

4）GS 线——奥氏体（A）中析出铁素体的曲线，在冷却过程中，冷却到此线时要从奥氏体中析出铁素体（F），又称 A_3 线。

5）ES 线——碳在奥氏体中的溶解度曲线，又称 A_{cm} 线。奥氏体的溶碳能力随温度的降低而降低，奥氏体冷却到此线时，过饱和的碳将以渗碳体的形式从渗碳体中析出来，称为二次渗碳体（Fe_3C_{II}）。ES 线也是冷却时从奥氏体析出渗碳体的开始线。

6）PSK 线——共析反应线，常用 A_1 表示。

碳的质量分数为 0.02% ~ 6.69% 的合金在 727℃时均会发生共析反应。

所谓共析反应是指当固态合金冷却到 727℃时，奥氏体中碳的质量分数达到 0.77%，在恒温下，同时析出铁素体和渗碳体的机械混合物——珠光体（用 P 表示）的反应。其反应式为 $A_s \Leftrightarrow P$（F + Fe_3C）。

S 点成分中的奥氏体将全部转变为珠光体，对于莱氏体中的奥氏体也不例外，同样要转变为珠光体，这时的莱氏体称为低温莱氏体，用 Ld′ 表示。

7）PQ 线——碳在铁素体中的溶解度曲线，最大碳的质量分数为 0.0218%。铁素体冷却到此线时，将以渗碳体的形式析出来。这种渗碳体称为三次渗碳体（Fe_3C_{III}），由于三次渗碳体的数量极少，对钢的影响可以忽略不计。图 1-19 所示为将铁碳合金相图的右下角予以简化，为初学者提供了方便。但铁素体的相区不应忽略，要与纯铁加以区别。

（3）各区域组织分析　为了便于分析铁碳合金在冷却过程中的组织变化，必须先研究铁碳合金相图各区域的组织。

1）ABCD 以上的区域为铁碳合金液体。

2）JBCEJ 所围成的区域是液体和奥氏体的共存区。

3）CFDC 区域为液体和一次渗碳体共存区。

4）JNGSEJ 区域为奥氏体。

5）GPQG 区为铁素体。

6）GPSG 区为铁素体和奥氏体共存区。

7）ESKFCE 区域的组织在 727℃以上为奥氏体和二次渗碳体。当碳的质量分数大于 2.11%，小于 4.3% 时，组织为奥氏体、二次渗碳体、高温莱氏体；当碳的质量分数大于 4.3% 时，组织为一次渗碳体和高温莱氏体。

在 727℃ 以下，S 点碳的质量分数为 0.77%，为共析钢，室温组织为珠光体；S 点以左为亚共析钢，室温组织为铁素体加珠光体；S 点以左到碳的质量分数为 2.11%，为过共析钢，室温组织为珠光体加渗碳体。碳的质量分数大于 2.11% 为铸铁，室温组织为珠光体、渗碳体、低温莱氏体，碳的质量分数大于 4.3% 的室温组织为渗碳体加低温莱氏体。

有了上面的组织分析，分析钢在结晶过程中的组织转变就很容易了。

钢是图 1-19 中 E 点 [碳的质量分数 $w(C) = 2.11\%$] 左边部分，右边部分为铸铁。根据室温下平衡组织的特点不同，钢可以分为三类。

1）共析钢：$w(C) = 0.77\%$，室温组织为珠光体，如 T8、T8A 等碳素工具钢。

2）亚共析钢：$w(C) = 0.0218\% \sim 0.77\%$，室温组织为铁素体 + 珠光体，如 Q235、15、45、65 等牌号的钢。

3）过共析钢：$w(C) = 0.77\% \sim 2.11\%$，室温组织为珠光体 + 渗碳体，如 T10、T12A 等牌号的钢。

2. 钢在冷却过程中的组织转变

现将这三类典型成分的钢在缓慢冷却速度下组织转变过程及室温组织分析如下：

（1）共析钢　共析钢指 $w(C) = 0.77\%$ 的钢。以图 1-20 中的合金 I 为例，1 点之前为液体，冷却过 1 点以后开始结晶出奥氏体，2 点以后成为单一的奥氏体，到 3 点之前不变。当到 3 点时，温度达到 727℃，$w(C) = 0.77\%$ 将发生共析反应，在恒温下，奥氏体转变为珠光体一直保持到室温不变。共析钢的结晶过程如图 1-21 所示。

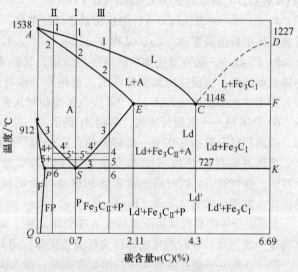

图 1-20　Fe-Fe$_3$C 相图

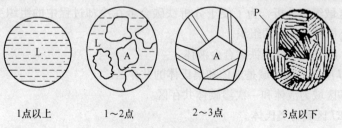

| 1点以上 | 1~2点 | 2~3点 | 3点以下 |

图 1-21　共析钢的结晶过程

（2）亚共析钢　$w(C) = 0.0218\% \sim 0.77\%$ 的钢称为亚共析钢。以图 1-20 中的合金 II 为例，在合金 II 冷却到 3 点以前，与共析钢的冷却结晶过程一样不发生组织转变。当冷却到 3 点以后将从奥氏体中逐渐析出铁素体。由于铁素体的含量低，致使剩余奥氏体的碳含量沿着 GS 线增加，假如冷却到 4 点，这时奥氏体中的碳含量是 4 点对应点 4′的碳含量；当冷却到 5 点时，这时奥氏体中的碳含量是 5 点对应点 5′的碳含量；直到 6 点，奥氏体中的 $w(C)$ 已增至 0.77%，这是温度已达到 727℃，要进行共析反应，剩余奥氏体在恒温下，全部转换为珠光体。亚共析钢的室温组织为铁素体和珠光体。亚共析钢的结晶过程如图 1-22 所示。图 1-23 所示为 $w(C) = 0.2\%$ 的亚共析钢的显微组织，其中白色组织为铁素体，黑色组织为珠光体。随着碳含量增加，珠光体含量增加，铁素体含量减少，钢的硬度、强度增加，塑性和韧性降低。

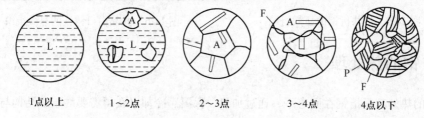

图 1-22　亚共析钢的结晶过程

（3）过共析钢　$w(C) = 0.77\% \sim 2.11\%$ 的钢称为过共析钢。以图 1-20 中的合金Ⅲ为例，3 点以前和共析钢结晶过程是相同的，到 3 点奥氏体的碳含量达到过饱和状态。温度继续下降，奥氏体中的溶碳量降低，多余的碳将以二次渗碳体的形式析出来。由于渗碳体的 $w(C)$ 为 6.69%，渗碳体的析出带走了大量的碳，致使剩余奥氏体中的碳含量将沿着 ES 线下降。4 点时，真实的碳含量是 4 点对应点 4′的碳含量，5 点的碳含量是 5 点对应点 5′的碳含量。当合金冷却到 727℃，$w(C) = 0.77\%$ 时，在恒温下要进行共析

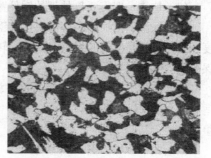

图 1-23　亚共析钢的显微组织

反应，剩余奥氏体将全部转变为珠光体。因此，过共析钢的室温组织为二次渗碳体和珠光体。过共析钢的结晶过程如图 1-24 所示，过共析钢的显微组织如图 1-25 所示。

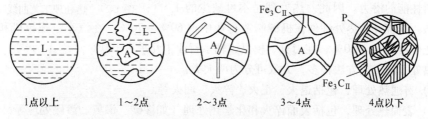

图 1-24　过共析钢的结晶过程

　　另外，除钢以外，铸铁也是重要的铁碳合金，依照铁碳合金相图结晶出来的铸铁，由于低温莱氏体较多，性能硬脆，难以加工。这种铸铁断口呈白色，顾名思义称为白口铸铁，可以直接铸成耐磨件，如滑犁、铸铁锅。共晶白口铸铁的组织如图 1-26 所示。

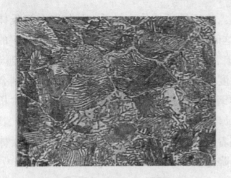
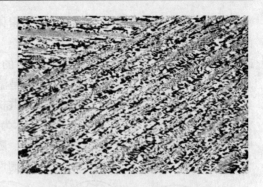

图 1-25　过共析钢的显微组织　　　　　　图 1-26　共晶白口铸铁的显微组织

1.4　钢的热处理

　　钢的热处理是指钢在固态下，通过加热、保温、冷却以获得需要的组织结构与性能的工艺过程。

　　热处理一般分为三个步骤：

　　（1）加热　把需要热处理的钢件置于加热炉中，加热到需要的温度。

　　（2）保温　把加热到所需温度的钢件在此温度下保温一定时间，使钢件达到内外温度一致，目的是使钢的组织得到充分转变，使钢件内外的组织一致。表面淬火是不需要保温的。

　　（3）冷却　把加热保温后的钢件根据需要放到适当的介质中进行冷却，以便获得所需的钢的内部组织。

　　以上三个步骤如图 1-27 所示。

　　热处理的目的是提高零件的强度、硬度、韧性和弹性，同时还可以改善材料的可加工性，提高冲压性能，保证产品质量，延长零件的使用寿命，挖掘材料性能的潜力。因此，热处理是不可缺少的工艺方法。据统计，热处理件在机械制造行业中占 60% ~ 70%，在汽车、拖拉机和挖掘机行业中占 70% ~80%，在刀具、模具、轴承行业中几乎占 100%。

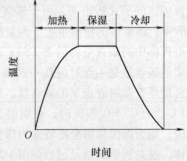

图 1-27　热处理工艺曲线

　　热处理的工艺方法很多，大致可分为两大类：

　　1）普通热处理，包括退火、正火、淬火、回火等。

　　2）表面热处理，包括表面淬火和化学热处理（如渗碳、渗氮、渗硼处理等）。

1.4.1　钢在加热和冷却中的组织转变

1. 钢在加热时的组织转变

　　加热是热处理的前提。多数情况下都要将钢加热到临界温度以上，使原有的组织转变为奥氏体，保温后根据不同的需要，再以不同的冷却方式和冷却速度转变成所需的组织，以获得钢件预期的性能。

图1-28中的A_1、A_3、A_{cm}是钢在铁碳合金相图中组织转变的临界温度曲线，它是在实验室用极其缓慢加热或冷却条件下测试出来的，这些点为钢在平衡状态条件下的临界点。而实际生产中加热或冷却都不是极其缓慢的，故存在一定的滞后现象，也就是说加热或冷却需要一定的过热或过冷才能充分进行组织转变。通常将加热时的组织转变临界温度用Ac_1、Ac_3、Ac_{cm}表示，把冷却时的组织转变临界温度用Ar_1、Ar_3、Ar_{cm}表示。

很显然，要使共析钢在加热时完全转变成奥氏体，就必须加热到Ac_1以上，对亚共析钢必须加热到Ac_3以上某一温度，珠光体处于不稳定状态，奥氏体在铁素体和渗碳体相面上形成晶核。这是由于铁素体和渗碳体

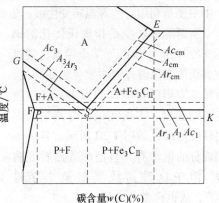

图1-28 实际相变温度与理论转变温度之间的关系

相界面上碳浓度分布不均匀，原子排列不规则，易于产生浓度起伏和结构起伏区，为奥氏体形成创造了有利条件。对过共析钢必须加热到Ac_{cm}以上，否则就难以达到预期的热处理效果。必须指出，初始形成的奥氏体晶粒非常细小，如果能将这些细小的奥氏体晶粒保持，则冷却后的相应组织也是细小的，这样不仅强度高，而且塑性和韧性也好。这就是说加热时要严格控制温度，如果加热温度过高或保温时间过长，将会使奥氏体晶粒急剧长大，冷却后的组织就变得粗大，性能变得硬脆，塑性和韧性严重降低。因此，应根据铁碳合金相图及钢的碳含量，合理选择钢的加热温度和保温时间，才能获得晶粒细小、成分均匀的奥氏体组织。应该指出的是，钢在加热的组织转变过程和液态结晶过程是一致的。初生成的奥氏体晶粒是在渗碳体和铁素体的界面上形成的。图1-29所示为共析钢中奥氏体形成过程。随着温度的升高，晶粒逐渐增加和长大，最后全部形成奥氏体晶粒，在此过程中，奥氏体晶核形成和长大同时进行，直至全部转化完毕。

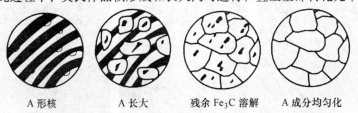

A形核　　　　A长大　　　　残余 Fe₃C 溶解　　　A成分均匀化

图1-29 共析钢中奥氏体形成过程

2. 钢在冷却时的组织转变

钢经过加热、保温实现奥氏体转变后，接着便要进行冷却。冷却方式和冷却速度是

要根据预期目标来选择的。因为过冷奥氏体在 A_1 线下是不稳定状态的，奥氏体可转换变为多种不同性能的组织。目前生产中，绝大多数是采用连续冷方式进行的，如将钢件放入水或油中淬火等，此时，过冷奥氏体在温度连续下降过程中发生组织转变。目前生产中主要是利用它的等温转变曲线，近似地分析连续冷却中组织转变过程。

所谓等温转变是指奥氏体化的钢迅速冷却到 A_1 线以下某个温度，使过冷奥氏体在保温过程中发生组织转变，待转变完毕后再冷却到室温。经过改变不同温度、多次测试，再绘制成等温转变曲线，如图 1-30 所示。各种不同成分的钢均有其自己的等温转变曲线。由于这种曲线类似英文字母"C"，故也称为 C 曲线。

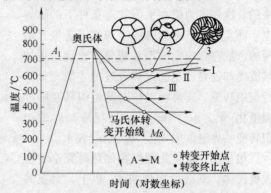

图 1-30　共析钢过冷奥氏体等温转变曲线
1—过冷奥氏体　2—转变开始　3—转变结束

等温转变曲线分为：稳定奥氏体区（A_1 线以上）、过冷奥氏体（A_1 线以下），以及等温转变曲线以左将完成过冷奥氏体向珠光体或贝氏体转变和 A→P 组织共存区（过渡区），其余为过冷奥氏体转变产物区。按组织转变情况又可分为以下三个区：

（1）珠光体转变区　（Ar_1 ~550℃形成）高温区，奥氏体向珠光体转变（A→P）。其显微组织是片状机械混合物珠光体。其显微组织如图 1-18 所示。依据珠光体形成温度的高低及珠光体的形状，如图 1-31 所示，珠光体又分为三种不同的组织：

1）珠光体（Ar_1 ~ 650℃形成），常把这种粗片状的组织称为珠光体，用"P"表示。

2）细片状珠光体（650 ~ 600℃形成）常称为索氏体，用"S"表示。

3）极细片状珠光体（600 ~ 550℃形成）常称为托氏体，用"T"表示。

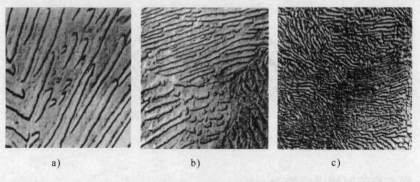

a)　　　　　　　　　b)　　　　　　　　　c)

图 1-31　珠光体组织特征图
a）珠光体　b）索氏体　c）托氏体

（2）贝氏体转变区（550℃ ~ Ms 形成）　贝氏体用符号"B"表示，它是由碳含量过饱和的铁素体与渗碳体组成的两相混合物。其组织根据产物的组织形态和转变温度不同，又分为上贝氏体和下贝氏体，下贝氏体是粒状贝氏体。

1）上贝氏体（550 ~ 350℃ 形成）组织特征图如图 1-32 所示。上贝氏体强度低，塑性、韧性差，很少应用，热处理时最好错过该发生区。

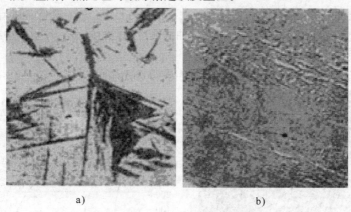

a)　　　　　　　　　　　　　b)

图 1-32　上贝氏体组织特征图

a）羽毛状贝氏体　b）短杆状渗碳体

2）下贝氏体（350℃ ~ Ms 形成）组织特征图如图 1-32 所示。其组织中铁素体细小、分布均匀，又有大量的弥散碳化物，而且铁素体中含有过饱和的碳及密度极高的位错，故强度高，塑性、韧性好。从图 1-33a 可看出黑色针状或竹叶状贝氏体，针与针成一定的角度。图 1-33b 所示碳化物的形态细小、弥散，呈粒状或短条状与铁素体长轴成55°，取向平行排列。

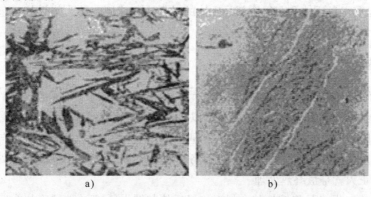

a)　　　　　　　　　　　　　b)

图 1-33　下贝氏体组织特征图

a）黑色针状或竹叶状贝氏体　b）细小、弥散碳化物组织

3）粒状贝氏体组织特征图如图 1-34 所示。粒状贝氏体组织具有较好的强韧性，在生产中已得到广泛运用。

（3）马氏体转变区　在 Ms 以下形成的低温区，我们从前面纯铁的同素异构转变知道 $\delta\text{-Fe}\to\gamma\text{-Fe}\to\alpha\text{-Fe}$ 转变。钢淬火时，冷却速度很快，发生 $\gamma\text{-Fe}\to\alpha\text{-Fe}$ 的同素异构转变，而钢的碳难以从溶碳能力低的 $\alpha\text{-Fe}$ 晶格中扩散出来，这样就形成了碳在 $\alpha\text{-Fe}$ 中的过饱和固溶体，这种过饱和固溶体就称为马氏体，用"M"表示。

由于碳在 $\alpha\text{-Fe}$ 中严重过饱和，致使马氏体晶格发生严重畸变，使马氏体具有很高的硬度，其塑性很低，脆性大，内应力很大，很容易开裂，而且随碳含量增高这种内应力增大。图 1-35 所示为共析钢的等温转变曲线在冷却中的应用。图 1-35 中冷却速度 v_1、v_2、v_3、v_k 表示的意义如下：

1）v_1 表示在加热炉中缓慢冷却，此时可获得珠光体。

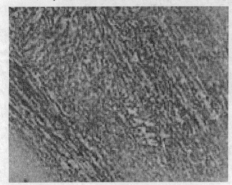

图 1-34　粒状贝氏体组织特征图

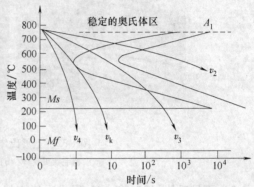

图 1-35　共析钢的等温转变曲线在冷却中的应用

2）v_2 表示在空气中缓慢冷却，此时可获得索氏体组织。

3）v_3 表示加热后在水中淬火，此时可获得马氏体（包括少量残留奥氏体）组织。

4）v_k 是获得奥氏体和获得全部马氏体的最低冷却速度，称为临界值（包括少量残留奥氏体组织）。残留奥氏体用 A' 表示。

1.4.2　钢的热处理

1. 钢的退火和正火

退火和正火一般用于毛坯的热处理，以改善可加工性或消除在毛坯制造过程中所产生的某些缺陷或应力，为后续加工和热处理作组织与性能准备。因此，退火与正火又称为预备热处理。但是，当工件性能要求不高时，退火与正火也可作为最终热处理，如铸件的退火与正火就是最终热处理。

（1）退火　退火是将钢加热、保温，然后使其缓慢冷却（随炉冷却或埋入灰中冷却）的热处理工艺方法，其冷却速度约为 $100℃/h$。根据退火的目的不同又可分为：

1）完全退火，它是将亚共析钢加热到 Ac_3 以上 $30\sim50℃$，保温后缓慢冷却的热处理工艺方法。其目的是首先降低硬度改善可加工性，其次细化晶粒，改善力学性能。

完全退火的原理是将钢加热到 Ac_3 以上，通过保温让原来的组织完全转化为奥氏体，由于初始形成的奥氏体非常细小，通过缓慢冷却让其重结晶，以获得细小的晶粒，提高强度和塑性、韧性，同时消除了内应力。要注意严格控制加热温度和保温时间，否则会引起晶粒长大，导致强度和塑性、韧性降低。

2）球化退火，主要用于过共析钢，是将过共析钢加热到 Ac_1 以上 20～30℃，保温后，随炉冷却的热处理工艺方法。其目的是为了使片状珠光体球化，并分布在铁素体基体上，达到降低硬度、提高塑性、韧性的目的，以便于切削加工。要注意的是，球化退火前必须进行正火处理，以打碎呈网状的二次渗碳体。

3）去应力退火，它是将钢加热到 500～650℃，保温后，缓慢冷却的热处理工艺方法。其目的主要是消除锻件、铸件和焊接件的应力，保证其不至于由于应力引起变形或开裂。要指出的是，由于温度低，并未发生组织转变，它还用于精密切削加工中的中间热处理，以消除切削应力，保证工件不变形。

（2）正火　所谓正火是将亚共析钢加热到 Ac_3 以上 30～50℃或将过共析钢加热到 Ac_{cm} 以上 30～50℃，保温后在空气介质中冷却的热处理工艺方法。

正火的主要目的：①细化晶粒，提高钢的强度，它和退火有些相似，将钢加热到奥氏体区，使钢重结晶（解决铸钢与锻件中的粗大晶粒，打碎二次渗碳体）；②对于低碳钢，通过正火可细化晶粒，提高其强度，但韧性有所降低，可改善可加工性，对于一些不太主要的机械零件，正火可作为最终的热处理；③为淬火作组织准备。正火与退火相比，正火生产率高，不占用设备，用电量低，成本低。

图 1-36 所示为几种退火和正火的加热温度范围。

2. 钢的淬火与回火

淬火与回火是强化钢最常用的热处理工艺方法。先淬火再根据需要配以不同温度回火，获得所需的力学性能。

（1）淬火　淬火是将亚共析钢加热到 Ac_3 以上 30～50℃或将过共析钢加热到 Ac_1 以上 30～50℃，保温后在淬火冷却介质中快速冷却，以获得马氏体或（和贝氏体）为目的的热处理工艺方法。碳钢淬火加热的温度范围如图 1-37 所示。

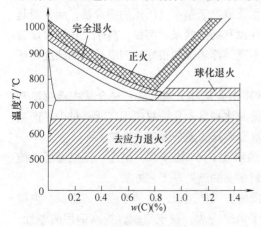

图 1-36　各种退火与正火的加热范围

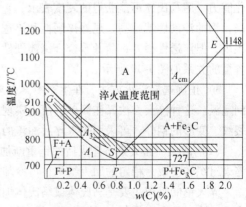

图 1-37　碳钢的淬火温度范围

为什么要加热到 Ac_1 或 Ac_3 以上呢？其实是因为加热和冷却都有滞后现象，冷却时叫过冷，加热时叫过热。加热必须超过临界温度，才能使原有的组织全部转化成奥氏体。淬火后获得的马氏体又脆又硬，内应力很大，极易变形或开裂。为防止淬火后的缺陷，除正确选用钢材和正确的结构外，还应采用正确的工艺方法及措施。

1）严格控制淬火加热温度。对于亚共析钢而言，如果加热温度不足，由于尚未完全形成组织转变，淬火后钢的组织除马氏体外，还有少量残留的铁素体，致使钢的硬度不足。若加热温度过高，奥氏体晶粒急剧长大，淬火后的马氏体也很粗大，增加钢的脆性，导致淬火后的工件变形开裂倾向加大。对于过共析钢，若加热温度超过图 1-37 中所示的温度，不仅钢的硬度不会增加，而且变形开裂的倾向大大加大。这是因为随着钢中奥氏体的碳含量增加，而奥氏体并不增加，反而等温转变曲线向左移使临界速度增加，钢的淬透性降低。淬火后残留奥氏体增加，所以硬度并不增加，而变形开裂倾向增大。

2）合理选择淬火冷却介质。淬火冷却介质是根据钢的种类及零件所要求的性能来选择的。但是，冷却速度必须略大于图 1-34 所示的临界冷却速度 v_k。碳钢的淬火冷却介质常选用水，因为碳钢的淬透性较差，需要冷却速度大，水能满足这一要求。合金钢的淬透性较好，应选用油，油的冷却速度比水低，用它来淬合金钢工件，变形小，裂纹倾向小。所谓钢的淬透性是指钢在淬火时所获得马氏体的能力，是钢的一种属性，其大小用钢在一定条件下淬火所获得的淬透层的深度来表示。用不同材料制造出同样大小的形状和尺寸大小相同的零件，在相同的淬火条件下，淬透层较深的钢件其淬透性较

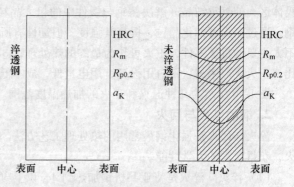

图 1-38　钢的淬透性

好，如图 1-38 所示。淬透性和淬硬性是两个不同的概念，淬硬性是表示钢淬火时的硬化能力，用马氏体可能获得的硬度表示，它主要取决于钢中马氏体的碳含量，碳含量越高，钢的淬硬性就越高，显然淬硬性和淬透性没有必然联系。例如，高碳工具钢淬硬性很高，但淬透性很差；而低碳合金钢淬硬性不高，淬透性却很好。钢中马氏体硬度与碳含量的关系如图 1-39 所示。

3）正确选择淬火方法。在生产中淬火常用单介质淬火法，在一种介质中连续冷却到室温。这种淬火方法操作简单，便于实现机械化和自动化，故应用广泛。对于易产生裂纹、变形的钢件，可采用先水淬后油淬的双介质淬火或分级淬火方法。

（2）回火　回火是将淬火后的钢重新加热到低于 Ac_1 以下某一温度，经保温后，使淬火组织转变成为稳定的回火组织，再冷却到室温的热处理工艺方法。

淬火钢的组织主要是马氏体或马氏体加残留奥氏体组成，它是不稳定的组织。内应力大、脆、易变形或开裂。回火的目的是为了消除应力，稳定组织，提高钢件的塑性、韧性，获得塑性、韧性、硬度、强度适当配合的力学性能，满足工件的力学性能要求。

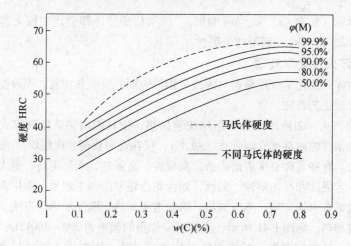

图 1-39　钢中马氏体硬度与碳含量的关系

根据所需工件的力学性能要求，把回火温度分为如下三种：

1）低温回火（150～200℃），回火目的是消除应力，降低脆性，获得回火马氏体组织，保持高的硬度（56～64HRC）和耐磨性。低温回火广泛用于刀具、刃具、冲模、滚动轴承和耐磨件等。

2）中温回火（250～500℃），组织是回火托氏体，它还保持着马氏体的形态，内应力基本消除。其目的是保持较高的硬度，获得高弹性的钢件。中温回火主要用于弹簧（如火车转向架的螺旋弹簧、枪机上的弹簧等）、发条、热锻模。

3）高温回火（500～650℃），淬火并高温回火的复合热处理工艺方法，称为调质。其目的是获得优良的综合性能，调质后的硬度为 25～35HRC。调质处理后的组织是回火索氏体，即细粒渗碳体和铁素体，与正火后的片状渗碳体组织相比，在载荷作用下，不易产生应力集中，使钢的韧性得到极大提高。高温回火主要用于重要的机械零件，如连杆、主轴、齿轮及重要的螺钉（汽车发动机盖上的螺钉）。

钢在回火时会产生回火脆性，在 300℃左右产生的脆性称为不可逆回火脆性；在 400～550℃产生的脆性称为可逆回火脆性。产生的原因是由于回火马氏体中分解出稳定的细片状化合物引起的。钢的回火脆性使其冲击韧性显著下降，如图 1-40 所

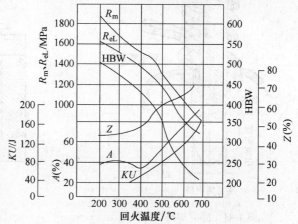

图 1-40　40Cr 钢经不同温度回火后的力学性能

注：直径 $D=12$mm，油淬。

示。某些合金钢（如含 Cr、Ni、Mn 的钢），回火后缓慢冷却会产生回火脆性，但如果回火后快速冷却（空冷），则不产生脆性。

3. 表面淬火及化学处理

所谓表面淬火及化学处理是指只为改变钢件表面的组织和性能，不改变其内部组织和性能的热处理工艺方法。

（1）表面淬火　表面淬火是将钢件快速加热，使其表面快速达到淬火温度，在热量还没有传到钢件的内部就立即淬火（喷水），仅在表面获得淬火组织（马氏体）的热处理工艺方法。有些零件要求表面耐磨、高硬度、高强度，承受更高、更大的应力，而内部要求有一定强度和高的塑性、韧性，如齿轮凸轮、曲轴主轴颈，常用表面淬火。

加热方法常有火焰加热、感应加热、接触电阻加热、激光加热等方法。目前应用最广泛的是感应加热。如图 1-41 所示，高频感应加热的频率为 200～300kHz，加热快，几秒钟完成加热，易控制深度，易实现机械化和自动化，主要用于淬硬层深度为 0.5～2mm 的中小型零件。

（2）钢的化学热处理　化学热处理是将钢件置于一定温度的活性介质中保温，使介质中一种或几种活性原子渗入工件表面一定的深度，改变表层化学成分和组织，从而获得需要的力学性能。化学热处理提高表面层的硬度、耐磨性和疲劳强度，内部仍具有良好的塑性、韧性的同时，还可获得较高的强度。常用化学热处理有渗碳、渗氮、碳氮共渗与氮碳共渗等。

1）钢的渗碳。渗碳是将钢件置于渗碳炉（见图 1-42）中加热到 900～950℃保温，并通入渗碳介质，让分解出的活性碳原子渗入钢的表层。

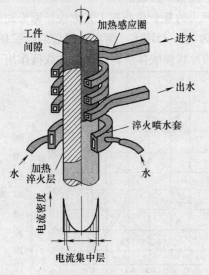
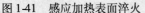

图 1-41　感应加热表面淬火

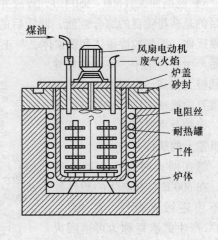

图 1-42　渗碳炉

渗碳介质一般分为两大类：一是液体，如煤油、苯、醇和丙酮等；二是气体介质，如天然气、丙烷及煤气等。渗碳适用于齿轮、凸轮、轴类等零件。经过渗碳及随后的淬火并低温回火，可获得很高的强度、耐磨性及接触疲劳强度和弯曲疲劳强度。

　　渗碳后的组织，渗碳层的碳含量 $w(C)$ 约为 1%，至心部逐渐降低；组织自表面至心部为过共析组织、共析组织、亚共析组织，直至心部原始组织，如图 1-43 所示。汽车变速器齿轮用 20CrMnTi 钢制造，制造工艺如下：下料→锻造→正火→粗车→粗铣齿形→精铣齿形→渗碳淬火＋低温回火→研磨齿形→入库。

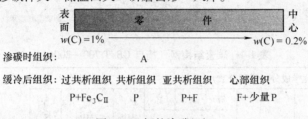

渗碳时组织：　　　　　　　　　A

缓冷后组织：过共析组织　共析组织　亚共析组织　　心部组织

　　　　　　　$P+Fe_3C_{II}$　　　P　　　　　$P+F$　　　　F+少量P

图 1-43　钢的渗碳组织

　　2）钢的渗氮。向钢件表面渗入氮元素，形成富氮硬化层的化学热处理称为渗氮。渗氮后表层硬度可达 65～72HRC，这种渗氮后的零件的硬度可在 560～600℃ 保持而不降低，故具有很好的稳定性。渗氮不仅硬度比渗碳高，而且有更高的疲劳强度、抗缺口咬合性和低的缺口敏感性。其缺点是渗氮周期长，渗氮层深度为 0.3～0.5mm，一般需 20～50h。而得到同样的渗碳层只需要 3h。一般零件的渗氮工艺为：下料→锻造→退火→粗加工→半精加工→调质→精加工→去应力处理→粗磨→氮化→精磨或研磨。

　　3）钢的碳氮共渗。碳氮共渗是在一定的温度下同时将碳、氮渗入钢件表层，并以渗碳为主的化学热处理工艺。常用渗剂为煤油和氨气，加热温度为 820～860℃。碳氮共渗后还要进行淬火和低温回火，其表面组织为含氮马氏体。与渗碳相比，碳氮共渗加热温度低，零件变形小，生产周期短，渗层具有较高的硬度、耐磨性和疲劳强度。碳氮共渗常用于汽车变速器齿轮和轴类零件。

　　4）钢的氮碳共渗。氮碳共渗是在一定的温度下同时将氮、碳渗入钢件表层，并以渗氮为主的化学热处理工艺。常用渗剂为尿素、甲酰胺或三乙醇胺，加热温度为 560～570℃。与一般渗氮相比，氮碳共渗的渗层硬度低，脆性小。氮碳共渗常用于模具、高速工具钢刀具及轴类零件等。

　　除上述化学热处理外，工业上还采用渗硼等化学热处理，渗硼层的硬度很高，可达 1300～2000HV，不仅有好的耐磨性，还有良好的耐蚀性等。

1.5　工业用钢

　　钢是机械制造中应用最广泛的金属材料，在现代工农业生产中占有极其重要的地位。随着现代工业的迅速发展，出现了许多新型的高性能钢铁材料。

1.5.1　钢的分类

1. 按用途分类

这是钢的主要分类法，我国钢的标准一般都是按用途分类编制的。

1）碳素结构钢见表1-4。

2）优质碳素结构钢见表1-5。

3）合金结构钢。

4）非调质机械用钢见表1-6。

5）工具钢，按用途又分为刃具钢、模具钢、量具钢。

6）轴承用钢（G）、锅炉钢（g）、容器用钢（R）。

表1-4 碳素结构钢（摘自 GB/T 700—2006）

牌号	等级	化学成分（质量分数）（%）					力学性能			用途举例
		C	Mn	Si	S	P	R_{eH} /MPa	R_m /MPa	A （%）	
					≤					
Q215	A	0.09 ~ 0.15	0.25 ~ 0.55	0.30	0.050	0.045	≥215	335 ~ 410	≥31	塑性好，通常轧制成薄板、钢管、型材制造钢结构，也用于制作铆钉、螺钉、冲压件、开口销等
	B				0.045					
Q235	A	0.14 ~ 0.22	0.30 ~ 0.65	0.30	0.050	0.045	≥235	375 ~ 460	≥26	强度较高，塑性也较好，常轧制成各种型钢、钢管、钢筋等制成各种钢构件、冲压件、焊接件及不重要的轴类、螺钉、螺母等
	B	0.12 ~ 0.20	0.30 ~ 0.70		0.045					
	C	≤0.18			0.040	0.040				
	D	≤0.17	0.35 ~ 0.80		0.035	0.035				
Q275	A	0.18 ~ 0.28	0.40 ~ 0.70	0.30	0.050	0.045	≥275	450 ~ 540	≥22	强度更高，用做键、轴、销、齿轮、拉杆、连杆、销钉等
	B				0.045					

表1-5 优质碳素结构钢（摘自 GB/T 699—1999）

牌号	推荐热处理温度 /℃			试样毛坯尺寸 /mm	力学性能					钢材交货状态硬度 HBW ≤		应用举例
	正火	淬火	回火		抗拉强度 R_m /MPa	屈服强度 R_{eL} /MPa	断后伸长率 A （%）	断面收缩率 Z （%）	冲击吸能量 KU /J	未热处理	退火钢	
					≥							
08F	930			25	295	175	35	60		131		用于需塑性好的零件，如管子、垫片、垫圈等；心部强度要求不高的渗碳和碳氮共渗零件，如套筒、短轴、挡块、支架、靠模、离合器盘

（续）

牌号	推荐热处理温度/℃			试样毛坯尺寸/mm	力学性能					钢材交货状态硬度HBW ≤		应用举例
	正火	淬火	回火		抗拉强度 R_m /MPa	屈服强度 R_{eL} /MPa	断后伸长率 A （%）	断面收缩率 Z （%）	冲击吸能量 KU /J	未热处理	退火钢	
					≥							
10F	930			25	335	205	31	55		137		用于制造拉杆、卡头、钢管垫片、垫圈、铆钉。这种钢无回火脆性，焊接性好，用来制造焊接零件
20	910			25	410	245	25	55		156		用于不经受很大应力而要求很大韧性的机械零件，如拉杆、轴套、螺钉、起重钩等。也用于制造压力 < 6MPa、温度 < 450℃、在非腐蚀介质中使用的零件，如管子、导管等。还可用于表面硬度高而心部要求不大的渗碳和碳氮共渗零件
35	870	850	600	25	530	315	20	45	55	197		用于制造曲轴、转轴、轴销、杠杆、连杆、横梁、链轮、圆盘、套筒、钩环、垫圈、螺钉、螺母。这种钢多用正火处理
40	860	840	600	25	570	335	19	45	47	217	187	用于制造辊子、轴、曲轴销、活塞杆、圆盘
50	830	830	600	25	630	375	14	40	31	241	207	用于制造齿轮、拉杆、轧辊、轴、圆盘
60	810			25	675	400	12	35		255	229	用于制造轧辊、轴、弹簧、弹簧垫圈、离合器、凸轮等
20Mn	910			25	450	275	24	50		197		用于制造凸轮轴、齿轮、联轴器、铰链、拖杆等
40Mn	860	840	600	25	590	355	17	45	47	229	207	用于制造承受疲劳负荷的零件
60Mn	810			25	695	410	11	35		269	229	适于制造弹簧、弹簧垫圈、弹簧环和片以及冷拔钢丝和发条

表1-6 非调质机械结构钢化学成分及力学性能

牌号	化学成分（质量分数）（%）								
	C	Si	Mn	S	P	V	Cr	Ni	Cu
F35VS	0.32~0.39	0.2~0.4	0.6~1.0	0.035~0.075	≤0.035	0.06~0.13	≤0.3	≤0.3	≤0.3
F40VS	0.37~0.44	0.2~0.4	0.6~1.0	0.035~0.075	≤0.035	0.06~0.13	≤0.3	≤0.3	≤0.3
F45VS	0.42~0.49	0.2~0.4	0.6~1.0	0.035~0.075	≤0.035	0.06~0.13	≤0.3	≤0.3	≤0.3
F30MnVS	0.26~0.33	≤0.8	1.2~1.6	0.035~0.075	≤0.035	0.08~0.15	≤0.3	≤0.3	≤0.3
F35MnVS	0.32~0.39	0.3~0.6	1.0~1.5	0.035~0.075	≤0.035	0.06~0.13	≤0.3	≤0.3	≤0.3
F38MnVS	0.34~0.41	≤0.8	1.2~1.6	0.035~0.075	≤0.035	0.08~0.15	≤0.3	≤0.3	≤0.3
F40MnVS	0.37~0.44	0.3~0.6	1.0~1.5	0.035~0.075	≤0.035	0.06~0.13	≤0.3	≤0.3	≤0.3
F45MnVS	0.42~0.49	0.3~0.6	1.0~1.5	0.035~0.075	≤0.035	0.06~0.13	≤0.3	≤0.3	≤0.3
F49MnVS	0.44~0.52	0.15~0.6	0.7~1.0	0.035~0.075	≤0.035	0.08~0.15	≤0.3	≤0.3	≤0.3

牌号	力学性能				
	钢材直径或边长/mm	抗拉强度 R_m/MPa	下屈服强度 R_{eL}/MPa	断后伸长率 A（%）	断面收缩率 Z（%）	冲击吸收能量 KU_2/J
F35VS	≤40	≥590	≥390	≥18	≥40	≥47
F40VS	≤40	≥640	≥420	≥16	≥35	≥37
F45VS	≤40	≥685	≥440	≥15	≥30	≥35
F30MnVS	≤60	≥700	≥450	≥14	≥30	实测
F35MnVS	≤40	≥735	≥460	≥17	≥35	≥37
	>40~60	≥710	≥440	≥15	≥33	≥35
F38MnVS	≤60	≥800	≥520	≥12	≥25	实测
F40MnVS	≤40	≥785	≥490	≥15	≥33	≥32
	>40~60	≥760	≥470	≥13	≥30	≥28
F45MnVS	≤40	≥835	≥510	≥13	≥28	≥28
	>40~60	≥810	≥490	≥12	≥28	≥25
F49MnVS	≤60	≥780	≥450	≥8	≥20	实测

注：F30MnVS、F38MnVS、F49MnVS 钢的冲击吸收能量报实测数据，不作为判定依据。

2. 按碳含量分类

1) 低碳钢，$w(C) ≤ 0.25\%$。

2) 中碳钢，$w(C) > 0.25\% ~ 0.65\%$。

3) 高碳钢，$w(C) > 0.65\%$。

3. 按钢的质量分类（主要指钢中硫、磷杂质含量的多少）

1）普通碳素结构钢，钢中 $w(S) \leqslant 0.045\%$，$w(P) \leqslant 0.045\%$。

2）优质碳素结构钢，钢中 $w(S) \leqslant 0.035\%$，$w(P) \leqslant 0.035\%$。

3）高级优质钢，钢中 $w(S) \leqslant 0.020\%$，$w(P) \leqslant 0.020\%$。

4. 按平衡状态或退火状态分类

1）亚共析钢，$w(C) < 0.77\%$。

2）共析钢，$w(C) = 0.77\%$。

3）过共析钢，$0.77\% < w(C) \leqslant 0.211\%$。

1.5.2　化学成分对钢性能的影响

碳素结构钢的化学成分除含碳以外，还会有硅、锰、磷、硫等杂质。

1. 碳含量对钢性能的影响

碳含量对钢性能的影响很大，图1-44所示为碳含量对退火状态下钢力学性能的影响。随碳含量增加，钢的抗拉强度 R_m、硬度 HBW 增加，而塑性、韧性下降。但是当 $w(C)$ 超过0.9%时，因为钢中出现网状二次渗碳体，随着碳含量增加，硬度继续直线上升，但由于脆性加大，所以抗拉强度 R_m 反而下降。碳含量增加对组织的影响：从图1-19可看出，随碳含量的逐渐增加，铁素体逐渐减少，珠光体逐渐增加，当 $w(C)$ 超过0.77%时逐渐出现渗碳体，渗碳体的数量不断增加，使钢的韧性下降，脆性增加，所以强度下降。这是碳含量影响力学性能的

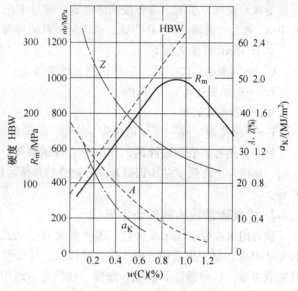

图1-44　碳对钢力学性能的影响

根本原因所在。碳含量增加对钢工艺性能的影响：随着碳含量的增加，钢的硬度、强度增加，塑性、韧性降低，钢的可加工性、冲压性、可锻性和焊接性都下降。

2. 杂质对钢力学性能的影响

（1）硅、锰的影响　硅、锰能脱氧，消除氧的不良影响，能使强度、硬度、弹性增加，不过也能使塑性、韧性能降低。硅、锰作为钢中的杂质时，硅的质量分数小于0.4%，锰的质量分数为 0.4%～0.8% 时，对钢的力学性能影响不大，但是其质量分数大于1.00%时，就会对钢的力学性能产生影响。

（2）硫、磷杂质的影响

1）硫是钢中的有害元素，它是冶炼时由燃料带入钢中的元素。它不溶于铁，而与

铁生成 FeS，再与铁形成低熔共晶，熔点为 985℃。当钢在 1000～1200℃ 内轧制或锻造时，由于共晶体熔化沿晶界裂开，常把这种现象称为热脆性。因此，钢中硫的质量分数必须严格控制在 0.045% 以下。

2）磷在钢中虽然能使钢的强度、硬度增加，但使塑性、韧性显著下降。特别是在室温下，严重影响钢的脆性，这种现象称为冷脆性。因此，磷在钢中的质量分数也必须控制在 0.045% 以下。

1.5.3　碳素钢

1. 碳素结构钢的牌号表示方法及符号、代号的含义

碳素结构钢中碳含量 $w(C)$ 小于 0.25%，通常称为低碳钢，虽然硫、磷含量较多，但其性能仍然能满足一般工程结构及一些机械零件的使用要求，且价格低廉。因此，碳素结构钢在国民经济各个部门得到广泛应用，用量约占钢总产量的 70%～80%。

一般碳素结构钢牌号由屈服强度的"屈"字汉语拼音首字母 Q、屈服强度数值、质量等级和脱氧方法四个部分按顺序组成。牌号中用 A、B、C、D 表示钢的质量等级，其中 A、B 为普通级，C、D 为硫、磷含量较低的等级。

如 Q235AF 的含义如下：

Q——屈服强度的"屈"字汉语拼音首字母。

235——屈服强度为 235MPa。

A——表示普通级。

F——沸腾钢"沸"字汉语拼音首字母，表示脱氧方法。

另外，还有 Z 表示镇静钢，TZ 表示特殊镇静钢。牌号组成方法中 Z 与 TZ 代号可以省略，如低合金高强度结构钢都是镇静钢或特殊镇静钢，其牌号中没有表示脱氧方法的符号。

2. 优质碳素结构钢的表示方法

牌号用两位数字表示碳含量，碳含量为万分之几。例如，45 钢中平均碳的质量分数为 0.45%，属于中碳钢，钢中碳含量较高，其强度、硬度较好。淬火后 45 钢强度提高尤其明显，它的强度、硬度、塑性、韧性均为适中，可加工性也很好。因此，45 钢的综合性能良好，常用来制造轴、丝杠、齿轮、连杆、涡轮、套筒、键和重要的螺钉。08 钢表示钢中平均碳的质量分数为 0.08%。20 钢表示钢中平均碳的质量分数为 0.20%。

3. 碳素工具钢

碳素工具钢中碳的质量分数高达 0.7%～1.3%，淬火回火后常用来制造锻工、钳工工具和小型模具。

依据 GB/T 1298—2008，在牌号前加"T"（"碳"是汉语拼音首字母），后面的数字是碳素工具钢的碳含量，用千分之几表示。如 T7、T13，前者表示平均碳的质量分数为 0.7%，后者为 1.3%。碳素工具钢一般都为优质钢，对于硫、磷含量更低的高级碳素工具钢，则在数字后面加"A"表示。例如，T10A 表示平均碳的质量分数为 1.0% 的

高级碳素结构钢。表 1-7 所示为几种碳素工具钢的牌号、化学成分、热处理及用途举例。

表 1-7　几种碳素工具钢的化学成分、热处理及用途举例

牌号	化学成分（质量分数,%）					淬火温度 /℃	回火温度 /℃	用途举例
	C	Mn	Si	S	P			
			≤					
T8	0.75 ~ 0.84	≤0.40	0.35	0.030	0.035	780 ~ 800	180 ~ 200	冲头、錾子、锻工工具、木工工具等
T10	0.95 ~ 1.04	≤0.40	0.35	0.030	0.035	760 ~ 780	180 ~ 200	硬度较高、但仍要求一定韧性的工具，如手锯条、小冲模、丝锥、板牙等
T10A	0.95 ~ 1.04	≤0.40	0.35	0.030	0.030	760 ~ 780	180 ~ 200	
T12	1.15 ~ 1.24	≤0.40	0.35	0.030	0.035	760 ~ 780	180 ~ 200	适用于不受冲击的耐磨工具，如钢锉、刮刀、铰刀等

　　虽然碳素工具钢价格较合金工具钢便宜，但其淬透性和淬硬性较差。碳素工具钢的油淬透性差，只能用水淬；热硬性差，工作温度应低于 250℃，切削速度低于 5 ~ 10m/min。因此，碳素工具钢只能用于制作手用和切削速度低的工具，如锉刀、手用锯条。

1.5.4　合金钢

1. 合金结构钢

　　钢在冶炼时，向钢中加入一定数量的合金元素，所得到的钢称为合金钢。加入合金元素的目的如下：

　　（1）进一步提高钢的力学性能　在机械设计中，零件材料的选取主要是依据强度指标——屈服强度、抗拉强度及疲劳强度等来选取的。如果在冶炼时加入某些合金元素，不仅提高了钢的屈服强度和疲劳强度，同时也提高了钢的屈强比和疲劳强度与抗拉强度比。采用合金钢制造重载零件，在保证性能要求的同时，还大大减轻了零件的体积和重量。

　　（2）改善热处理性能　在钢中加入单一或多元化复合合金，如 Mn、Cr、Ni、Mo、Si、B 等，使钢的淬透性提高。不仅使零件在截面上获得均匀的力学性能，同时还能用较缓和的淬火冷却介质淬火，降低了内应力，从而大大降低了零件变形和开裂的倾向。

　　（3）获得钢的某些特殊物理化学或力学性能　通过加入大量的一种或多种合金元素，对钢组织的影响是使合金钢得到高碳钢不可能具备的特殊性能。例如：加入质量分数大于 12% 的铬，可使钢具有耐蚀性；加入质量分数大于 13% 的锰，可使钢具有较好的耐磨性。如果钢中含有大量的钨、铬、钒元素，可使其能在 600 ~ 700℃ 下保持高的硬度，如果在此基础上加钼代替钨，其切削温度更高。

2. 合金结构钢的表示方法

合金结构钢的牌号由三部分组成，通常以"数字＋元素符号＋数字"表示。第一个数字表示合金钢的平均碳含量的万分数，元素符号后面的数字表示该钢所含合金元素及其平均含量的百分数，当合金元素平均质量分数小于1.5%，则不标其含量。如果是高级优质合金钢，则在牌号尾部加符号"A"。滚动轴承钢的牌号表示方法与合金结构钢不同，在牌号前加"G"表示滚动轴承钢，而它合金的含量用千分数表示，如GCr9、GCr15。铸钢在牌号前加ZG，如ZG20Cr13。

3. 合金工具钢

合金工具钢主要用于制造刀具、量具、模具等，其碳含量很高。加入合金元素的目的主要是提高钢的淬透性、耐磨性和热硬性。合金工具钢与碳素工具钢相比，能制造复杂、尺寸较大、切削速度较高或工作温度较高的工具和模具。合金工具钢的表示方法与合金结构钢相同，不同的是平均碳的质量分数小于1.0%，数字表示平均碳含量的千分数。有些合金工具钢的碳的质量分数超过1.0%也不标出，如CrWMn，其中平均碳的质量分数为0.9%～1.05%，Cr、Mn平均质量分数为1.3%～1.5%。

高速工具钢一般不标碳含量，只标合金元素的平均含量的百分之几，如W18Cr4V、W6MoCr4V2。

4. 特殊性能钢

（1）不锈钢和耐热钢　它的表示方法和结构钢相似，同样是"数字＋元素符号＋数字"，通常前面的两位数字表示平均碳含量的万分之几，如95Cr18，表示平均碳的质量分数为0.95%。常见的奥氏体耐热钢是12Cr18Ni9和12Cr13钢，它们既是不锈钢也是耐热钢。26Cr18Ni25Si2、26Cr18Mn12Si2N耐热钢耐热温度可到1000℃，也是高强钢。

（2）耐磨钢　有些机械零件需要承受强烈的撞击和耐磨损，如颚式碎矿机的颚板、挖掘机的履带、铲斗，这些零件常用的钢是高锰钢，如ZGMn13。这类高锰钢的可加工性差，通常采用铸造成形，其铸态组织由奥氏体和残留碳化物（Fe、Mn）组成。ZGMn13属于奥氏体组织的钢，其塑性、韧性较好，断后伸长率约为80%，抗拉强度约为105MPa，屈服强度约为441MPa，硬度约为210HBW。

铸造的高锰钢零件组织中常出现碳化物，硬而脆，耐磨性也差，不能直接应用，要进行热处理后才能使用。热处理的温度为1050～1100℃，保温后迅速水冷。经过热处理后，碳化物全部渗入奥氏体中，使原始组织完全转变为奥氏体。这种热处理称为水韧处理。经过水韧处理后，在应用中，当其受到摩擦撞击时，便发生变形，在变形的同时，奥氏体立即产生加工硬化，并有马氏体及特殊碳化物沿滑移面形成，使表面的硬度由原来的210HBW提高到455～550HBW，碳化层可达10～20mm，得到耐磨的表层，心部仍保持原来的奥氏体组织，有很高的韧性。这就是推土机铲斗既经得起撞击又不会断裂的原因。

表1-8所示为几种合金钢的化学成分、热处理及应用举例。

表 1-8　几种合金钢的化学成分、热处理及用途举例

类别	牌号	化学成分(质量分数)(%)							热处理及硬度	用途举例
		C	Mn	Si	Cr	V	Ti	其他		
合金结构钢	20Cr	0.18 ~ 0.24	0.50 ~ 0.80	0.17 ~ 0.37	0.70 ~ 1.00				渗碳、油淬、低温回火	小齿轮、齿轮轴、活塞销、蜗杆等
	20CrMnTi	0.17 ~ 0.23	0.80 ~ 1.10	0.17 ~ 0.37	1.00 ~ 1.80		0.06 ~ 0.12		渗碳、油淬、低温回火	汽车、拖拉机变速器齿轮、爪形离合器等
	40Cr	0.37 ~ 0.44	0.50 ~ 0.80	0.17 ~ 0.37	0.80 ~ 1.10				调质处理,硬度为207HBW;有时还进行表面淬火	轴、齿轮、连杆、螺栓、蜗杆等
	40MnVB	0.37 ~ 0.44	1.10 ~ 1.40	0.17 ~ 0.37		0.05 ~ 0.10		B: 0.0005 ~ 0.0035	调质处理,硬度为207HBW;有时还进行表面淬火	代替40Cr作转向节。半轴、花键轴等
	60Si2Mn	0.56 ~ 0.64	0.60 ~ 0.90	1.50 ~ 2.00					油淬、低温回火	机车板簧、测力弹簧
合金工具钢	9SiCr	0.85 ~ 0.95	0.30 ~ 0.60	1.20 ~ 1.60	0.95 ~ 1.25				油淬、低温回火,硬度60 ~62HRC	板牙、丝锥、铰刀、搓丝板、冲模等
	CrWMn	0.90 ~ 1.05	0.80 ~ 1.10	≤0.40	0.90 ~ 1.20			W:1.20 ~ 1.60	油淬、低温回火,硬度>60HRC	板牙、丝锥、量具、冲模
	W18Cr4V	0.70 ~ 0.80	≤0.40	≤0.40	3.80 ~ 4.40	1.00 ~ 1.40		W:17.5 ~19.0 Mo:≤0.30	油淬、三次回火,硬度>63HRC	钻头、铣刀、拉刀
特殊性能钢	30Cr13	0.26 ~ 0.35	≤1.00	≤1.00	12.00 ~ 14.00				980℃油淬、600 ~750℃回火后快冷,硬度55HRC	耐蚀、耐磨工具、医疗工具、滚动轴承
	12Cr18Ni9	≤0.15	≤2.00	≤1.00	17.00 ~ 19.00			Ni:8.00 ~ 10.00	1010 ~ 1150℃快冷,硬度为≤187HBW	硝酸、化工、化肥等工业设备零件
	ZGMn13	0.90 ~ 1.40	10.00 ~ 15.00						1050 ~ 1100℃水淬	破碎机齿板、坦克、拖拉机履带板

1.6　非铁金属材料

非铁金属材料包括铜及铜合金、铝及铝合金、镁及镁合金、钛及钛合金、锌及锌合金、铅及铅合金等。相对于钢铁材料，非铁金属材料具有许多优良的特性，在工业领域尤其是高科技领域具有极其重要的地位。

1.6.1　铜及铜合金

铜及铜合金包括纯铜、黄铜、青铜和白铜，后三者又称为杂铜，生产成本比纯铜低。

（1）纯铜　纯铜就是铜含量最高的铜。纯铜是玫瑰红色金属，表面形成氧化铜膜后呈紫色。纯铜分为普通纯铜、无氧铜、磷脱氧铜、银铜四类。

（2）黄铜　向纯铜中加入锌，就会使铜的颜色变黄，这种铜合金称为黄铜，所以黄铜的主要成分是铜和锌。黄铜的力学性能和耐磨性能都很好，可用于制造精密仪器、船舶的零件、枪炮的弹壳等。黄铜敲起来声音好听，因此锣、钹、铃、号等乐器都是用黄铜制作的。

黄铜根据其化学成分特点又分为普通黄铜和特殊黄铜，按生产工艺可分为加工黄铜和铸造黄铜。

普通黄铜中加入少量其他元素，如铝、铁、硅、锰、铅、锡、镍等元素就构成了特殊黄铜。通常情况下，加入某种金属元素，就叫做某黄铜，如镍黄铜、铅黄铜就是分别添加了镍、铅。这些元素的加入除可不同程度地提高黄铜的强度和硬度外，其中铝、锡、锰、镍等元素还可以提高合金的耐蚀性和耐磨性，锰用于提高耐热性，硅可改善合金的铸造性能，铅则改善了材料的可加工性和润滑性等。

特殊黄铜的强度、耐蚀性比普通黄铜好，铸造性能有所改善。生产中特殊黄铜常用于制造螺旋桨，紧压螺母等船用重要零件和其他耐蚀零件。

黄铜的主要用途见表1-9。

表1-9　黄铜的主要用途

类别	用　　　途
普通黄铜	散热器、冷凝器管道、热双金属、双金属板、造纸工业用金属网、弹壳、弹簧、螺钉、垫圈
锡黄铜	汽车拖拉机的弹性套管、海轮用管材、冷凝器管、船舶零件
铅黄铜	汽车拖拉机零件及钟表零件、热冲压或切削制作的零件
铁黄铜	适于在摩擦及受海水腐蚀条件下工作的零件
锰黄铜	制造海轮零件及电信器材、耐腐蚀零件、螺旋桨
铝黄铜	海水中工作的高强度零件、船舶及其他耐腐蚀零件、蜗杆及重载荷条件下工作的压紧螺母

（3）白铜　向纯铜中加入镍，就会使铜的颜色变白，这种铜合金称为白铜，所以白铜的主要成分是铜和镍。白铜色泽和银一样，不易生锈。镍含量越高，颜色越白。但

是，毕竟是与铜融合，只要镍的质量分数不超过 70%，肉眼都会看到铜的黄色，通常白铜中镍的质量分数为 25%。纯铜加镍能显著提高强度、耐蚀性、硬度、电阻和热电性，并降低电阻温度系数。因此，白铜比其他铜合金的力学性能、物理性能都好，且硬度高，色泽美观，耐蚀性好，常用于制造硬币、电器、仪表和装饰品。

白铜按化学成分可分为普通白铜和特殊白铜。

普通白铜只含有铜、镍两种元素，具有较高的耐蚀性、抗腐蚀疲劳性能及优良的冷热加工性能，用于制造在蒸汽和海水环境下工作的精密机械、仪表零件及冷凝器、蒸馏器、热交换器等。

普通白铜中加入少量其他元素，如铁、锌、锰、铝等辅助合金元素，就构成了特殊白铜。通常情况下，加入某种金属元素，就叫做某白铜，如铝白铜、锰白铜就是分别添加了铝、锌。特殊白铜的耐蚀性、强度和塑性高，成本低，用于制造精密机械、仪表零件及医疗器械等。

（4）青铜　向纯铜中加入锡，就会使铜的颜色变青，这种铜合金称为青铜，所以青铜最初的主要成分是铜和锡。现在除黄铜、白铜以外的铜合金均称为青铜，并常在青铜名字前冠以另外添加元素的名称。常用青铜有锡青铜、铝青铜、铍青铜、硅青铜、铅青铜等。其中，工业用量最大的为锡青铜和铝青铜，强度最高的为铍青铜。

青铜一般具有较好的耐蚀性、耐磨性、铸造性和优良的力学性能，常用于制造精密轴承、高压轴承、船舶上抗海水腐蚀的机械零件以及各种板材、管材、棒材等。由于青铜的熔点比较低（约为 800℃），硬度高（为纯铜或锡的两倍多），所以容易熔化和铸造成形。青铜还有一个反常的特性——"热缩冷胀"，常用来铸造艺术品，冷却后膨胀，可以使花纹更清楚。

1）锡青铜是以锡为主加元素的铜合金，锡的质量分数一般为 3%~14%。锡青铜的锡含量是决定其性能的关键，含锡质量分数为 5%~7% 的锡青铜塑性最好，适用于冷热加工；而含锡质量分数大于 10% 时，合金强度升高，但塑性却很低，只适于铸造用。锡青铜耐蚀性良好，在大气、海水和无机盐类溶液中耐蚀性比纯铜和黄铜好，但在氨水、盐酸和硫酸中耐蚀性较差。锡青铜主要用于耐蚀承载件，如弹簧、轴承、齿轮轴、蜗轮、垫圈等。

2）铝青铜是以铝为主加元素的铜合金，铝的质量分数为 5%~11%。其强度、硬度、耐磨性、耐热性及耐蚀性高于黄铜和锡青铜，铸造性能好，但焊接性能差。工业上压力加工用铝青铜的含铝质量分数一般低于 7%；含铝质量分数 10% 左右的合金强度高，可用于热加工或铸造。

铝青铜强度高、韧性好、疲劳强度高、受冲击不产生火花，且在大气、海水、碳酸及多数有机酸中的耐蚀性都高于黄铜和锡青铜。因此，铝青铜在结构件上应用极广，主要用于制造船舶、飞机及仪器中在复杂条件下工作的要求高强度、高耐磨性、高耐蚀性零件和弹性零件，如齿轮、轴承、摩擦片、蜗轮、轴套、弹簧、螺旋桨等。

3）铍青铜是指以铍为主加元素的铜合金，铍的质量分数为 1.7%~2.5%。铍青铜具有高的强度、硬度、疲劳强度和弹性极限，弹性稳定，弹性滞后小，耐磨性、耐蚀性高，具有良好的导电导热性，无磁性，冷热加工及铸造性能好，但其生产工艺复杂，价格高。铍青铜广泛地用于制造精密仪器仪表的重要弹性元件、耐磨耐蚀零件、航海罗盘仪中零件和防爆工具等。

铜分为铸造铜和加工铜两大类，常用加工铜及铜合金的分类见表1-10。

表1-10　常用加工铜及铜合金的分类

类别	加工铜	加工黄铜	加工白铜	加工青铜
组别	纯铜、无氧铜、脱氧铜、银铜	普通黄铜、镍黄铜、铁黄铜、铅黄铜、铝黄铜、锰黄铜、锡黄铜、硅黄铜、加砷黄铜	普通白铜、铁白铜、锰白铜、锌白铜、铝白铜	锡青铜、铝青铜、铍青铜、硅青铜、锰青铜、锆青铜、铬青铜、镉青铜、镁青铜、铁青铜、碲青铜

1.6.2　铝及铝合金

纯铝按含铝质量分数的多少分为高纯铝、工业高纯铝和工业纯铝，纯度依次降低。高纯铝含铝质量分数为99.93%～99.996%，主要用于科学试验、化学工业和其他特殊领域。工业高纯铝含铝质量分数为99.85%～99.9%，工业纯铝含铝质量分数为98.0%～99.0%，主要用于配制铝基合金。此外，纯铝还可用于制作电线、铝箔、屏蔽壳体、反射器、包覆材料及化工容器等。

铝合金既具有高强度又保持纯铝的优良特性。根据合金元素和加工工艺特性，将铝合金分为铸造铝合金和变形铝合金两大类。

（1）铸造铝合金　铸造铝合金的力学性能不如变形铝合金，但铸造铝合金有良好的铸造性能，可以制成形状复杂的零件，不需要庞大的加工设备，并具有节约金属、降低成本、减少工时等优点。按化学成分中铝之外的主要元素硅、铜、镁、锌，铸造铝合金分为铝硅合金、铝铜合金、铝镁合金和铝锌合金四大类。使用铝合金轮毂的车辆，可以减少能耗，其所节省的能量远远超过炼铝时所消耗的能量，经济效益好。

（2）变形铝合金　变形铝合金有很好的力学性能，适合于变形加工。在建筑工业中，用铝合金做房屋的门窗及结构材料。在食品工业中，储槽、罐头盒、饮料容器等大多用铝合金制成的。

1.6.3　锌及锌合金

锌是一种灰色金属，密度为$7.14g/cm^3$，熔点为419.5℃，沸点为911℃。锌在室温下较脆，100～150℃时变软，超过200℃后又变脆。锌的化学性质活泼，在空气中，表面易生成一层薄而致密的碱式碳酸锌膜，可阻止进一步氧化。当温度达到225℃后，锌氧化激烈。燃烧时，发出蓝绿色火焰。锌易溶于酸，也易在溶液中置换出金、银、铜等。

由于锌在常温下表面易生成一层薄而致密的保护膜，可阻止进一步氧化，有很好的防护作用，所以锌最大的用途是用于电镀工业。

1.6.4　镍及镍合金

镍合金按用途分为高温合金、耐蚀合金、耐磨合金、精密合金和形状记忆合金。

（1）镍基高温合金　在 650～1000℃高温下有较高的强度和抗氧化、抗燃气腐蚀能力，是高温合金中应用最广、高温强度最高的一类合金。常用于制造航空发动机叶片和火箭发动机、核反应堆、能源转换设备上的高温零部件。如超声波加工设备中的换能器就是用镍或镍铝合金材料做成的。

（2）镍基耐蚀合金　具有良好的综合性能，可耐各种酸腐蚀和应力腐蚀。最早应用的是镍铜合金（又称蒙乃尔合金）；此外，还有镍铬合金、镍钼合金、镍铬钼合金等，可用于填充各种耐腐蚀零部件的小孔。

（3）镍基耐磨合金　除具有高的耐磨性外，其抗氧化性、耐蚀性、焊接性也较好，可制造耐磨零部件，也可作为包覆材料（通过堆焊和喷涂工艺将其包覆在其他基体材料表面）。

（4）镍基精密合金　包括镍基软磁合金、镍基精密电阻合金和镍基电热合金等。最常用的软磁合金是含镍质量分数 80% 左右的玻莫合金，是电子工业中重要的铁心材料。镍基精密电阻合金的主要合金元素是铬、铝、铜，这种合金具有较高的电阻率、较低的电阻温度系数和良好的耐蚀性。用这种合金制作的电阻器，可在 1000℃温度下长期使用。

（5）镍基形状记忆合金　回复温度是 70℃，形状记忆效果好。改变镍钛成分比例，可使回复温度在 30～100℃范围内变化。镍基形状记忆合金多用于制造航天器上使用的自动张开结构件、宇航工业用的自激励紧固件、生物医学上使用的人造心脏等。

复　习　题

1. 什么是应力？什么是延伸率？什么是应力-延伸率曲线？

2. 对于具有力学性能要求的零件，为什么在零件图中仅标注其硬度要求，而不标注其他力学性能？

3. 工程上常用的硬度有哪些？它们有什么优缺点？

4. 晶粒的粗细对钢的力学性能有何影响？细化晶粒有哪些方法？

5. 钢的断裂有几种，它们如何定义？端口有什么特征？

6. 铁碳合金的基本组织有哪些？它与钢室温组织有何不同？

7. 试分析典型合金的结晶过程和室温组织。

8. 什么是共晶反应和共析反应？它们有何异同之处？

9. 什么是钢的热处理？什么是退火？什么是正火？请说明它们的特点和用途。

10. 亚共析钢细化晶粒的退火为什么要加热到 Ac_3 以上 30～50℃？而一般的过共析钢只加热到 Ac_1 以上 30～50℃？

11. 什么是钢的淬火？为什么要严格控制加热温度？为什么亚共析钢的淬火温度必须加热到 Ac_3 以上 30～50℃？

12. 什么是钢的回火？各种回火的温度范围及目的是什么？

13. 钢的淬火冷却介质如何选择？碳钢在油中淬火为什么不能获得马氏体？合金钢在水中淬火为什么会开裂？

14. 钢锉、汽车钢板弹簧、火车螺旋弹簧、发动机盖的螺钉的最终热处理有何不同？

15. 生活用"手缝纫针"和汽车变速器齿轮应该用哪种热处理？为什么？

16. 工业用钢如何分类？请说明 Q235AF、Q195、Q345、15、45、40Cr、CrWMn、60Si2Mn 这些牌号中数字和符号的含义。

17. 在平衡条件下，分析碳含量对钢的组织、力学性能和工艺性能有何影响？

18. 加入合金元素的目的是什么？合金钢如何分类？

19. 什么是黄铜？它的主要用途是什么？

20. 什么是白铜？什么是青铜？它们各有什么特性及用途？

21. 铝合金分几类？它们各有什么特性？

22. 镍合金分类？它们各自的特性及用途是什么？

第2章 铸 造

将熔融的金属液浇注入铸型内，待冷却凝固后获得所需形状和性能的毛坯或零件的工艺过程称为铸造。

用铸造方法制成的毛坯或零件称为铸件。

铸造工艺过程主要包括：金属熔炼、铸型制造、浇注凝固和落砂清理等。铸件的材质有碳素钢、合金钢、铸铁、铸造非铁合金等。

与其他金属加工方法相比，铸造具有如下优点：

（1）适应性广 适应铸铁、碳钢、非铁金属等材料；铸件大小、形状和质量几乎不受限制；壁厚从1mm到1m，质量从零点几克到数百吨（三峡的水轮机叶轮重达430t）。

（2）可复杂成型 适合形状复杂，尤其是有复杂内腔的毛坯或零件。

（3）成本较低 可直接利用成本低廉的废机件和切屑，设备费用较低；在金属切削机床中，铸件占机床总质量的75%以上，而生产成本仅占15%～30%。

但也存在一些不足，如组织缺陷，力学性能偏低，质量不稳定，工作环境较差。因此，铸件多数作为毛坯用。组织疏松、晶粒粗大，铸件内部常有缩孔、缩松、气孔等缺陷产生，导致铸件力学性能，特别是冲击性能较低。一些工艺过程还难以精确控制，使得铸件质量不够稳定，废品率高。铸造生产会产生粉尘、有害气体和噪声对环境的污染，比其他机械制造工艺更为严重，需要采取措施进行控制。

铸造在机器制造业中应用极其广泛，现代各种类型的机器设备中铸件所占的比重很大。据统计，在一般设备中，铸件质量约占机械设备总质量的50%～90%，一辆汽车中铸件质量约占40%～60%，一台拖拉机中铸件质量约占70%以上，而一台机床中铸件质量约占70%～85%。

在铸造工艺中，最基本的工艺方法是砂型铸造，此外，还有多种特种铸造方法，例如：熔模铸造、金属型铸造、压力铸造、离心铸造、消失模铸造等，它们在不同的方面有相当的优势。

2.1 合金的铸造性能

在铸造生产中，均希望获得优质的铸件。优质铸件是指具有轮廓清晰、尺寸准确、表面光洁、组织致密、使用性能合格、符合技术要求的铸造缺陷的铸件。要想获得优质铸件就是要减少或避免产生铸造缺陷，铸造缺陷的产生除了和铸造工艺过程相关外，还受合金铸造性能的影响。因此，有必要研究合金的铸造性能。

合金的铸造性能是指合金在铸件的形成过程中获得优质铸件的能力，其主要包括合金的流动性、凝固与收缩性、吸气性等。根据合金的铸造性能特点，采用必要的工艺措施，对于获得优质铸件有着重要意义。

2.1.1　铸造合金的充型性能

液态合金充满铸型型腔，获得形状完整、轮廓清晰铸件的能力，称为液态合金充型能力。充型能力不足会导致浇不足、冷隔等缺陷。

影响充型能力的主要因素：合金自身的流动性、浇注条件、铸型的充型条件、铸件结构等。

1. 合金的流动性

流动性是液态金属自身的流动能力。合金的流动性越好，充型能力越强。液体合金的流动性常采用螺旋形试样长度来衡量（见图 2-1）。在相同的浇注条件下，合金的流动性越好，所浇出的试样越长。

流动性的影响因素很多，其中最主要的是化学成分和浇注温度的影响。对铁碳合金而言，随着碳含量的增加，钢的结晶温度间隔增大，流动性应该变差。但是，随着碳含量的增加，液相线温度降低，因而，当浇注温度相同时，碳含量高的钢，其钢液温度与液相线温度之差较大，对钢液的流动性有利。所以钢液的流动性随碳含量的增加而提高。浇注温度越高，流动性越好。当浇注温度一定时，过热度越大，流动性越好。铸铁因其液相线温度比钢低，其流动性总是比钢好。亚共晶铸铁随碳含量的增加，结晶温度间隔缩小，流动性也随之提高。共晶铸铁其结晶温度最低，又同时凝固，表面光滑对合金流动阻力小，所以流动性最好。其他合金在一定温度范围内逐步凝固，由于初生的树枝状结晶表面粗糙对合金流动有阻力，所以流动性差。图 2-2 所示为铁碳合金的流动性与碳含量的关系。

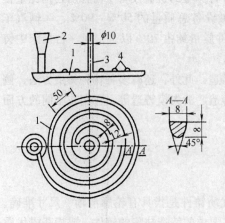

图 2-1　螺旋形试样
1—试样铸件　2—浇口　3—出气口
4—试样凸点

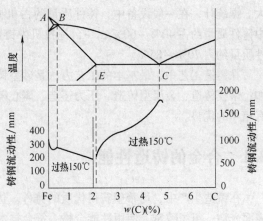

图 2-2　铁碳合金的流动性
与碳含量的关系

因而，常用合金中铸铁和硅黄铜的流动性最好，铝硅合金次之，铸钢最差。共晶成分的合金流动性最好。

2. 浇注条件

（1）浇注温度 浇注温度高，液体金属的过热度大，保持液态时间增长，同时又降低了液体金属的黏度，这些都使合金的充型能力得到提高。因此，提高金属的浇注温度是防止铸件产生浇不足、冷隔及某些气孔、夹渣等铸造缺陷的主要工艺措施。

但浇注温度过高，会使金属的总收缩量增加，吸气增多。因此，浇注温度一般控制在保证合金流动性足够的前提下，浇注温度不宜过高。浇注温度合适，金属液的流动性越好，其充型能力越好。

（2）充型压力 提高充型压力，金属液的流动速度加快，从而提高了充型能力。

3. 铸型的充型条件

主要是铸型材料铸型温度和铸型中的气体等。铸型材料包括砂型、金属型；铸型温度是指铸型的型壁的温度，在常温下，浇注温度与型壁的温度差值越大，金属液体结晶的过冷度也越大，会导致金属液的激冷；铸型中的气体阻碍金属液的充型，要避免产生气体。

4. 铸件结构

铸件壁厚过薄或铸件形状复杂都会使金属液流动困难。对于灰铸铁，壁厚过薄会产生白口组织，因而要控制铸件的最小壁厚。表 2-1 所示为砂型铸件允许的最小壁厚，在设计铸件时，铸件的壁厚应大于表中规定的最小壁厚值，以防止缺陷的产生。

表 2-1   砂型铸件的最小壁厚   （单位：mm）

铸件轮廓尺寸	铸造碳钢	灰铸铁	可锻铸铁	球墨铸铁	铝合金	铜合金
<200	5	3 ~ 4	3.5 ~ 4.5	3 ~ 4	3 ~ 5	3 ~ 5
200 ~ 400	6	4 ~ 5	4 ~ 5.5	4 ~ 5	5 ~ 6	6 ~ 8
400 ~ 800	8	5 ~ 6	5 ~ 8	8 ~ 10	6 ~ 8	—
800 ~ 1250	12	6 ~ 8	—	10 ~ 12	—	—

2.1.2 铸件的凝固方式

在凝固过程中，铸件的断面上一般存在固相区、凝固区和液相区三个区域。依据凝固区的宽窄，铸件的凝固划分为逐层凝固方式、糊状凝固方式、中间凝固方式三种方式。图 2-3 所示为铸件的凝固方式。

1. 逐层凝固方式

纯金属或共晶成分在凝固过程中不存在固液二相共存区，如图 2-3a 所示。在常用合金中，灰铸铁、铝硅合金等倾向于逐层凝固，易于获得紧实的铸件。

2. 糊状凝固（体积凝固）方式

合金结晶温度范围很宽或温度梯度很小，固液并存的凝固区贯穿整个断面，如图 2-3c 所示（表层不存在固体层，类似水泥）。球墨铸铁、锡青铜、铝铜合金等倾向于糊状凝固。

3. 中间凝固方式

金属结晶范围较窄或结晶温度范围虽宽但截面温度梯度大，凝固区宽度介于逐层凝固和糊状凝固之间，如图 2-3b 所示。

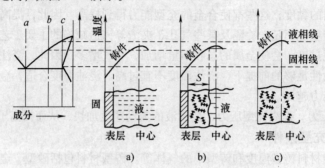

图 2-3　铸件的凝固方式

a）逐层凝固　b）中间凝固　c）糊状凝固

4. 影响凝固方式的因素

合金的结晶温度范围和铸件的温度梯度是影响金属液凝固方式的最主要的因素。

5. 凝固方式对铸件质量的影响

逐层凝固方式的合金的充型能力强，便于防止缩孔和缩松。糊状凝固方式的合金难以获得紧实的铸件。

2.1.3　铸造合金的收缩

液体金属在凝固和冷却过程中，体积减小的现象，称为合金的收缩。收缩是多种铸造缺陷产生的根源。

合金的收缩经历三个阶段：

1. 液态收缩

从浇注温度到开始凝固（液相线温度）这一温度范围内的收缩。液态收缩主要表现为铸型腔内液态金属的液面下降和合金体积的减小。

2. 凝固收缩

从凝固开始到凝固终止（固相线温度）这一温度范围内的收缩。凝固收缩也是合金体积的缩小，共晶成分或纯金属是在恒温下凝固，凝固收缩由状态改变引起，所以收缩较小，表现为液面下降。

3. 固态收缩

从凝固终止温度到冷却到室温这一温度范围内的收缩。

液态收缩和凝固收缩主要表现为合金体积上的缩减，用体收缩率（单位体积的百分收缩量）表示。它们是铸件产生缩孔和缩松的根本原因。固态收缩通常直接表现为铸件外形尺寸的减小，可用线收缩率（单位长度的百分收缩量）表示。固态收缩是铸件产生应力、变形和裂纹的根本原因。

不同合金的收缩性能也不同，铸件的实际收缩率与其化学成分、浇注温度、铸件结构和铸型条件有关。

2.2　铸件常见缺陷的产生及防止

铸件中的常见缺陷主要有：冷隔与浇不足、缩孔与缩松、内应力变形与裂纹、气孔等，见表 2-2。其中，冷隔与浇不足主要跟合金的充型性有关，提高合金的充型能力可有效防止冷隔和浇不足。

表 2-2　铸件中常见缺陷

缺陷类别	缺陷名称	缺陷形态图例	特　征	产生的主要原因
孔眼	气孔		出现在铸件内，孔壁圆滑	铸型透气性差
				起模时刷水过多，型芯未干
	砂眼		铸件表面或内部有型砂充填的小凹坑	型腔或浇口内散砂未吹净
				型砂、芯砂强度不够，被铁液冲垮带入
	渣眼		铸件上表面有不规则的并含有熔渣的孔眼	浇注时挡渣不良
				浇注温度太低，熔渣不易上浮
	缩孔		铸件的厚大部分有不规则的粗糙孔形	合金收缩大，冒口太小
				铸件结构不合理，壁厚不均匀
				浇冒口位置不对
形状	变形		铸件向上、向下或向其他方向弯曲凸起	壁厚不均
				铸件结构不合理
	错箱		铸件在分型面处有错位	模样的上下半模有错位
				合箱时上下砂型未对准

（续）

缺陷类别	缺陷名称	缺陷形态图例	特　征	产生的主要原因
形状	偏芯		铸件上的孔偏斜	型芯放置偏斜或变形
				浇口位置不对，铁液冲歪了型芯
	浇不足		液体金属未充满铸型	合金流动性差或浇注温度太低
				铸件太薄
				浇包内铁液不够
表面	粘砂		铸件表面粘有砂粒，外观粗糙	浇注温度太高，型砂的耐火度差
				未刷涂料或涂料太薄
	冷隔		铸件外表面似乎已融合，但实际并未融透，有缝隙或洼坑	铸件太薄，合金流动性差或浇注温度太低
				浇注速度太慢或浇注曾有中断
	裂纹		在铸件表面或内部的裂纹多产生在尖角处或厚薄交接处	铸件结构不合理，冷却不均匀
				型砂、芯砂退让性差
				合金含硫磷高

1. 铸件中的缩孔和缩松

在合金冷却和凝固过程中，若液态收缩和凝固收缩所缩减的体积得不到补足，则在铸件的最后凝固部位会形成一些孔洞。合金的液态收缩和凝固收缩越大、浇注温度越高、铸件越厚，缩孔的容积越大。

按照孔洞的大小和分布区域，可将其分为缩孔和缩松两类。其中容积较大的孔洞称为缩孔，细小且分散的孔洞称为缩松。

（1）缩孔　缩孔是容积较大而集中的孔洞。通常隐藏在铸件上部或最后凝固的部位。其外形特征为倒锥形，内表面不光滑。逐层凝固的合金产生缩孔的倾向较大。

对于逐层凝固的合金其缩孔的产生过程如图 2-4 所示。液态合金填满铸型型腔后（见图 2-4a），由于型壁的吸热使得靠近型壁的金属快速凝结为一层固态外壳，而内部仍然是液态（见图 2-4b）。随着温度的下降，固态外壳增厚，但内部的液态因为液态收缩和凝固收缩而产生体积减小、液面下降，使得铸件内部出现了空隙（见图 2-4c）。直至液态完全凝固，在铸件的上部会形成缩孔（见图 2-4d）。已经产生缩孔的铸件继续冷却到室温时，因固态收缩而使得铸件的外形轮廓尺寸减小（见图 2-4e）。为了避免铸件内部产生缩孔，可以采用图 2-4f 中的方式，在铸件的易发生缩孔的位置外面增设冒口。

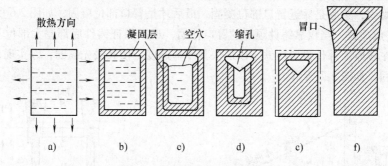

图 2-4　缩孔的产生过程示意图

a）液态合金填满型腔　b）凝结成外壳　c）形成空隙　d）形成缩孔

e）外形尺寸减小　f）顶部增设冒口

（2）缩松　缩松是分布于铸件的轴线区域、厚大部位或浇口附近（缩孔的下方）的细小而分散的孔洞，糊状凝固的合金缩孔倾向小，但极易产生缩松。缩松的形成过程如图 2-5 所示。

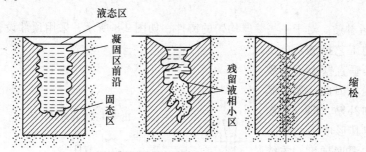

图 2-5　缩松的形成过程示意图

表 2-3 所示为缩孔与缩松的对照比较。

表 2-3　缩孔与缩松的对照比较

项　目	分布特征	存在部位	容积大小	形状特征	合金成分
缩孔	集中	上部或最后凝固部位	大	倒锥形	近共晶
缩松	分散	中心或特殊区域	细小	不规则	远离共晶

（3）防止缩孔和缩松的措施　采用定向（顺序）凝固的方法可以有效防止缩孔的发生。所谓定向（顺序）凝固是指为了防止缩孔与缩松的产生，在可能出现缩孔与缩松的厚大截面部安放冒口或冷铁的工艺方法。采取一定措施，先使铸件上远离冒口或浇注部位先凝固，然后使靠近冒口部位凝固，最后冒口本身凝固。使先凝固的收缩量由后

凝固的液体补充，最后将缩孔转移至冒口中。

实现定向凝固方法：

1）合理安放冒口。在铸件上可能出现缩孔的厚大部位安放冒口，使铸件远离冒口的部位先凝固，然后是靠近冒口部位凝固，最后才是冒口部位凝固，如图 2-6 所示。

2）安放冷铁。当仅靠铸件顶部的冒口补缩，难以保证铸件底部厚大部位不出现缩孔时，应在该厚大部位设置冷铁，以加快其冷却速度，使其最先凝固，以实现自下而上的顺序凝固，如图 2-7 所示。

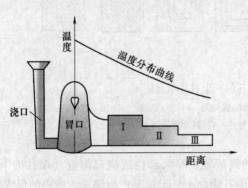

图 2-6　安放冒口

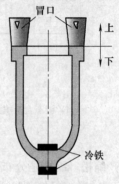

图 2-7　安放冷铁

3）设置补贴。对于一些壁厚均匀的铸件，如图 2-8 所示，采用顶部设冒口和底部安放冷铁的工艺措施后，也难以保证其垂直壁上不出现缩孔和缩松。因此，需在其立壁上增加补贴，即一个楔形厚度，使其形成一个从下而上递增的温度梯度，才能实现该铸件的顺序凝固。

定向凝固的缺点：首先冒口浪费金属；其次是铸件内应力大，易于变形和开裂。其主要用于必需补缩的地方，如铸钢、高牌号灰铸铁、球墨铸铁、可锻铸铁和黄铜等。对于形成糊状凝固的合金一般不采用此工艺方法。

2. 铸件中的内应力

铸件在凝固之后的冷却过程中，由于各部冷却速度

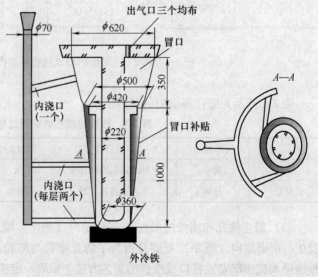

图 2-8　设置补贴

不一致，导致各部分体积变化不一致，彼此制约引起的应力称为铸造内应力。

按应力产生的原因，铸造内应力分为热应力和机械应力两种。

（1）热应力　热应力是指因铸件壁厚不均匀或各部分冷却速度不同，致使铸件各部分的收缩不同步而引起的应力。铸件厚大部分或心部受拉应力（＋），薄壁或表层受压应力（－）。

热应力产生过程如图 2-9 所示。

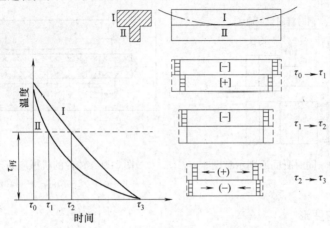

图 2-9　铸件中热应力的产生过程示意图

当铸件处于高温阶段（$\tau_0 - \tau_1$）时，铸件厚的部分 I 和薄的部分 II 都处于塑性状态，尽管此时铸件厚薄部分的冷却速度不同、收缩也不同步，但瞬时的应力可通过塑性变形来自行消失，在铸件内无应力产生；继续冷却，冷却速度较快的 II 进入弹性状态，I 仍然处于塑性状态（$\tau_1 - \tau_2$），此时由于 II 的冷却速度较快、收缩较大，所以 II 会受到拉伸，I 会受到压缩，形成暂时内应力，但此内应力很快因 I 发生了微量的受压塑性变形而自行消失；当进一步冷却至更低温度时（$\tau_2 - \tau_3$），两部分均进入了弹性状态，此时由于两部分 I 和 II 的温度不同、冷却速度也不同，所以二者的收缩也不同步，I 的温度较高，还要进行较大的收缩，II 的温度较低，收缩已趋于停止，因此 I 的收缩必定受到细杆 II 的阻碍，于是 II 受压缩（－），杆 I 受拉伸（＋）直到室温。铸件厚的部分或心部受拉应力，薄的部分或外表受压应力。

铸件残余热应力预防原则是减小铸件各部分间的温度差，使其均匀冷却。具体措施要求：首先设计时，尽量使铸件壁厚均匀；其次是生产上，使用"同时凝固"原则，如图 2-10 所示，防止铸件的热应力，所谓同时凝固是指为了防止铸件产生内应力，在厚大截面部分安放冷铁的工艺方法。残余热应力的消除方法则采用去应力退火。同时凝固的具体工艺是将内浇口开在铸件的薄壁处，再在铸件厚壁处放置冷铁。同时凝固的原则可降低铸件产生应力、变形和裂纹的倾向；只是铸件的心部会产生缩孔或缩松缺陷。同时凝固原则只用于普通灰铸铁和锡青铜铸件的生产。

（2）机械应力　铸件的固态收缩受铸型或型芯的机械阻碍而形成的内应力称为机

械应力。铸件的机械应力产生示意图如图 2-11 所示，它是暂时的铸件落砂后会自然消除。但是，它会在铸件冷却过程中与热应力共同作用，增大铸件某些部分的应力，促进铸件产生热裂纹的倾向。改善铸型和型芯的退让性是减小铸件收缩应力的方法之一。为此，在砂型铸造中，要使铸型具有合适的紧实度，并在型砂中加入适量的木屑及焦炭粉等。因此，为了尽早去除铸件的收缩应力，开型的时间又不宜过迟。

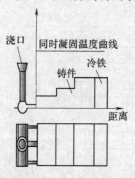

图 2-10　同时凝固原则示意图

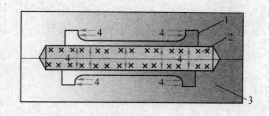

图 2-11　铸件的机械应力产生示意图
1—铸件　2—型芯　3—铸型　4—阻力

3. 铸件的变形

当铸件的残余应力以热应力为主时，铸件总是自发地通过一定的变形使自己趋于稳定状态。铸件原来受拉伸的部分要产生压缩变形，而受压缩的部分要产生拉伸变形，才能使残余内应力减少或消除，如图 2-12 所示。

有残余应力的铸件，经机械加工后其原有的残余应力失去平衡，因而会发生第二次变形，使零件失去原有的加工精度。

因此，凡是重要的、在使用中不允许变形的铸件，都必须在机械加工之前，消除其残余应力，常用退火或正火。

防止变形的措施：

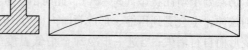

图 2-12　铸件中受拉内应力部分趋于变短

1）尽可能使铸件的壁厚均匀或截面形状对称。

2）采取相应的工艺措施使其同时凝固。

3）"反变形"法——模样制成与变形方向正好相反的形状以抵消其变形。

4）对于不允许发生变形的重要机件必须进行时效处理。时效分自然时效和人工时效两种。自然时效是将有残余应力的铸件放置在露天场地，经数月及至半年以上，使其内应力慢慢自然消失。人工时效是将铸件进行低温退火，它比自然时效节省时间，故应用广泛。

4. 铸件的裂纹

当铸件内应力超过合金的强度极限时，铸件就会产生裂纹。根据产生裂纹的不同温度，把裂纹分为热裂和冷裂两种。

（1）热裂　铸件的热裂是铸件在凝固末期固相线附近的高温时期形成的裂缝。裂缝宽、形状曲折，缝内呈氧化色。

影响铸件形成热裂的因素很多，其中铸造合金的凝固特点和化学成分对铸件的热裂有明显影响。

1）线收缩开始的温度到凝固结束温度之间的区间越窄，形成热裂的倾向就越小。灰铸铁、球墨铸铁在凝固温度范围伴随着石墨化过程，其石墨化膨胀抵消了部分固态收缩，所以，不易形成热裂。反之，白口铸铁和碳钢的凝固温度范围较大，固态收缩也大，所以易形成热裂。

2）合金中含有较多的低熔点化合物，会增加合金的热裂倾向。如钢中含有较多的硫时，硫形成的低熔点共晶组织会降低钢的高温强度，增加钢的热裂倾向。

因此，热裂是铸钢和铝合金铸件中常见的缺陷。

防止热裂的方法：

1）选择结晶温度范围窄的合金生产铸件，因为结晶温度范围越宽的合金，其液、固两相区的绝对收缩量越大，产生热裂的倾向也越大。如灰铸铁和球墨铸铁的凝固收缩很小，所以热裂倾向也小；但铸钢、铸铝和可锻铸铁的热裂倾向较大。

2）减少铸造合金中的有害杂质，如减少铁-碳合金中的磷、硫含量，可提高铸造合金的高温强度。

3）改善铸型和型芯的退让性。退让性越好，机械应力越小，形成热裂的可能性越小。具体措施是采用有机粘结剂配制型砂或芯砂；在型砂或芯砂中加入木屑或焦炭等材料可改善退让性。

4）减小浇口、冒口对铸件收缩的阻碍，内浇口的设置应符合同时凝固原则。

（2）冷裂 铸件的冷裂是铸件冷却到较低温度形成的裂纹，是内应力总值超过合金的强度极限而产生的。冷裂的特征是，裂纹细小呈连续直线状或圆滑曲线状，断口干净，具有金属的光泽或呈轻微的氧化色。冷裂主要出现在铸件受拉应力部位，特别是有应力集中的地方。

影响冷裂纹的因素：合金的成分和熔炼质量。例如，磷能增加钢的冷脆性，当钢中磷的质量分数大于 0.1% 时，冲击韧性急剧下降；当灰铸铁中磷的质量分数大于 0.5% 时，组织中有大量磷共晶出现，冷裂倾向也明显增大。由于钢脱氧不足产生的氧化夹杂物和其他非金属夹杂物较多时，也增大钢的冷裂倾向。

防止冷裂的方法：

1）设法减小铸造应力和降低铸造合金的脆性。如尽量减小铁碳合金中的磷含量，可降低其脆性。

2）铸件在浇注之后，勿过早落砂。

2.3 砂型铸造

砂型铸造是传统的铸造方法，由于适应于各种形状、大小、批量及各种合金铸件的生产，也是使用最广的一种铸造方法。

砂型铸造是指铸型由砂型和砂芯组成，而砂型和砂芯是用砂子和粘结剂为基本材料制成的。砂型铸造在铸造生产中占有非常重要的地位，所生产的铸件占总产量的80%～90%。

2.3.1　砂型铸造工艺过程

砂型铸造的工艺过程（见图2-13）比较复杂，包括混制型（芯）砂、造型、熔炼、浇注、清理、检验、热处理等工序。每一工艺环节均对最终的铸件质量有影响。

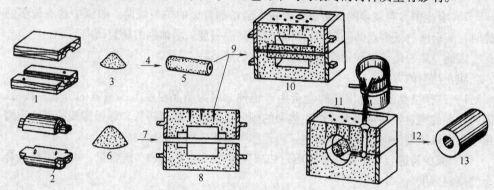

图2-13　砂型铸造工艺过程示意图

1—芯盒　2—模样　3—芯砂　4—造型　5—砂芯　6—型砂　7—造型
8—砂型　9—合型　10—铸型　11—浇注　12—落砂清理　13—铸件

金属的液态成形是制造毛坯、零件的重要方法之一。按铸型材料的不同，金属液态成形可分为砂型铸造和特种铸造（包括压力铸造、金属型铸造等）。其中砂型铸造是最基本的液态成形方法，所生产的铸件要占铸件总量的80%以上。

1. 造型材料

用来制造砂型和砂芯的材料统称造型材料。砂、木炭、粘结剂等按一定比例配合，经混合制成符合造型、制芯要求的混合料叫型砂。铸件的很多缺陷，诸如砂眼、夹砂、气孔、裂纹等，都与型砂的质量有关。因此，型砂性能的好坏，对砂型铸造极其重要。

（1）型（芯）砂的性能对铸件质量的影响　型（芯）砂应具备以下性能：

1）透气性，即型砂能让气体透过而逸出铸型的能力。气体来源：型腔中的气体、型（芯）砂发气、金属液体中溶解的气体、浇注过程中卷入的气体等。若透气性不好，可能引起气孔缺陷。保证透气性的措施：选用合适的造型材料、严格型砂各成分的比例及混制工艺、严格控制型砂中的含泥量、扎排气孔等。

2）强度。在外力作用下型砂达到破坏时单位面积上所承受的力即为型砂的强度。包括湿强度、干强度和热强度等。强度不够容易引起塌箱及冲砂造成的砂眼缺陷等。适当的型砂强度可保证砂型在搬运、浇注过程中金属液冲刷时不被破坏。选择合适的粘结剂和添加量以及高的砂型紧实度是使砂型获得适当强度的方法。

3）耐火度。耐火度是指型砂抵抗高温金属液作用的能力。型砂耐火度不足容易引起的铸造缺陷有粘砂和铸件变形。选择耐火度高的原砂和添加一定的附加物（如煤粉）以及在型腔喷刷耐火度高的涂料是保证型砂耐火度的关键。

4）发气性。发气性是指型砂被加热时析出气体的能力，一般用发气量来衡量。型砂发气量大时容易引起气孔缺陷，应尽量降低。适当控制发气量大的造型材料，如粘结剂、水等的含量是控制型砂发气性的关键。

5）退让性。浇注到铸型中的金属液在凝固收缩和固态收缩，而铸型产生相应的变形不阻碍收缩的能力，即为型砂的退让性。若退让性不好，容易产生铸件内应力、变形和裂纹等。提高型砂退让性的措施有：选择合适的粘结剂，如树脂等；添加适当的附加物，如锯末等；适当控制铸型的强度和紧实率等。此外，型砂的溃散性、流动性、可塑性、不粘模性、保存性、抗吸湿性和回用性等也对铸件质量有影响。

总之，型砂性能在某种程度上决定着砂型铸造的成败，须格外重视。

（2）型（芯）砂的分类　型（芯）砂包括以下 3 类：

1）黏土砂。黏土砂是以黏土作为粘结剂的型砂。按浇注时的烘干程度分为湿型砂和干型砂两大类。

湿型铸造是湿型砂里含有一定水分的铸造。

湿型砂具有诸多优点：生产率高、生产周期短、便于组织流水生产；节约燃料、设备和车间生产面积；砂型不变形，铸件精度高；落砂性好，砂箱寿命长；铸件冷却速度快，组织致密等。当然，湿型砂也有一些缺点，如铸件易产生砂眼、气孔、粘砂、胀砂、夹砂等缺陷。但可以采取适当工艺措施，如严格控制含水量，保证型砂的透气性和强度等性能，可以很好地解决这些问题的。

湿型砂主要用于铸铁和非铁金属的铸造。

干型铸造是经过烘干使湿型变为不含水分的干型的铸造。

干型铸造的优点：对原砂化学成分和耐火度要求较低；提高了砂型的强度和透气性，减少了发气量，对于预防砂眼、胀砂和气孔等缺陷比较有利。但是，干型砂的缺点非常突出：湿型的烘干使生产停顿；需建造大型的烘干炉；烘干消耗大量能源，并恶化劳动条件和污染环境；砂型的退让性和溃散性较差，散热慢，造成铸件晶粒粗大等，使干型铸造受到了极大的限制。

目前干型铸造很少采用。

2）水玻璃砂。以水玻璃作为型砂粘结剂的铸造，称为水玻璃铸造。

水玻璃砂的优点有：砂型硬化快，强度高、尺寸精确、便于组织流水生产，目前广泛用于铸钢生产。水玻璃砂的缺点也很突出，如溃散性差，导致铸件清理和旧砂回用困难。

改善水玻璃砂溃散性的措施有：在保证砂型强度的前提下，尽量减少水玻璃加入量；应用非钠水玻璃；加入溃散剂；应用改性水玻璃。

目前采用较多的是改性水玻璃。

3）油砂、合脂砂和树脂砂。油砂的粘结剂是植物油，包括桐油、亚麻油等。合脂砂的粘结剂是合脂，是制皂工业的副产品，来源广，价格低，是植物油的良好代用品。

　　油砂和合脂砂的共同优点是：烘干后强度高，不吸潮；退让性和溃散性很好；铸件不粘砂、内腔光洁。它们的缺点主要是发气量大，必须采取措施进行良好的排气。目前主要用于芯砂。

　　树脂砂的粘结剂是树脂。树脂砂的种类较多，其中通过加入固化剂实现固化的冷硬树脂砂应用较为广泛。

　　冷硬树脂砂的优点：不需烘干，强度高，表面光洁，尺寸精确，退让性和溃散性好，易于实现机械化和自动化。其缺点：生产中会产生甲醛、苯酚、氨等刺激性气体，污染环境。树脂砂可以用于造型，也可以用于制芯，适合于生产各种铸造合金。

2. 造型方法的选用

　　造型是砂型铸造最基本的工序，造型方法的选择对铸件质量和成本有着重要的影响。根据自动化程度的不同，造型方法可分为手工造型和机器造型两类。

　　（1）手工造型方法　手工造型方法包括以下8种：

　　1）整模造型如图2-14所示。

　　模样是整体的，多数情况下，型腔全部在下半型内，上半型无型腔。它造型简单，铸件不会产生错型缺陷，主要用于一端为最大截面且为平面的铸件。

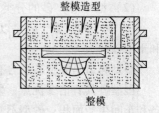

图2-14　整模造型示意图

　　2）分模造型分为两箱造型（见图2-15）和三箱造型（见图2-16）。

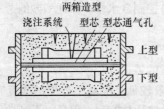

图2-15　分模造型示意图

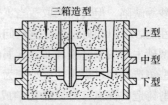

图2-16　三箱造型示意图

　　两箱造型的铸型由上型和下型组成，造型、起模、修型等操作方便。它主要用于各种生产批量，各种大、中、小铸件。

　　三箱造型的铸型由上、中、下三部分组成，中型的高度须与铸件两个分型面的间距相适应。三箱造型费工，应尽量避免使用。它主要用于单件、小批量生产具有两个分型面的铸件。

　　3）脱箱造型如图2-17所示。

　　铸型合型后，将砂箱脱出，重新用于造型。浇注前，须用型砂将脱箱后的砂型周围填紧，也可在砂型上加套箱。它主要用于生产小铸件，砂箱尺寸较小。

　　4）地坑造型如图2-18所示。

　　在车间地坑内造型，用地坑代替下砂箱，只要一个上砂箱，可减少砂箱的投资。但其造型费工，而且要求操作者的技术水平较高。它主要用于砂箱数量不足，制造批量不大的大、中型铸件。

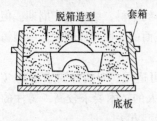

图 2-17 脱箱造型示意图

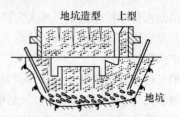

图 2-18 地坑造型示意图

5）挖砂造型如图 2-19 所示。

模样是整体的，但铸件的分型面是曲面。为了起模方便，不破坏砂型，造型时用手工挖去阻碍起模的型砂。每造一件，挖砂一次，费工、生产率低。它主要用于单件或小批量生产分型面不是平面的铸件。

6）假箱造型如图 2-20 所示。

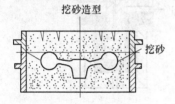

图 2-19 挖砂造型示意图

图 2-20 假箱造型示意图

为了克服挖砂造型的缺点，先将模样放在一个预先做好的假箱上，然后放在假箱上造下型，省去挖砂操作。它操作简便，分型面整齐，主要用于成批生产分型面不是平面的铸件。

7）活块造型如图 2-21 所示。

铸件上有妨碍起模的小凸台、肋条等。制模时将此部分做成活块，在主体模样起出后，从侧面取出活块。它造型费工，要求操作者的技术水平较高，主要用于单件、小批量生产带有突出部分、难以起模的铸件。

8）刮板造型如图 2-22 所示。

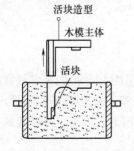

图 2-21 活块造型示意图

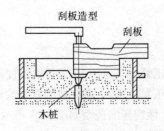

图 2-22 刮板造型示意图

用刮板代替模样造型。可大大降低模样成本，节约木材，缩短生产周期。但其生产率低，要求操作者的技术水平较高，主要用于有等截面的或回转体的大、中型铸件的单件或小批量生产。

手工造型方法的特点：操作灵活，大小铸件均可适用；对模样要求不高（一般木模，刮板）；对砂箱要求不高，但是生产率低；对工人的技术要求较高，铸件的尺寸精度及表面质量较差；但是，手工造型仍然是重要的造型方法。

（2）机器造型方法　机器造型是指用机械设备实现紧砂和起模等主要工序的造型方法。根据紧砂原理的不同，机器造型分为震压造型、微震压实造型、高压造型、射砂造型和抛砂造型等。其中，以压缩空气驱动的震压造型方法最为常见。

1）震压造型如图 2-23 所示。

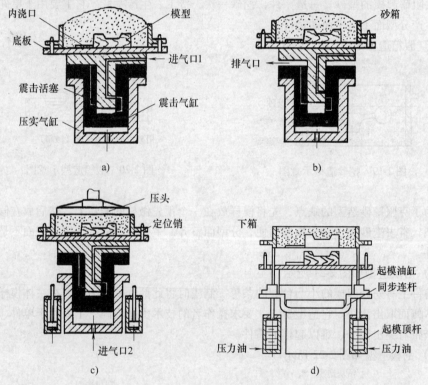

图 2-23　震压造型

a）填砂　b）震击紧砂　c）辅助压实　d）起模

以压缩空气为动力;通过震击使砂箱下部的型砂在惯性力下紧实,上部松散的型砂再用压头压实。所以,震压造型方法的型砂紧实度不高,造型表面粗糙,造型时噪声较大。

2）微震压实造型如图 2-24 所示。型砂在压实的同时进行微震，所以其紧实度比用震压造型机的高而且均匀。

3）高压造型如图 2-25 所示。

高压造型机采用液压压头，每个小压头的行程可随模样自行调节，砂型各部位的紧实度均匀，且在压实的同时还可进行微震，使砂型紧实度提高。

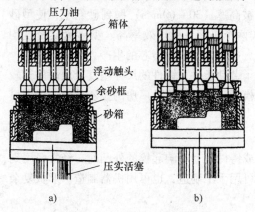

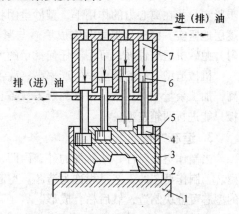

图 2-24 微震压实造型
a）原始位置 b）压实位置（微震）

图 2-25 多触头高压紧实造型
1—工作台 2—模样 3—砂箱 4—触头
5—填砂框 6—活塞 7—液压缸

高压造型方法的压实力高，噪声小且生产率高，适用于型芯较多、形状复杂的中小型铸件大批量的生产。

4）射砂造型如图 2-26 所示。

射砂造型是采用射砂与压实相结合的方法将型砂紧实。该方法压实力较高，铸件尺寸精确，适用于形状不大的中、小型铸件的大批量生产。

5）抛砂造型如图 2-27 所示。

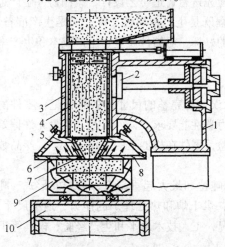

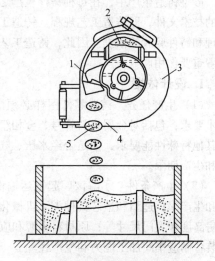

图 2-26 射砂造型
1—储气筒 2—射砂阀 3—机壳 4—射砂筒
5—射砂头 6—底板 7—射砂孔 8—排气孔
9—芯盒 10—压紧缸

图 2-27 抛砂紧实造型
1—叶片 2—入砂口 3—机头外壳
4—团砂出口 5—被紧实的砂团

抛砂机的抛砂机头的电动机驱动高速叶片，连续地将传送带运来的型砂在机头内初步紧实，并在离心力的作用下，型砂呈团状被高速（30~60m/s）抛到砂箱中，使型砂逐层地紧实。抛砂紧实同时完成填砂与紧实两个工序，生产效率高、型砂紧实密度均匀。抛砂机适应性强，可用于任何批量的大、中型铸型或大型芯的生产。

机械造型方法的特点：生产率高；改善了劳动条件；铸件的尺寸精度及表面质量较高，加工余量相对较小；但是，所需设备、模板、专用砂箱及厂房的投资较大；采用模板只能进行两箱造型。

3. 造芯方法

当制作空心铸件，或铸件的外壁内凹，或铸件具有影响起模的外凸时，经常要用到型芯，制作型芯的工艺过程称为造芯。型芯可用手工制造，也可用机器制造。形状复杂的型芯可分块制造，然后粘合成形。

为了提高型芯的刚度和强度，需在型芯中放入芯骨；为了提高型芯的透气性，需在型芯的内部制作通气孔；为了提高型芯的强度和透气性，一般型芯需烘干使用。根据型芯的粘结剂的不同，可以分为黏土砂芯、油砂芯和树脂砂芯3种。

黏土砂芯是用黏土砂制造的简单型芯。

油砂芯是用干性油或半干性油作为粘结剂的芯砂制作的型芯，应用较广。

树脂砂芯是用树脂砂制作的型芯，型芯在芯盒内硬化后再取出，能保证型芯的尺寸和形状的准确。按硬化方法的不同，一般分为热芯盒制芯和冷芯盒制芯两种方法。

2.3.2 砂型铸造工艺设计

砂型铸造生产中，在每种铸件生产之前都应先进行铸造工艺设计，编制铸件生产过程的技术文件，即铸造工艺规程。铸造工艺规程既是生产指导性文件，又是生产准备、管理和铸件验收的依据。因此，铸造工艺设计的好坏，对铸件质量、生产成本和生产率起着重要作用。

1. 设计依据

（1）生产任务　铸造零件图样必须清晰无误，有完整的尺寸和各种标记；零件的技术要求：包括对金属材料牌号、金相组织、力学性能要求，铸件尺寸及质量允许偏差及其他特殊性能要求，如是否经水压、气压试验，零件在机器上的工作条件等；产品数量和生产期限。

（2）生产条件　了解该厂起重运输设备的吨位和最大起重高度；熔炉的形式、吨位和生产率；造型和造芯机种类、机械化程度；烘干炉和热处理炉的能力；地坑尺寸、厂房高度和大门尺寸等；原材料来源和应用情况；工人技术水平和生产经验；模具等工艺装备制造车间加工能力和生产经验。

（3）经济性　必须考虑经济效益。

2. 设计内容和程序

主要包括：绘制铸造工艺图、铸件（毛坯）图、铸型装配图（合型图）；编写工艺卡。广义地讲，铸造工艺装备设计也属于铸造工艺设计的内容，例如：绘制模样图、模板图、砂箱图、芯盒图、压铁图等。

3. 铸造工艺图的绘制

为了获得健全的合格铸件，减小铸型制造的工作量，降低铸件成本，在砂型铸造的生产准备过程中，必须合理地制订出铸造工艺方案，并绘制出铸造工艺图。

铸造工艺设计是根据零件的结构、技术要求、批量大小及生产条件等确定适宜的铸造工艺方案，包括浇注位置和分型面的选择、工艺参数的确定等，并将这些内容（铸造工艺方案）表达在零件图上形成铸造工艺图。

铸造工艺图是在零件图上用各种工艺符号表示出铸造方案的图形，其中包括铸件的浇注位置，铸型分型面，型芯的数量、形状及其固定方法，加工余量，起模斜度，收缩率，浇注系统，冒口、冷铁的尺寸和布置等。图 2-28 所示为衬套的零件图和铸造工艺图。

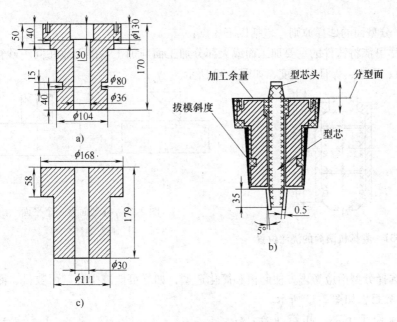

图 2-28　衬套的零件图和铸造工艺图
a）零件图　b）铸造工艺图　c）铸件图

（1）浇注位置的选择原则　包括以下 3 点：

1）铸件上重要加工面或质量要求高的面或大平面，尽可能置于铸型的下部或处于侧立位置，减少产生气孔、砂眼、夹渣、拱起或开裂等缺陷。

图 2-29 所示为车床床身已选定的浇注位置。因为导轨面为铸件重要工作面，要求致密、均匀，不允许有铸造缺陷，为此，选择导轨面朝下的浇注位置。

2）面积较大的薄壁部分置于铸型下部，使其垂直或倾斜，避免浇不足和冷隔。图 2-30 所示为薄壁铸件的浇注位置。

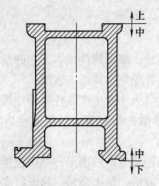

图 2-29　车床床身的浇注位置

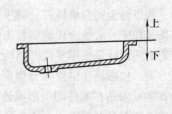

图 2-30　薄壁铸件的浇注位置

3）厚大部分置于铸型的顶部或侧面，有利于补缩。图 2-31 所示为卷扬机滚筒的浇注位置。

（2）分型面的选择原则　包括以下 3 点：

1）尽可能将铸件的重要加工面或大部分加工面与加工基准面放在同一砂箱内，以减少错箱、飞边，保证其精度，如图 2-32 所示。

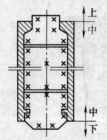

图 2-31　卷扬机滚筒的浇注位置

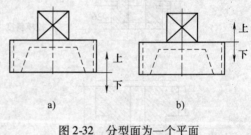

a)　　　　　　　　b)

图 2-32　分型面为一个平面
a）合理　b）不合理

2）选择分型面应考虑方便起模和简化造型，如尽可能减少分型面数目、活块数目和型芯的数目，如图 2-33 所示。

3）应便于下芯、扣箱（合型）及检查型腔尺寸等操作，尽量使型腔和主要型芯位于下箱。

对于具体铸件来说常难以全面满足上述原则，通常质量要求很高的铸件，应在满足浇注位置要求的前提下考虑造型工艺的简化。对于没有特殊质量要求的一般铸件，则以简化工艺、提高经济效益为主要依据。

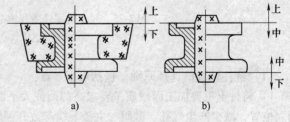

a)　　　　　　　　b)

图 2-33　分型面为一个平面
a）合理　b）不合理

（3）铸造工艺参数的确定　包括以下 6 点：

1）机械加工余量。为了保证铸件加工表面尺寸和零件精度，在铸件工艺设计时预先增加在机械加工时切去的金属层厚度称为机械加工余量。

机械加工余量的具体数值取决于合金的种类、铸造方法和铸件的大小等。依据 GB/T 6414—1999，机械加工余量等级分为 10 级，称为 A、B、C、D、E、F、G、H、J、K 级，其中，灰铸铁砂型铸件的机械加工余量见表 2-4。

表 2-4　灰铸铁砂型铸件的机械加工余量　　　　（单位：mm）

零件的最大尺寸		手工造型 F ~ H 级	机器造型 E ~ G 级	零件的最大尺寸		手工造型 F ~ H 级	机器造型 E ~ G 级
大于	至			大于	至		
—	40	0.5 ~ 0.7	0.4 ~ 0.5	250	400	2.5 ~ 5.0	1.4 ~ 3.5
40	63	0.5 ~ 1.0	0.4 ~ 0.7	400	630	3.0 ~ 6.0	2.2 ~ 4.0
63	100	1.0 ~ 2.0	0.7 ~ 1.4	630	1000	3.5 ~ 7.0	2.5 ~ 5.0
100	160	1.5 ~ 3.0	1.1 ~ 2.2	1000	1600	4.0 ~ 8.0	2.8 ~ 5.5
160	250	2.0 ~ 4.0	1.4 ~ 2.8	1600	2500	4.5 ~ 9.0	3.2 ~ 6.0

2）最小铸出孔槽。一般中小型铸件直径小于 25mm 的孔不铸出，但是一些特殊形状和机械加工很困难的孔必须铸出。表 2-5 所示为铸件的最小铸出孔尺寸。

表 2-5　铸件的最小铸出孔尺寸　　　　（单位：mm）

生产批量	最小铸出孔直径		生产批量	最小铸出孔直径	
	灰铸铁件	铸钢件		灰铸铁件	铸钢件
大批、大量	12 ~ 15	—	单件、小批	30 ~ 50	50
成批	15 ~ 30	30 ~ 50			

3）起模斜度（又称拔模斜度）。为了模样容易从铸型中取出或砂芯自芯盒中脱出，平行于起模方向在模样或芯盒壁上的斜度。在垂直于分型面的表面，一般起模斜度在 0.25° ~ 5°之间。起模斜度的形式如图 2-34 所示。

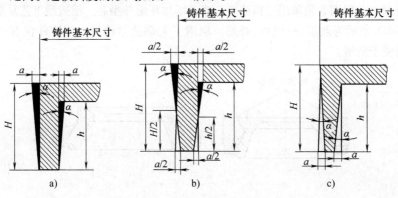

图 2-34　起模斜度的形式

a）增加铸件尺寸　b）增加和减少铸件尺寸　c）减少铸件尺寸

4）铸造圆角。铸造圆角的半径值一般为两相交壁平均厚度的 1/3 ~ 1/2。

5）型芯头。型芯头的尺寸和形状对型芯装配工艺性和稳定性有很大的影响。型芯头要有一定的斜度（下芯头的斜度一般在 5° ~ 10°，上芯头的斜度一般在 6° ~ 15°）；型芯头与铸型型芯座之间有 1 ~ 4mm 的间隙。型芯头的构造如图 2-35 所示。

6）收缩率。由于合金的线收缩，铸件冷却后的尺寸将比型腔尺寸略为缩小，为保证铸件的应有尺寸，模样尺寸必须比铸件放大一个该合金的收缩量。通常灰口铸铁的收缩率为 0.7% ~ 1.0%，铸钢为 1.3% ~ 2.0%，铝硅合金为 0.8% ~ 1.2%。

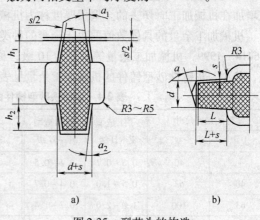

a)　　　　　　　　　　b)

图 2-35　型芯头的构造
a）垂直型芯头　b）水平型芯头

2.3.3　砂型铸造的结构工艺性

铸件结构相对于铸造工艺和合金的铸造性能的合理性，称为铸件的结构工艺性。铸件的结构设计应该保证其工作性能和力学性能要求，考虑铸造工艺和合金铸造性能对铸件结构的要求。

铸件结构工艺性是否良好，对铸件质量、生产成本、生产率都有很大影响。

1. 铸件的外形设计

铸件的外形，在满足使用的前提下可在一定范围内变动，因此在设计铸件外形时，应从简化铸造工艺要求出发，使其便于起模，尽量避免三箱、外芯、活块造型和外部型芯。

（1）避免外部侧凹　如图 2-36a 所示的端盖，由于存在法兰凸缘，铸件外部侧凹，造成具有两个分型面，须采用三箱造型，或者增加环形外型芯，使造型工艺复杂。

图 2-36b 所示为改进设计后的外形，取消了上部法兰凸缘，使铸件仅有一个分型面，因而便于造型。

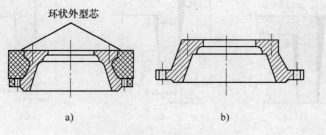

a)　　　　　　　　　　　　b)

图 2-36　端盖铸件的结构设计
a）不合理　b）合理

（2）分型面尽量平直　如图 2-37a 所示的托架，原设计忽略了分型面尽量平直的原则，误将分型面上也加了外圆角，结果只得采用挖砂或假箱造型。

图 2-37b 所示为改进后的结构设计，便可采用简易的整箱造型。

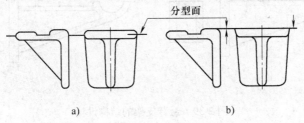

图 2-37　托架铸件的结构设计

a) 不合理　b) 合理

（3）凸台、肋条的设计应考虑便于造型　如图 2-38a、c 所示零件上面的凸台妨碍起模，必须采用活块或增加型芯来造型。

若这些凸台与分型面的距离较近，则应将凸台延长到分型面（见图 2-38b、d），以简化造型。

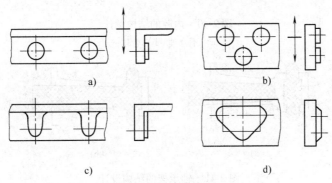

图 2-38　凸台结构的设计

a) 不合理　b) 合理　c) 不合理　d) 合理

2. 合理设计铸件内腔

良好的铸件内腔设计，既可减少型芯数量，又有利于型芯的固定、排气和清理，因而可防止偏芯、气孔等缺陷的产生。

（1）节省型芯的设计　图 2-39a 所示为一悬臂支架，它是采用中空结构，必须用悬臂芯来形成，这种型芯必须用芯撑加固，使下芯费工时；当改为图 2-39b 所示的结构时，省去了型芯，降低了生产成本。

图 2-40a 所示的铸件内腔出口处较小，只好用型芯。

图 2-40b 所示为改进后的结构，因内腔直径 D 大于高度 H，故可采用砂垛来代替型芯。

（2）便于型芯固定、排气和铸件清理　图 2-41a 所示为一轴承架，其内腔采用两个型芯，其中较大的型芯呈悬臂状，需用芯撑加固；若按图 2-41b 所示改为整体型芯，则型芯稳定性大大提高，易于排气。

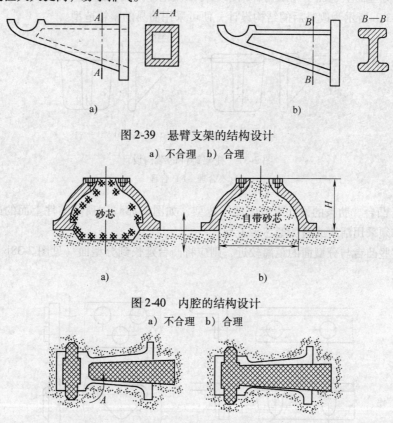

图 2-39　悬臂支架的结构设计
a）不合理　b）合理

图 2-40　内腔的结构设计
a）不合理　b）合理

图 2-41　轴承架的结构设计
a）不合理　b）合理

如图 2-42a 所示铸件，因底面设有型芯头，只好用型芯撑固定。改为图 2-42b 所示后，铸件底面上增设两个工艺孔，这样省去了型芯撑，也便于排气和清理。如果铸件上不允许有此工艺孔，可以用螺钉或柱塞堵住。

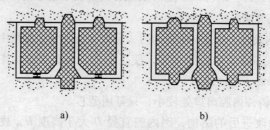

图 2-42　工艺孔的结构设计
a）不合理　b）合理

3. 铸件的结构斜度

铸件上垂直于分型面的不加工表面最好有结构斜度，便于起模，便于用砂堆代替型芯，使铸件精度高。

图 2-43 所示为缝纫机脚架的结构设计，由于铸件各部分均有 30° 左右的结构斜度（见 A—A 视图），使各沟槽不需下型芯，起模也方便。

铸件的结构斜度与起模斜度不容混淆。前者，是结构需要的斜度直接在零件图上示出；后者，是铸造工艺需要的斜度绘制在铸造工艺图上。

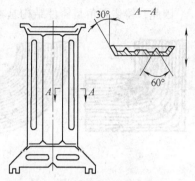

图 2-43 缝纫机脚架的结构设计

2.3.4 合金铸造性能对铸件结构的要求

铸件的一些主要缺陷，如缩孔、缩松、裂纹、浇不足、冷隔等，有时是由于铸件结构不合理或未能充分考虑合金性能所致。为此，设计铸件时，必须考虑如下几个问题：

1. 合理设计铸件壁厚

每种铸造合金都有其适宜的壁厚，如果选择得当，既能保证铸件力学性能，又能防止某些铸造缺陷的产生。

（1）最小壁厚　由于铸造合金的流动性不同，在相同砂型铸造条件下浇注出的"最小壁厚"也不相同。若设计铸件的壁厚小于该合金能铸出的"最小壁厚"，则易产生浇不足、冷隔等缺陷。

铸件的"最小壁厚"主要取决于合金的种类和铸件大小，见表 2-1。

（2）选择合理截面形状　为了充分发挥合金的效能，使之既能避免厚大截面，又能保证强度和刚度，应当根据载荷大小和性质选择合理截面形状，如 T 字形、工字形、槽形和箱形结构，并在脆弱的部位安置加强筋。

为了减轻质量，便于型芯固定、排气和铸件清理，常在壁上开设窗口。

2. 铸件壁厚应尽可能均匀

铸件各部位厚度差别过大的后果：在厚壁处形成金属积聚的热节，致使壁厚处易产生缩孔、缩松等缺陷；由于铸件各部位冷却速度差别较大，还将形成热应力，使铸件厚薄连接处产生裂纹。

铸件壁厚均匀则可避免上述缺陷。

3. 铸件壁的合理连接

（1）铸件的结构圆角　直角连接处会形成金属的积聚，而内壁散热条件差，故易产生缩孔、缩松；在载荷的作用下，直角连接处的内侧易产生应力集中（见图 2-44a）；采用直角连接，则因柱状晶的方向性，在转角处的对角线上形成了整齐的分界线（见图 2-45a），在此分界线上集中了许多杂质，使转角处成为铸件的薄弱环节，易产生裂纹。

当铸件采用圆角结构时（见图 2-44b 和图 2-45b），可以克服上述缺点，提高了转角处的力学性能。

此外，铸造圆角还可以美化铸件外形和避免划伤人体；铸造圆角还可防止金属液流将型腔尖角冲毁。

因此，铸造圆角是铸件结构基本特征，不容忽视。

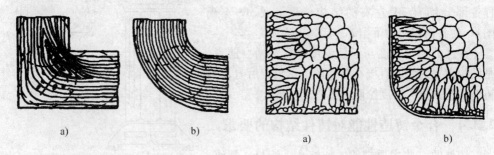

图 2-44 工艺孔的结构设计　　　　图 2-45 金属结晶的方向性
a）直角连接　b）圆角连接　　　　a）直角连接　b）圆角连接

（2）避免锐角连接　为减小热节和内应力，应避免铸件壁间的锐角连接。若两壁间的夹角小于 90°（见图 2-26a），则应考虑采取图 2-46b 所示的过渡形式。

（3）厚壁与薄壁间的连接要逐渐过渡　当铸件各部分的壁厚难以做到均匀一致，甚至有很大差别时，为了减少应力集中，应采用逐渐过渡的方法，防止壁厚突变。

4. 防裂筋的应用

为防止热裂，可在铸件易裂处增设防裂筋（见图 2-47）。

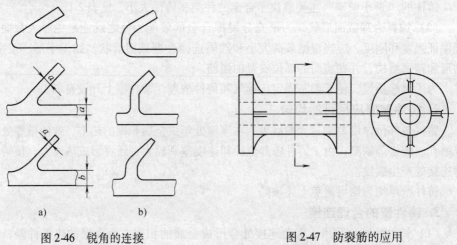

图 2-46 锐角的连接　　　　　　图 2-47 防裂筋的应用
a）不好　b）良好

防裂筋能起到应有的防裂效果，筋的方向必须与应力方向一致，而且筋的厚度应为连接壁厚的 1/4 ~ 1/3。由于防裂筋很薄，故在冷却过程中迅速冷却，而且有较高的强度，从而增大了壁间的连接力。防裂筋用于铸钢、铸铝等易热裂合金。

5. 减缓筋与辐收缩时的阻力

当铸件的收缩受到阻碍，铸件内应力超过合金强度极限时，铸件将产生裂纹。因此，设计铸件筋、辐时，应使其能够得以自由收缩。

图 2-48a 所示为常见的轮形铸件。铸件各部分冷却速度不同而收缩不一致，形成较大的内应力。当此应力超过合金的强度极限时，铸件会产生裂纹。可改为图 2-48b 或图 2-48c 的结构。奇数筋比偶数筋受力情况好，小汽车的轮辐全是奇数。

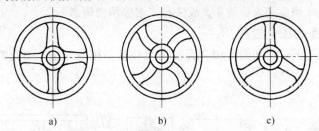

图 2-48　轮辐的设计
a）常见轮辐　b）改进轮辐　c）改进轮辐

图 2-49 所示为筋的几种布置形式。图 2-49a 所示为交叉接头，这种接头交叉处热节较大，容易产生缩孔、缩松，内应力也难以松弛，故易产生裂纹。图 2-49b 所示的交错接头和图 2-49c 所示的环状接头热节小，且可以微量变形缓解内应力，因此抗裂性能好。

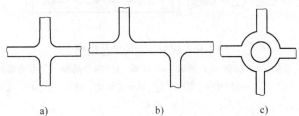

图 2-49　肋的布置形式
a）交叉接头　b）交错接头　c）环形接头

2.4　特种铸造

特种铸造方法通常是指区别于普通砂型铸造的一些方法。特种铸造：铸型用砂较少或不用砂并采用特殊工艺装备进行铸造的方法。其在提高铸件精度和表面质量、改善合金性能、提高生产率、改善劳动条件和降低铸造成本等方面各有优越之处。其两类特点是充型力变更和铸型革新。

特种铸造具有铸件精度和表面质量高、铸件内在性能好、原材料消耗低、工作环境好等优点。但铸件的结构、形状、尺寸、质量、材料种类往往受到一定限制。主要包括以下几种铸造方法：熔模铸造、金属型铸造、压力铸造、低压铸造、离心铸造、消失模铸造、其他特种铸造方法。

2.4.1 熔模铸造

熔模铸造是用易熔材料制成模样，然后在模样上涂挂耐火材料，经硬化之后，再将模样熔化、排出型外，从而获得无分型面的铸型。

由于熔模广泛采用蜡质材料来制造，故又常把它称为"失蜡铸造"。由于获得的铸件具有较高的尺寸精度和表面质量，故又称"熔模精密铸造"。

1. 熔模铸造的工艺过程

熔模铸造的工艺过程如图 2-50 所示，主要包括蜡模的制造、型壳制造和焙烧浇注三个阶段。

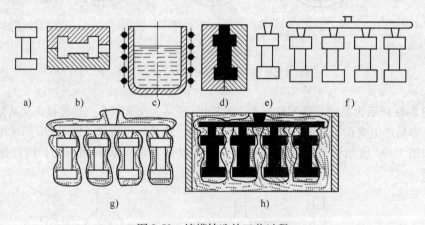

图 2-50 熔模铸造的工艺过程

a）母模 b）压型 c）熔蜡 d）压蜡 e）单个蜡模 f）组合蜡模
g）结壳、脱蜡 h）填砂、焙烧、浇注

（1）制造蜡模 蜡模材料常用 50% 石蜡和 50% 硬脂酸配制而成。为提高生产率，常把数个蜡模焊在预先制好的浇道棒上，构成蜡模组。

（2）制造型壳 在蜡模组表面浸挂一层以水玻璃和石英粉配制的涂料，然后在上面撒一层较细的硅砂，并放入固化剂（如氯化铵水溶液等）中硬化。使蜡模组外面形成由多层耐火材料组成的坚硬型壳（一般为 4~10 层），型壳的总厚度为 5~7mm。

（3）熔化蜡模（脱蜡） 通常将带有蜡模组的型壳放在 80~90℃ 的热水中，使蜡料熔化后从浇注系统中流出。

（4）型壳的焙烧 把脱蜡后的型壳放入加热炉中，加热到 800~950℃，保温 0.5~2h，烧去型壳内的残蜡和水分，并使型壳强度进一步提高。

（5）浇注 将型壳从焙烧炉中取出后，周围堆放干砂，加固型壳，然后趁热（600~700℃）浇入合金液，并凝固冷却。

（6）脱壳和清理 用人工或机械方法去掉型壳、切除浇冒口，清理后即得铸件。

2. 熔模铸造铸件的结构工艺性

熔模铸造铸件的结构，除应满足一般铸造工艺的要求外，还具有其特殊性：

1）铸孔不能太小和太深，否则涂料和砂粒很难进入蜡模的孔洞内，只有采用陶瓷芯或石英玻璃管芯，工艺复杂，清理困难。一般铸孔应大于 2mm。

2）铸件壁厚不可太薄，一般为 2 ~ 8mm。

3）铸件的壁厚应尽量均匀，熔模铸造工艺一般不用冷铁，少用冒口，多用直浇口直接补缩，故不能有分散的热节。

3. 熔模铸造的特点和应用

1）铸件精度高、表面质量好，是少、无切削加工工艺的重要方法之一，其尺寸精度可达 CT4 ~ CT9，表面粗糙度值 Ra 为 1.6 ~ 12.5μm。如熔模铸造的涡轮发动机叶片，铸件精度已达到无加工余量的要求。

2）可制造形状复杂的铸件，其最小壁厚可达 0.3mm，最小铸出孔径为 0.5mm。对由几个零件组合成的复杂部件，可用熔模铸造一次铸出。

3）铸造合金种类不受限制，用于高熔点和难切削合金，更具显著的优越性。

4）生产批量基本不受限制，可成批、大批量生产，又可单件、小批量生产。

5）工序繁杂，生产周期长，原辅材料费用比砂型铸造高，生产成本较高，铸件不宜太大、太长，一般限于 45kg 以下。

熔模铸造主要用于生产汽轮机及燃气轮机的叶片、泵的叶轮、切削刀具，以及飞机、汽车、拖拉机、风动工具和机床上的小型零件。

2.4.2　金属型铸造

金属型铸造，又称硬模铸造，是将液体金属在重力作用下浇入金属铸型，以获得铸件的一种方法。铸型用金属制成，可以反复使用几百次到几千次，故也称为永久型铸造。

1. 金属型的结构与材料

根据分型面位置的不同，金属型可分为垂直分型式、水平分型式和复合分型式三种结构，其中垂直分型式金属型开设浇注系统和取出铸件比较方便，易实现机械化，应用较广。

图 2-51a 所示为水平分型式金属型，多用于生产薄壁轮状铸件；图 2-51b 所示为垂直分型式金属型，广泛应用于复杂铝合金铸件。

制造金属型的材料熔点一般应高于浇注合金的熔点。如浇注锡、锌、镁等低熔点合金，可用灰铸铁制造金属型；浇注铝、铜等合金，则要用合金铸铁或钢制金属型。金属型用的型芯有砂芯和金属芯两种。

2. 金属型的铸造工艺

由于金属型导热速度快，没有退让性和透气性，为了确保获得优质铸件和延长金属型的使用寿命，必须采取下列工艺措施：

1）加强金属型的排气，浇注温度比砂型铸造时高，具体根据合金种类、铸件大小和壁厚决定。

2）金属型的型腔和型芯表面必需喷刷涂料，涂料可分衬料和表面涂料两种，前者以耐火材料为主，后者以可燃物质（如灯焰、油等）为主，每浇注一次便喷涂一次，可产生隔热气膜，使脱膜更方便，保护铸型。耐火涂料的厚度为 0.3～0.4mm，利用涂料层的厚薄，调节铸件的冷却速度；保护金属型，防止高温金属液对型壁的冲蚀和热击；利用涂料层可起蓄气和排气作用。

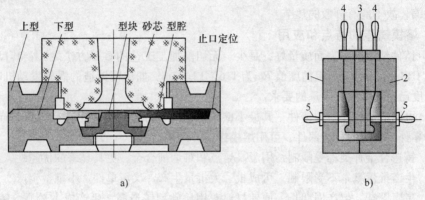

图 2-51　金属型的类型
a）水平分型式　b）垂直分型式
1、2—金属型　3—中间型芯　4—两侧型芯　5—圆孔型芯

3）预热金属型，预热温度一般不低于 150℃。因为金属型导热性好，所以液体金属冷却快，铸件易出现冷隔、浇不足、气孔等缺陷。同时提高铸型寿命。

4）开型、取出铸件、清理。金属型铸造方法主要用于熔点较低的非铁金属或合金铸件的大批量生产。钢铁材料类铸件只限于形状简单的中小零件。

因金属型无退让性，除在浇注时正确选定浇注温度和浇注速度外，浇注后，如果铸件在铸型中停留时间过长，易引起过大的铸造应力而导致铸件开裂。因此，铸件冷凝后，应及时从铸型中取出。通常铸铁件出型温度为 780～950℃，开型时间为 10～60s。

3. 金属型铸件的结构工艺性

1）铸件结构一定要保证能顺利出型，铸件结构斜度应较砂型铸件大。

2）铸件壁厚要均匀，壁厚不能过薄。一般来说，对于 Al-Si 合金为 2～4mm，对于 Al-Mg 合金为 3～5mm。

3）铸孔的孔径不能过小、过深，以便于金属型芯的安放和抽出。

4. 金属型铸造的特点和应用

1）尺寸精度高（CT7～CT10）、组织致密、强度高，如铸铝件的屈服强度可提高 20%、表面粗糙度值小（Ra 为 6.3～12.5μm），机械加工余量小。

2）铸件的晶粒较细，力学性能好。铸件的结晶组织致密，力学性能高。铝铸件的屈服强度平均提高 20%。

3) 可实现一型多铸，提高了劳动生产率，且节约造型材料。

4) 但金属型的制造成本高，不宜生产大型、形状复杂和薄壁铸件；易出现浇不足、冷隔、裂纹，铸件的形状和尺寸受一定的限制；由于冷却速度快，铸铁件表面易产生白口，切削加工困难；受金属型材料熔点的限制，熔点高的合金不适宜用金属型铸造。

金属型铸造主要用于铜合金、铝合金等铸件的大批量生产，如活塞、连杆、汽缸盖等；铸铁件的金属型铸造目前也有所发展，但其尺寸限制在 300mm 以内，质量不超过 8kg，如电熨斗底板等。

2.4.3　压力铸造

压力铸造（简称压铸）是将熔融的金属在高压下，快速压入金属型，并在压力下凝固，以获得铸件的方法。所用比压为 5～150MPa，充填速度约为 0.5～50m/s，充型时间 0.01～0.2s。

1. 压铸设备

压铸设备为压铸机，其根据压室工作条件不同，分为冷压室压铸机和热压室压铸机两类。热压室压铸机的压室与坩埚连成一体，而冷压室压铸机的压室是与坩埚分开的。冷压室压铸机又可分为立式和卧式两种，目前以卧式冷压室压铸机应用较多。

压铸所用的铸型称为压型，由定型、动型构成。将定量金属液浇入压室，柱塞向前推进，金属液经浇道压入压铸型型腔中，经冷凝后开型，由推杆将铸件推出。冷压室压铸机，可用于压铸熔点较高的非铁金属，如铜、铝和镁合金等。

2. 压铸工艺过程

卧式冷压室压铸机的工作过程如图 2-52 所示。图 2-52a 所示为预热金属铸型，喷涂料、合型、注入金属液；图 2-52b 所示为压射冲头在高压下推动金属液充满型腔并凝固；图 2-52c 所示为打开铸型，用顶杆顶出铸件。

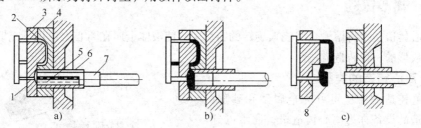

图 2-52　卧室冷压室压铸机的压铸过程示意图

a) 预热金属铸型　b) 充型　c) 打开铸型

1—浇道　2—型腔　3—动型　4—定型　5—液态金属　6—压室　7—压射冲头　8—余料

3. 压铸件的结构工艺性

1) 压铸件上应消除内侧凹，以保证压铸件从压型中顺利取出。

2) 压力铸造可铸出细小的螺纹、孔、齿和文字等，但有一定的限制。

3）应尽可能采用薄壁并保证壁厚均匀。由于压铸工艺的特点，金属浇注和冷却速度都很快，厚壁处不易得到补缩而形成缩孔、缩松。压铸件适宜的壁厚：锌合金为 1 ~ 4mm，铝合金为 1.5 ~ 5mm，铜合金为 2 ~ 5mm。

4）对于复杂而无法取型芯的铸件或局部有特殊性能（如耐磨、导电、导磁和绝缘等）要求的铸件，可采用嵌铸法，把镶嵌件先放在压型内，然后和压铸件铸合在一起。

4. 压力铸造的特点和应用

1）压铸件尺寸精度高，表面质量好，强度高，在压力下结晶，结晶致密，抗拉强度比砂型铸造提高 25% ~ 30%，尺寸公差等级为 CT4 ~ CT8，表面粗糙度值 Ra 为 1.6 ~ 6.3μm，可不经机械加工直接使用，而且互换性好。

2）可以压铸壁薄、形状复杂以及具有很小孔和螺纹的铸件，如锌合金的压铸件最小壁厚可达 0.8mm，最小铸出孔径可达 0.8mm，最小可铸螺距可达 0.75mm。还能压铸镶嵌件，广泛用于汽车发动机上的铝镁铸件，如图 2-53 所示。

3）生产率高，（一般冷压室压铸机平均每小时压铸 600 ~ 700 次）可实现半自动化及自动化生产。

4）气体难以排出，压铸件易产生皮下气孔，压铸件不能进行热处理，也不宜在高温下工作；由于压铸速度极高，金属液凝固快，型腔内的气体很难排出厚壁处来不及补缩，致使铸件内部易产生气孔和缩松，因此压铸件不能进行较多余量的切削加工；压铸合金的种类受限制，压铸高熔点合金（铸铁、铸钢）时，压型寿命低；设备投资大，铸型制造周期长、造价高，不宜小批量生产。

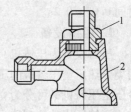

图 2-53　嵌铸件
1—嵌件　2—压铸合金

压力铸造主要用于生产锌合金、铝合金、镁合金和铜合金等铸件；广泛用于汽车、拖拉机、仪表和电子仪器工业、农业机械、国防工业、计算机、医疗器械等制造业。

2.4.4　离心铸造

离心铸造是指将熔融金属浇入旋转的铸型中，使液体金属在离心力作用下充填铸型并凝固成形的一种铸造方法。

1. 离心铸造的类型

离心铸造的铸型可分为金属型和砂型；离心铸造的设备称为离心铸造机，通常可分为立式和卧式两大类。

（1）立式离心铸造　铸型绕垂直轴旋转，铸件内表面呈抛物线形。它用来铸造高度小于直径的盘、环类或成型铸件，如图 2-54 所示。

（2）卧式离心铸造　铸型绕水平轴旋转，铸件壁厚均匀，应用广泛。它主要用来

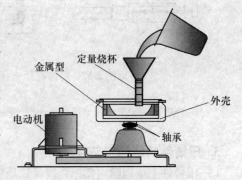

图 2-54　立式离心铸造机

生产圆套类和圆管类铸件，也用于浇注成型铸件，如图 2-55 所示。

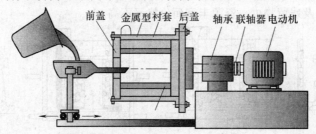

图 2-55　卧式离心铸造机

（3）铸型的转速　根据铸件直径的大小来确定离心铸造的铸型转速，一般在 250 ~ 1500r/min 范围内。

2. 离心铸造的生产过程

1）将金属型的型腔清理干净，喷涂料。

2）旋转铸型，浇入定量金属液。

3）凝固后，停止旋转，取出铸件。

3. 离心铸造的特点和应用范围

1）液体金属能在铸型中形成中空的自由表面，不用型芯即可铸出中空铸件，简化了套筒、管类铸件的生产过程。

2）由于旋转时液体金属所产生的离心力作用，离心铸造可提高金属充填铸型的能力，因此一些流动性较差的合金和薄壁铸件都可用离心铸造法生产。

3）由于离心力的作用，改善了补缩条件，气体和非金属夹杂物也易于自金属液中排出，产生缩孔、缩松、气孔和夹渣等缺陷的几率较小。

4）无浇注系统和冒口，节约金属。

5）金属中的气体、熔渣等夹杂物，因密度较轻而集中在铸件的内表面上，所以内孔的尺寸不精确，质量也较差；铸件易产生成分偏析和密度偏析。

离心铸造主要用于铸铁管、汽缸套、铜套、双金属轴承、特殊钢的无缝管坯、造纸机滚筒等铸件的生产。

2.4.5　消失模铸造

消失模铸造也称气化模铸造，国际上称 EPC 工艺，是采用聚苯乙烯发泡塑料模样代替普通模样，造好型后不取出模样就浇入金属液，在金属液的作用下，塑料模样燃烧、气化、消失，金属液取代原来塑料模所占据的空间位置，冷却凝固后获得所需铸件的铸造方法。

1. 消失模铸造的工艺过程（见图 2-56）

1）制造泡沫塑料模，主要的消失模材料有：可发性聚苯乙烯（EPS），适用于灰铸铁、球墨铸铁和非铁合金铸件等；可发性聚甲基丙烯酸甲酯（EPMMA），适用于球墨铸铁和铸钢件等。这类泡沫塑料的特点：密度小（0.015～0.025g/cm³），发气量小，热导率小，产生气体及残留物少，资源丰富而价格又不高。

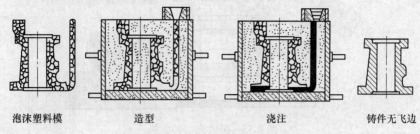

泡沫塑料模　　　　造型　　　　　　浇注　　　　铸件无飞边

图 2-56　消失模铸造的工艺过程

2）上涂料，泡沫塑料模样表面应上两层涂料。第一层是用来提高表面质量的涂料。第二层是耐火涂料。

3）填砂、紧实、浇注。

4）落料、清理。

2. 消失模铸造特点

1）铸件尺寸精度高（可达 CT5～CT10）。

2）铸件表面光洁（Ra 为 6.3～12.5μm）。

3）铸件加工量小。

4）铸件无飞边，落砂清理容易，清理工时少，劳动环境好。

5）消失模铸造不用下型芯，没有分型面，可以采用灵活的设计，生产出各种形状复杂、薄壁、多孔槽的铸件。

6）环境污染少，"绿色铸造工程"。

消失模铸造主要用于生产铸铁、碳钢、工具钢、不锈钢、铝、镁及铜合金等铸件。一般情况下，铸件最小壁厚为 4.06mm，最小铸出孔直径可达 1.52mm，质量从 1kg～50t。

2.4.6　其他铸造方法

1. 低压铸造

低压铸造是液态金属在一定的压力（低压，压力在 0.02～0.06MPa）下自下而上地充填型腔并凝固而获得铸件的方法。

（1）低压铸造的工艺过程　低压铸造的工艺过程如图 2-57 所示。向密封的坩埚中通入干燥的压缩空气，使金属液在气体压力的作用下沿升液管上升，平稳地进入型腔。保持坩埚内液面上气体压力，一直到铸件完全凝固为止。然后解除液面上的气体压力，使升液管中未凝固的金属液流回坩埚中。

（2）低压铸造的特点和应用　包括以下 5 点：

1）浇注时的压力和速度可以调节，故可适用于各种不同铸型（如金属型、砂型等），铸造各种合金及各种大小的铸件。

2）采用底注式充型，金属液充型平稳，无飞溅现象，可避免卷入气体及对型壁和型芯的冲刷，提高了铸件的合格率。

3）铸件在压力下结晶，铸件组织致密、轮廓清晰、表面光洁，力学性能较高，对于大薄壁件的铸造尤为有利。

4）省去补缩冒口，金属利用率提高到90%～98%。

5）劳动强度低，劳动条件好，设备简易，易实现机械化和自动化。

低压铸造主要用于铸造质量要求较高的铝合金、镁合金铸件，如汽油机汽缸体、缸盖、带轮等铝铸件。

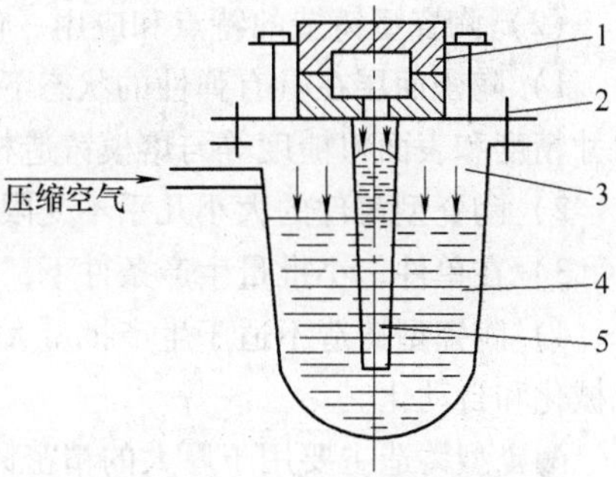

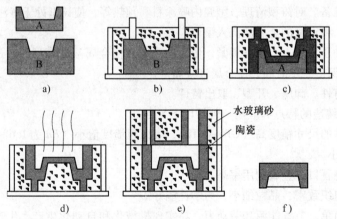

图 2-57　低压铸造的工艺过程
1—铸型　2—密封盖　3—坩埚
4—金属液　5—升液管

2. 陶瓷型铸造

陶瓷型铸造是用陶瓷材料做铸型的一种铸造工艺方法。

（1）陶瓷型铸造工艺过程　陶瓷型铸造工艺过程如图 2-58 所示。陶瓷铸型是利用质地较纯、热稳定性较高的耐火材料作造型材料，与硅酸乙酯水溶液作粘结剂混合后制成灌浆，经灌浆、胶结、起模、焙烧等工序而制成的。

图 2-58　陶瓷型铸造的工艺过程
a）砂套造型　b）砂套造型　c）灌浆与胶结　d）起模与喷烧　e）焙烧与合型　f）浇注

图 2-58a、b 所示为砂套造型，先用水玻璃砂制出砂套；图 2-58c 所示为灌浆与胶结，其过程是将铸件模样固定于模底板上，刷上分型剂，扣上砂套，将配制好的陶瓷浆料从浇口注满砂套，经数分钟后，陶瓷浆料便开始胶结，陶瓷浆料由耐火材料（如刚玉粉、铝矾土等）、粘结剂（如硅酸乙酯水解液）等组成；图 2-58d 所示为起模与喷烧，浆料浇注 5～15min 后，趁浆料尚有一定弹性便可起出模样，为加速固化过程提高铸型

强度，必须用明火喷烧整个型腔；图 2-58e 所示为焙烧与合型，浇注前要加热到 350 ~ 550℃焙烧 2 ~ 5h，烧去残存的水分，并使铸型的强度进一步提高；图 2-58f 所示为浇注，浇注温度可略高，以便获得轮廓清晰的铸件。

（2）陶瓷型铸造的特点和应用　包括以下 4 点：

1）陶瓷面层在具有弹性的状态下起模，同时陶瓷面层耐高温且变形小，故铸件的尺寸精度和表面粗糙度等与熔模铸造相近。

2）陶瓷型铸件的大小几乎不受限制，可从几千克到数吨。

3）在单件、小批量生产条件下，投资少、生产周期短，在一般铸造车间即可生产。

4）陶瓷型铸造不适于生产批量大、质量小或形状复杂的铸件，生产过程难以实现机械化和自动化。

陶瓷型铸造主要用于厚大的精密铸件，广泛用于生产冲模、锻模、玻璃器皿模、压铸型和模板等，也可用于生产中型铸钢件等。

3. 挤压铸造

（1）挤压铸造的工艺及分类　挤压铸造是将定量金属液浇入铸型型腔内并施加较大的机械压力，使其凝固、成型后获得毛坯或零件的一种工艺方法。

挤压铸造按液体金属充填的特性和受力情况，可分为柱塞挤压、直接冲头挤压、间接冲头挤压和型板挤压四种。

（2）挤压铸造的工艺过程　包括以下 3 点：

1）铸型准备。对铸型清理、型腔内喷涂料和预热等，使铸型处于待注状态。

2）浇注。将定量的金属液浇入型腔。

3）合型加压。将上、下型锁紧，依靠冲头压力使金属液充满型腔，进而升压并在预定的压力下保持一定时间，使金属液凝固。

4）取出铸件。卸压、开型、取出铸件。

（3）挤压铸造的特点和应用　包括以下 5 点：

1）压铸件的尺寸精度高（CT4 ~ CT8），表面粗糙度值小（Ra 为 1.6 ~ 6.3μm），铸件的加工余量小。

2）需设浇冒口，金属利用率高。

3）铸件组织致密，晶粒细小，力学性能好。

4）工艺简单，节省能源和劳动力，易实现机械化和自动化生产，生产率比金属型铸造高 1 ~ 2 倍。

5）浇入铸型型腔内的金属液中的夹杂物无法排出。挤压铸造要求准确定量浇注，否则影响铸件的尺寸精度。

挤压铸造主要用于生产强度要求较高、气密性好、薄板类铸件。如各种阀体、活塞、机架、轮毂、靶片和铸铁锅等。

4. 连续铸造

（1）连续铸造的工艺过程　连续铸造是一种先进的铸造方法，其原理是将熔融的金属，不断浇入一种叫做结晶器的特殊金属型中，凝固（结壳）了的铸件，连续不断地从结晶器的另一端拉出，它可获得任意长或特定长度的铸件。

（2）连续铸造的特点和应用 包括以下 4 点：

1）由于金属被迅速冷却，结晶致密，组织均匀，力学性能较好。

2）连续铸造时，铸件上没有浇注系统的冒口，故连续铸锭在轧制时不用切头去尾，节约了金属，提高了收得率。

3）简化了工序，免除造型及其他工序，因而减轻了劳动强度；所需生产面积也大为减少。

4）连续铸造生产易于实现机械化和自动化，铸锭时还能实现连铸连轧，大大提高了生产效率。

连续铸造在国内外已经被广泛采用，如连续铸锭（钢或非铁金属锭）、连续铸管等。

2.5 常用铸造方法比较

各种铸造方法都有其优缺点，分别适用于一定范围。选择铸造方法时，应从技术、经济、生产条件以及环境保护等方面综合分析比较，以确定哪种成型方法较为合理，即选用较低成本，在现有或可能的生产条件下制造出合乎质量要求的铸件。表 2-6 所示为几种常用铸造方法基本特点的比较。

表 2-6 几种铸造方法的比较

比较项目	砂型铸造	熔模铸造	金属型铸造	压力铸造	低压铸造	离心铸造
适用合金	各种合金	不限，以铸钢为主	不限，以非铁合金为主	非铁合金	以非铁合金为主	铸钢、铸铁、铜合金
适用铸件大小	不受限制	几十克至几十千克	中、小铸件	中、小件，几克至几十千克	中、小件，有时达数百千克	零点几千克至十多吨
铸件最小壁厚 /mm	铸铁 >3~4	0.5~0.7；孔 $\phi 0.5 \sim \phi 2.0$	铸铝>3；铸铁>5	铝合金 0.5；铜合金 2	2	优于同类铸型的常压铸造
铸件加工余量	大	小或不加工	小	小或不加工	较小	外表面小，内表面较大
表面粗糙度 Ra/μm	12.5~50	1.6~12.5	6.3~12.5	1.6~6.3	3.2~12.5	取决于铸型材料
铸件尺寸公差等级（CT）	8~15	4~9	7~10	4~8	6~10	取决于铸型材料
工艺出品率（%）	30~50	60	40~50	60	50~60	85~95
毛坯利用率（%）	70	90	70	95	80	70~90

（续）

比较项目	砂型铸造	熔模铸造	金属型铸造	压力铸造	低压铸造	离心铸造
投产的最小批量（件）	单件	1000	700～1000	1000	1000	100～1000
生产率（一般机械化程度）	低中	低中	中高	最高	中	中高
应用举例	床身、箱体、支座、轴承盖、曲轴、缸体、缸盖等	刀具、叶片、自行车零件、刀杆、风动工具等	铝活塞、水暖器材、水轮机叶片、一般非铁合金铸件	汽车化油器、缸体、仪表和照相机的壳体和支架	发动机缸体、缸盖、壳体、箱体、船用螺旋桨、纺织机零件	各种铸铁管、套筒、环叶轮、滑动轴承

注：工艺出品率 $= \dfrac{铸件质量}{铸件质量 + 浇冒口质量} \times 100\%$ ；毛坯利用率 $= \dfrac{零件质量}{铸件质量} \times 100\%$ 。

合金种类：取决于铸型的耐热状况。砂型铸造所用硅砂耐火度达 1700℃，比碳钢的浇注温度还高 100～200℃，因此砂型铸造可用于铸钢、铸铁、非铁合金等各种材料。熔模铸造的型壳是由耐火度更高的纯石英粉和硅砂制成，因此它还可用于生产熔点更高的合金钢铸件。金属型铸造、压力铸造和低压铸造一般都是使用金属铸型和金属型芯，即使表面刷上耐火涂料，铸型寿命也不高，因此一般只用于非铁合金铸件。

铸件大小：主要与铸型尺寸、金属熔炉、起重设备的能力等条件有关。砂型铸造限制较小，可铸造小、中、大件。熔模铸造由于难以用蜡料做出较大模样以及型壳强度和刚度所限，一般只宜于生产小件。对于金属型铸造、压力铸造和低压铸造，由于制造大型金属铸型和金属型芯较困难及设备吨位的限制，一般用来生产中、小型铸件。

尺寸精度和表面粗糙度：铸型的精度与表面粗糙度有关。砂型铸件的尺寸精度最差，表面粗糙度值 Ra 最大。熔模铸造因压型加工得很精确、光洁，故蜡模也很精确，而且型壳是个无分型面的铸型，所以熔模铸件的尺寸精度很高，表面粗糙度值 Ra 很小。压力铸造由于压铸型加工得较准确，且在高压、高速下成型，故压铸件的尺寸精度也很高，表面粗糙度值 Ra 很小。金属型铸造和低压铸造的金属铸型（型芯）不如压铸型的精确、光洁，且是重力或低压下成型，铸件的尺寸精度和表面粗糙度都不如压铸件，但优于砂型铸件。

凡是采用砂型和砂芯生产铸件，可以做出形状很复杂的铸件。但是压力铸造采用结构复杂的压铸型也能生产出复杂形状的铸件，这只有在大量生产时才是经济的。因为压铸件节省大量切削加工工时，综合计算零件成本还是经济的。离心铸造较适用于管、套等这一类特定形状的铸件。

2.6　常用铸造合金及熔炼

常用铸造合金包括铸铁、铸钢、铸造非铁合金等。

2.6.1　铸铁及其熔炼

1. 铸铁及其分类

铸铁是碳的质量分数为 2.11% 的铁碳合金，一般碳的质量分数为 2.4% ~ 4.0%。除碳外，铸铁还含有 Si、Mn 和其他杂质元素，如 S、P 等，见表 2-7。根据碳的存在形式的不同及断口颜色，铸铁可分为以下几种。

表 2-7　铸铁的常用成分范围

组元	w (C)	w (Si)	w (Mn)	w (P)	w (S)	w (Fe)
成分（%）	2.4 ~ 4.0	0.6 ~ 3.0	0.4 ~ 1.2	≤0.3	≤0.15	其余

（1）白口铸铁　碳全部或大部分以渗碳体的形式存在，因断裂时断口呈白亮颜色，故称白口铸铁。

（2）灰铸铁　碳大部分或全部以游离态石墨形式存在。因断裂时断口呈暗灰色，故称为灰铸铁。灰铸铁按石墨的形态可以分为：普通灰铸铁，石墨呈片状；可锻铸铁，石墨呈团絮状；球墨铸铁，石墨呈球状；蠕墨铸铁，石墨呈蠕虫状。

（3）麻口铸铁　碳既以渗碳体的形式存在，又以游离态石墨形式存在。

2. 普通铸铁

（1）灰铸铁的显微组织　由金属基体（F、F + P、P）与片状石墨（G）所组成，其中 P 基体的性能最好，P + F 基体应用最广，F 基体则很少应用，如图 2-59 所示。

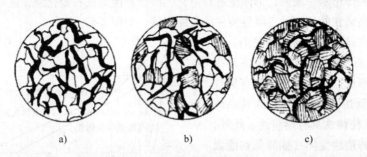

a)　　　　　　　　　　b)　　　　　　　　　　c)

图 2-59　灰铸铁的显微组织

a) 铁素体灰铸铁　b) 铁素体 + 珠光体灰铸铁　c) 珠光体灰铸铁

（2）灰铸铁的性能

1）力学性能：灰铸铁的抗拉强度和弹性模量均比钢低得多，通常抗拉强度约为 120 ~ 250MPa，抗压强度与钢接近，一般可达 600 ~ 800MPa，塑性和韧度接近于零，属于脆性材料。

2）工艺性能：不能锻造和冲压；焊接时产生裂纹的倾向大，焊接区常出现白口组织，焊后难以切削加工，焊接性差；灰铸铁的铸造性能优良，铸件产生缺陷的倾向小；由于石墨的存在，其切削加工性能好，切削加工时呈崩碎切屑，通常不需加切削液。

3）使用性能：灰铸铁的减振能力为钢的 5～10 倍，缺口敏感性小，铸造性能良好、切削工艺性好，是制造机床床身、机座的主要材料；灰铸铁的耐磨性好，适于制造润滑状态下工作的导轨、衬套和活塞环等。

4）影响性能的因素：基体组织和石墨的分布。珠光体越多，石墨分布越细小均匀，强度、硬度也越高，耐磨性越好。要想控制铸铁的组织和性能，必须控制铸铁的石墨化程度。

（3）影响灰铸铁石墨化的因素

1）组织的性能：灰铸铁依据其基础组织的不同，又分为珠光体铸铁、珠光体＋铁素体铸铁和铁素体铸铁三种。在珠光体铸铁的基体上，分布着均匀、细小的石墨片，其强度、硬度相对较高，常用于制造机床床身、机体等重要铸件。珠光体＋铁素体铸铁是在珠光体和铁素体混合的基体上分布着较粗大的石墨片，强度和硬度较前者低，但仍然满足一般铸件的性能要求，铸造性、减振性均佳，便于熔炼，应用最广泛。铁素体铸铁是在铁素体基体上分布着粗大的石墨片，其强度、硬度差，故应用较少。

2）影响灰铸铁石墨化的主要因素是化学成分和冷却速度。

灰铸铁除含碳元素外，还有硅、锰、硫和磷等元素，它们对铸铁石墨化的影响如下：碳和硅是铸铁中最主要的元素，对铸铁的组织和性能起着决定性的影响。碳是形成石墨的元素，也是促进石墨化的元素。碳含量越高，析出的石墨就越多、越粗大，而基体中的铁素体含量增多，珠光体减少；反之，含碳量降低，石墨减少且细化。硅是强烈促进石墨化的元素。实践证明，若铸铁中含硅量过少，即使碳含量很高，石墨也难以形成。碳、硅的作用是一致的，都能促进石墨化，而硅除能促进石墨化外，还可改善铸造性能，如提高铸铁的流动性、降低铸件的收缩率等，如图 2-60 所示。

锰和硫在铸铁中是密切相关的。硫是严重阻碍石墨化的元素。含硫量高时，铸铁有形成白口的倾向。硫在铸铁晶界上形成低熔点（985℃）的共晶体（FeS＋Fe），使铸铁具有热脆性。此外，硫还使铸铁铸造性变坏（如降低铁液流动性、增大铸件收缩率等），通常限制在 0.15% 以下，高强度铸铁则应更低。锰能抵消硫的有害作用，故属于有益元

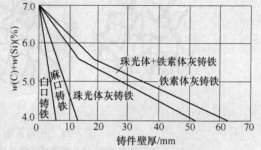

图 2-60　化学成分对铸铁组织的影响

素。因锰与硫的亲和力大，在铁液中会发生反应，生成的 MnS 的熔点约为 1600℃，高于铁液温度，因它的密度较小，故上浮进入熔渣而被排出炉外，而残存于铸铁中的少量 MnS 呈颗粒状，对力学性能的影响很小。铸铁中的锰除与硫发生作用外，其余还可溶入

铁素体和渗碳体中，提高了基体的强度和硬度；但过多的锰则起阻碍石墨化的作用。铸铁中锰的含量一般为 0.6% ~ 1.2%。

磷的影响不显著，可降低铁液的黏度而提高铸铁的流动性。当铸铁中磷的质量分数超过 0.3% 时，则形成以 Fe_3P 为主的共晶体，这种共晶体的熔点较低、硬度高（390 ~ 520HBW），形成了分布在晶界处的硬质点，因而提高了铸铁的耐磨性。因磷共晶体呈网状分布，故磷含量过高会增加铸铁的冷脆倾向。因此，对一般灰铸铁件来说，磷的质量分数一般应限制在 0.5% 以下，高强度铸铁则应限制在 0.3% 以下，只是某些薄壁件或耐磨件中的磷的质量分数可提高到 0.5% ~ 0.7%。

相同化学成分的铸铁，若冷却速度不同，其组织和性能也不同。在三角形试样的断口处，冷却速度很快的下部尖端处呈银白色，属于白口组织；其心部晶粒较为粗大，属于灰口组织；在灰口和白口交界处属麻口组织，如图 2-61 所示。这是由于缓慢冷却时，石墨得以顺利析出；反之，石墨的析出受到了抑制。为了确保铸件的组织和性能，必须考虑冷却速度对铸铁组织和性能的影响。铸件的冷却速度主要取决于铸型材料的导热性和铸件的壁厚。

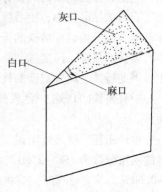

图 2-61 冷却速度对铸铁组织的影响

在同一铸件的不同部位采用不同的铸型材料，使铸件各部分的组织和性能不同。如冷硬铸造轧辊、车轮时，就是采用局部金属型（其余用砂型）以激冷铸件上的耐磨表面，使其产生耐磨的白口组织。壁厚的影响：在铸型材料相同的条件下，壁厚不同的铸件因冷却速度的差异，铸铁的组织和性能也随之而变，因此，必须按照铸件的壁厚选定铸铁的化学成分和牌号。

（4）灰铸铁的牌号 我国灰铸铁的牌号为 HT×××，其中"HT"表示"灰铁"二字的汉语拼音字首，而后面的 ××× 为最低抗拉强度值，单位为 MPa。灰铸铁牌号共六种，其中 HT100、HT150、HT200 为普通灰铸铁；HT250、HT300、HT350 为孕育铸铁，见表 2-8。

表 2-8 灰铸铁牌号和力学性能（摘自 GB/T9439—2010）

牌号	抗拉强度/MPa ≥	抗压强度/MPa ≥	显微组织	
			基体	石墨
HT100	100	500	F + P（少）	粗片
HT150	150	650	F + P	较粗片
HT200	200	750	P	中等片
HT250	250	1000	细 P	较细片
HT300	300	1100	S 或 T	细小片
HT350	350	1200	S 或 T	细小片

（5）灰铸铁的用途　根据牌号的不同而选用：HT100 承受低负荷和不重要的零件，如防护罩、小手柄、盖板和重锤等；HT150 承受中等负荷的零件，如机座、支架、箱体、带轮、轴承座、法兰、泵体、阀体、管路、飞轮和电动机座等；HT200、HT250 承受较大负荷的重要零件，如机座、床身、齿轮、汽缸、飞轮、齿轮箱、中等压力阀体、汽缸体和汽缸套等；HT300、HT350 承受高负荷、要求耐磨和高气密性的重要零件，如重型机床床身、压力机床身、高压液压件、活塞环、齿轮和凸轮等。

（6）灰铸铁的孕育处理　向铁液中冲入硅铁合金孕育剂，然后进行浇注的处理方法。用这种方法制成的铸铁称为孕育铸铁。由于铁液中均匀地悬浮着外来弥散质点，增加了石墨的结晶核心，使石墨化作用骤然提高，因此石墨细小且分布均匀，并获得珠光体基体组织，使孕育铸铁的强度、硬度比普通灰铸铁显著提高，碳含量越少、石墨越细小，铸铁的强度、硬度越高。孕育铸铁的另一优点是冷却速度对其组织和性能的影响甚小，因此铸件上厚大截面的性能较为均匀。

孕育铸铁的用途：静载荷下要求较高强度、高耐磨性或高气密性铸件以及厚大铸件。

生产工艺：须熔炼出碳、硅含量均低的原始铁液（碳的质量分数为 2.7% ~ 3.3%，硅的质量分数为 1% ~ 2%）。孕育剂为含硅 75% 的硅铁，加入量为铁液质量的 0.25% ~ 0.60%。孕育处理时，应将硅铁均匀地加入到出铁槽中，由出炉的铁液将其冲入浇包中。由于孕育处理过程中铁液温度要降低，故出炉的铁液温度必须高达 1400 ~ 1450℃，以弥补因孕育处理所引起的铁液温度下降而出现浇不足和冷隔缺陷。

（7）灰铸铁的生产特点　主要在冲天炉内熔化，一些高质量的灰铸铁可用电炉熔炼。冲天炉是最普遍应用的铸铁熔炼设备。它用焦炭作燃料，焦炭燃烧产生的热量直接用来熔化炉料和提高铁液温度，在能量消耗方面比电弧炉和其他熔炉节能。而且设备比较简单，大小工厂皆可采用。但冲天炉的缺点主要是由于铁液直接与焦炭接触，故在熔炼过程中会发生铁液增碳和增硫的过程。

灰铸铁的铸造性能优良，铸造工艺简单，便于制造出薄而复杂的铸件，生产中多采用同时凝固原则，铸型不需要加补缩冒口和冷铁，只有高牌号铸铁采用定向凝固原则。

灰铸铁件主要用砂型铸造，浇注温度较低，因而对型砂的要求也较低，中小件大多采用经济简便的湿型铸造。灰铸铁件一般不需要进行热处理，或仅需时效处理即可。

3. 可锻铸铁

可锻铸铁又称为马铁，由白口铸铁经长期石墨化退火而来。组织为铁素体和珠光体基体 + 团絮状石墨。

（1）可锻铸铁的生产特点　可锻铸铁的生产分两个步骤：

第一步：先铸造出白口铸铁，随后退火使 Fe_3C 中的 C 分解得到团絮状石墨。要注意的是如果退火前铸件中已存在石墨片就无法经退火制造出团絮状石墨。因此，为保证在通常的冷却条件下铸件能得到合格的白口组织，其化学成分（质量分数）通常为 $w(C) = 2.2\% ~ 2.8\%$，$w(Si) = 1.2\% ~ 2.0\%$，$w(Mn) = 0.4\% ~ 1.2\%$，$w(P) \leqslant 0.1\%$，$w(S) \leqslant 0.2\%$。

第二步：进行长时间的石墨化退火处理，900～980℃长时间保温，如图2-62所示。

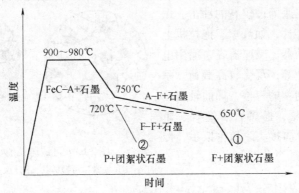

图 2-62 可锻铸铁的石墨化退火处理

（2）可锻铸铁的牌号 可锻铸铁分为黑心可锻铸铁、珠光体可锻铸铁和白心可锻铸铁三种，黑心可锻铸铁因其断口为黑绒状而得名，以 KTH 表示，其基体为铁素体，在我国最为常用；珠光体可锻铸铁以 KTZ 表示，其基体为珠光体。其中"KT"表示"可铁"的拼音首字母，"H"和"Z"分别表示"黑"和"珠"的拼音首字母，代号后的第一组数字表示最低抗拉强度值，第二组数字表示最低断后伸长率。常用可锻铸铁的牌号和力学性能见表2-9。

表 2-9 常用可锻铸铁的牌号和力学性能

牌号		试样直径 d/mm	抗拉强度 R_{m}/MPa	规定塑性延伸强度 $R_{\mathrm{p0.2}}$/MPa	断后伸长率 A（%）	硬度 HBW
A	B		≥			
KTH300-06			300	—	6	≤150
	KTH330-08		330	—	8	
KTH350-10			350	200	10	
	KTH370-12	12 或 15	370	—	12	
KTH450-06			450	270	6	150～200
KTZ550-04			550	340	4	180～230
KTZ650-02			650	430	2	210～260
KTZ700-02			700	530	2	240～290

（3）可锻铸铁的组织、性能及应用

1）组织：其显微组织由金属基体和团絮状石墨组成，如图2-63所示。

2）性能：可锻铸铁具有较高的强度，抗拉强度可达 300～400MPa，最高可达600MPa；它还具有很高的塑性和韧性（断后伸长率≤12%，冲击韧度≤300J/cm²），可锻铸铁因此而得名，其实它并不能用于锻造。

3）用途：可锻铸铁适用于制造形状复杂、承受冲击载荷的薄壁小件，铸件壁厚一般不超过25mm。例如：低动载荷及静载荷、要求气密性好的零件，如管道配件、中低压阀门、弯头、三通等；较高的冲击、振动载荷下工作的零件，如汽车、拖拉机上的前后轮壳、制动器、减速器壳，船用电动机壳和机车附件等；承受较高载荷、耐磨和要求有一定韧度的零件，如曲轴、凸轮轴、连杆、齿轮、摇臂、活塞环、犁刀、耙片、闸、万向接头、棘轮扳手、传动链条和矿车轮等。

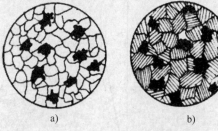

图 2-63　可锻铸铁的显微组织
a）铁素体可锻铸铁　b）珠光体可锻铸铁

4. 球墨铸铁

（1）球墨铸铁的组织和性能　随着化学成分、冷却速度和热处理方法的不同，球墨铸铁可得到不同的基体组织（F、F＋P、P）。球墨铸铁的种类如图2-64所示。

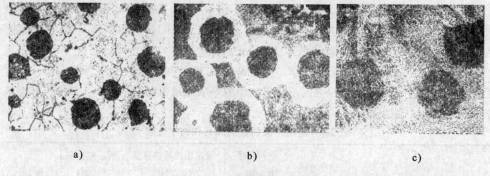

图 2-64　球墨铸铁的种类
a）铁素体球墨铸铁　b）铁素体＋珠光体球墨铸铁　c）珠光体球墨铸铁

球墨铸铁的石墨呈球状，它对基体的割裂作用减至最低限度，基体强度的利用率可达70%～90%。因此，球墨铸铁具有比灰铸铁高得多的力学性能，抗拉强度可以和钢媲美，塑性和韧性大大提高。球墨铸铁抗拉强度约为400～900MPa，断后伸长率为2%～18%，同时，仍保持灰铸铁某些优良性能，如良好的耐磨性和减振性，缺口敏感性小，切削加工性能好等。球墨铸铁的焊接性能和热处理性能都优于灰铸铁。

（2）球墨铸铁的牌号　目前我国球墨铸铁牌号为QT×××—××，其中"QT"表示"球铁"的拼音首字母，其后两组数字分别表示最低抗拉强度和断后伸长率。球墨铸铁的牌号和力学性能见表2-10。

（3）球墨铸铁的生产特点

1）要有足够高的碳含量，低的硫、磷含量，有时还要求低的含锰量。含碳（碳的质量分数为3.6%～4.0%）、硅（硅的质量分数为2.4%～2.8%）要高，但含锰、磷要低，否则会降低塑性与韧度，硫易与球化剂化合形成硫化物，使球化剂的消耗量增大，并使铸件易产生皮下气孔等缺陷。球化和孕育处理使铁液温度要降低50～100℃，为防止浇注温度过低，出炉的铁液温度必须高达1450℃以上。

表 2-10 球墨铸铁的牌号和力学性能

牌号	抗拉强度 R_m/MPa	规定塑性延伸强度 $R_{p0.2}$/MPa	断后伸长率 A（％）	布氏硬度 HBW	基体组织
	≥				
QT400-18	400	250	18	130～180	铁素体
QT400-15	400	250	15	130～180	铁素体
QT450-10	450	310	10	160～210	铁素体
QT500-07	500	320	7	170～230	铁素体＋珠光体
QT600-03	600	370	3	190～270	珠光体＋铁素体
QT700-02	700	420	2	225～305	珠光体
QT800-02	800	480	2	245～335	珠光体或回火组织
QT900-02	900	600	2	280～360	贝氏体或回火马氏体

2）球化处理和孕育处理是制造球墨铸铁的关键，必须严格控制。

球化剂：广泛采用的球化剂是稀土镁合金。镁是重要的球化元素，但它密度小（1.73g/cm³）、沸点低（1120℃），若直接加入铁液，镁将浮于液面并立即沸腾，这不仅使镁的吸收率降低，也不够安全。稀土元素包括铈（Ce）、镧（La）、镱（Yb）和钇（Y）等十七种元素。稀土的沸点高于铁液温度，故加入铁液中没有沸腾现象，同时，稀土有着强烈的脱硫、去气能力，还能细化组织、改善铸造性能。但稀土的球化作用较镁弱，单纯用稀土作球化剂时，石墨球不够圆整。稀土镁合金（其中镁、稀土含量均小于10％，其余为硅和铁）综合了稀土和镁的优点，而且结合了我国的资源特点，用它作球化剂作用平稳、节约镁的用量，还能改善球铁的质量。球化剂的加入量一般为铁液质量的1.0％～1.6％。

孕育剂：促进铸铁石墨化，防止球化元素造成的白口倾向，使石墨球圆整、细化，改善球铁的力学性能。常用的孕育剂为含硅75％的硅铁，加入量为铁液质量的0.4％～1.0％。由于球化元素有较强的白口倾向，故球墨铸铁不适合铸造薄壁小件。

球化处理：以冲入法最为普遍。将球化剂放在浇包的堤坝内，上面铺硅铁粉和稻草灰，以防球化剂上浮，并使其缓慢作用。开始时，先将浇包容量2/3左右的铁液冲入包内，使球化剂与铁液充分反应。然后，将孕育剂放在冲天炉出铁槽内，用剩余1/3浇包的铁液将其冲入包内，进行孕育。

球化处理后的铁液应及时浇注，以防孕育和球化作用的衰退。

（4）铸型工艺 球墨铸铁碳含量较高，接近共晶成分，凝固收缩率低，但缩孔、缩松倾向较大，这是其凝固特性所决定的。球墨铸铁在浇注后的一个时期内，凝固的外壳强度较低。而球状石墨析出时的膨胀力却很大，若铸型的刚度不够，铸件的外壳将向外胀大，造成铸件内部金属液的不足，于是在铸件最后凝固的部位产生缩孔和缩松。为防止上述缺陷，可采取如下措施：在热节处设置冒口、冷铁，对铸件收缩进行补偿；增加铸型刚度，防止铸件外形扩大。如增加型砂紧实度，采用干砂型或水玻璃快干砂型，保证砂型有足够的刚度，并使上下型牢固夹紧。

球墨铸铁件容易出现皮下气孔，皮下0.5~2mm处，直径1~2mm。防止皮下气孔的产生：降低铁液中含硫量和残余镁量，降低型砂含水量或采用干砂型，浇注系统应使铁液平稳地导入型腔，并有良好的挡渣效果，以防铸件内夹渣的产生。

（5）球墨铸铁的用途　球墨铸铁具有较高的强度和塑性，尤其是屈服强度优于锻钢，用途非常广泛，如汽车、拖拉机底盘零件，阀体和阀盖，机油泵齿轮，柴油机和汽油机曲轴、缸体和缸套，汽车拖拉机传动齿轮等。目前，球墨铸铁在制造曲轴方面正在逐步取代锻钢。

（6）球墨铸铁的热处理　铸态球墨铸铁的基体多为珠光体和铁素体混合组织，有时还有自由渗碳体，形状复杂件还存在残余内应力。因此，多数球墨铸铁件要进行热处理，以保证应有的力学性能。常用的热处理为退火和正火。退火的目的是获得铁素体基体，以提高球墨铸铁件的塑性和韧性。正火的目的是细化晶粒，获得细小珠光体基体，以提高材料的强度和硬度。

5. 蠕墨铸铁

（1）蠕墨铸铁的生产　蠕墨铸铁是在一定成分的铁液中加入适量的蠕化剂进行蠕化处理而成的。所谓蠕化处理是将蠕化剂放入经过预热的堤坝或浇包内的一侧，从另一侧冲入铁液，利用高温铁液将蠕化剂熔化的过程。蠕化剂为镁钛合金、稀土镁钛合金或稀土镁钙合金等。

（2）蠕墨铸铁的性能及应用　蠕墨铸铁组织为金属基体 + 蠕虫状石墨。蠕墨铸铁中的石墨片比灰铸铁中的石墨片的长厚比要小，端部较钝、较圆，介于片状和球状之间的一种石墨形态。蠕墨铸铁的显微组织如图2-65所示。

性能：力学性能较高，强度接近于球墨铸铁，具有一定的韧性，较高的耐磨性，同时又兼有良好的铸造性能和导热性。

应用：代替高强度灰铸铁制造形状复杂的大铸件，用于较大温度梯度下工作的零件，如生产汽缸盖、汽缸套、钢锭模、轧辊模、玻璃瓶模和液压阀等铸件。

图2-65　蠕墨铸铁的显微组织

（3）蠕墨铸铁的牌号　蠕墨铸铁的牌号以RuT表示，"RuT"是"蠕铁"二字的蠕的拼音和铁的拼音首字母，其后的数字表示最低抗拉强度。牌号：RuT260、RuT300、RuT340、RuT380和RuT420。蠕墨铸铁的牌号和力学性能见表2-11。

2.6.2　铸钢的铸造工艺特点

1. 铸造性能

铸钢的铸造性能差，熔点高，钢液易氧化；流动性差；收缩较大，体收缩约为灰铸铁的三倍，线收缩约为灰铸铁的两倍。因此，铸钢较铸铁铸造困难，为保证铸件质量，避免出现缩孔、缩松、裂纹、气孔和夹渣等缺陷，必须采取更为复杂的工艺措施。

表 2-11 蠕墨铸铁的牌号和力学性能

牌号	抗拉强度 R_m/MPa	规定塑性延伸强度 $R_{p0.2}$/MPa	断后伸长率 A（%）	硬度 HBW	蠕化率（%）	基体组织
	≥				≥	
RuT420	420	335	0.75	200 ~ 280		P
RuT380	380	300	0.75	193 ~ 274		P
RuT340	340	270	1.0	170 ~ 249	50	P + F
RuT300	300	240	1.5	140 ~ 217		F + P
RuT260	260	195	3.0	121 ~ 197		F

（1）型砂的强度、耐火性、透气性和退让性要求高　砂的颗粒通常采用粗而均匀的硅砂，型砂要采用耐火度很高的人造硅砂。对中、大件的铸型一般都采用强度较高的 CO_2 硬化水玻璃砂型和黏土干砂型。为防止粘砂，铸型表面应涂刷一层耐火涂料。

（2）使用补缩冒口和冷铁，实现定向凝固　补缩冒口一般为铸件质量的 25% ~ 50%，造型和切割冒口的工作量大。图 2-66 所示为 ZG230-450 齿圈的铸造工艺方案。该齿圈尽管壁厚均匀，但因壁厚较大（80mm），心部的热节处（整圈）极易形成缩孔和缩松，铸造时必须保证对心部的充分补缩。由于冒口的补缩距离有限，为此，除采用三个冒口外，在各冒口间还须安放冷铁，使齿圈形成三个独立的补缩区。浇入的钢液首先在冷铁处凝固，形成朝着冒口方向的定向凝固，使齿圈上各部分的收缩都能得到金属液的补充。

（3）严格掌握浇注温度，防止过高或过低　低碳钢（流动性较差）、薄壁小件或结构复杂不容易浇满的铸件，应取较高的浇注温度；高碳钢（流动性较

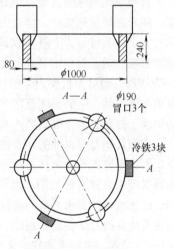

图 2-66　铸钢齿圈的铸造工艺方案

好）、大铸件、厚壁铸件及容易产生热裂的铸件，应取较低的浇注温度。一般为 1500 ~ 1650℃。

2. 铸钢的热处理

在铸件内部存在很多缺陷（缩孔、缩松、裂纹、气孔等）以及金相组织缺点，如晶粒粗大和魏氏组织（铁素体呈长条形状分布在晶粒内部），使塑性大大降低，力学性能比锻钢件差，特别是冲击韧度低。此外铸钢件内存在较大的铸造应力。

热处理的目的：细化晶粒、消除魏氏组织、消除铸造应力、提高力学性能。

热处理工艺：退火和正火处理。退火适于 $w(C) \geqslant 0.35\%$ 或结构特别复杂的铸钢件。因这类铸件塑性较差，残余铸造应力较大，铸件易开裂；正火适用于 $w(C) < 0.35\%$ 的铸钢件，因这类铸件塑性较好，冷却时不易开裂。铸钢正火后的力学性能较高，生产效率也较高，但残余内应力较退火后的大。为进一步提高铸钢件的力学性能，还可采用正火加高温回火。铸钢件不宜淬火，淬火时铸件极易开裂。

3. 铸钢的熔炼

熔炼是铸钢生产中的重要环节，钢液的质量直接关系到铸钢件的质量。

铸钢的熔炼必须用炼钢炉，包括电弧炉、平炉和感应电炉等。电弧炉用得最多，平炉仅用于重型铸钢件，感应电炉主要用于合金钢中、小型铸件的生产。

2.6.3　铜、铝合金铸件的生产

1. 铸造铜合金

铜的分类：纯铜、黄铜和青铜。

纯铜熔点为1083℃，导电性、导热性、耐蚀性及塑性良好；强度、硬度低且价格较贵，极少用它来制造机械零件，广泛使用的是铜合金。

黄铜是铜和锌的合金，因这种合金是黄色的，故称黄铜。锌在铜中有较高的溶解度，随着含锌量的增加，合金的强度、塑性显著提高，但锌的质量分数超过47%后黄铜的力学性能将显著下降，故黄铜中锌的质量分数小于47%。铸造黄铜除含锌外，还常含有硅、锰、铝和铅等合金元素。铸造黄铜有相当高的力学性能，如抗拉强度为250~450MPa，断后伸长率为7%~30%，硬度为60~120HBW，而价格却较青铜低。铸造黄铜的熔点低，结晶温度范围窄，流动性好，铸造性能较好。铸造黄铜常用于一般用途的轴承、衬套、齿轮等耐磨件和阀门等耐蚀件。

青铜是铜与锌以外的元素构成的合金，因加入锡后合金的颜色发青，故称青铜。其中，铜和锡构成的合金称为锡青铜。锡青铜的力学性能较黄铜差，且因结晶温度范围宽而容易产生显微缩松缺陷；但线收缩率较低，不易产生缩孔，其耐磨、耐蚀性优于黄铜，适于致密性要求不高的耐磨、耐蚀件。此外，还有铝青铜、铅青铜等，其中，铝青铜有着优良的力学性能和耐磨、耐蚀性，但铸造性较差，故仅用于重要用途的耐磨、耐蚀件。（黄铜、青铜等非铁合金在1.6节有详尽的叙述，这里不再重复。）

2. 铸造铝合金

铝合金密度低，熔点低，导电性和耐蚀性优良，因此也常用来制造铸件。铸造铝合金包括铝硅、铝铜、铝镁及铝锌合金。铝硅合金又称硅铝明，其流动性好、线收缩率低、热裂倾向小、气密性好，又有足够的强度，所以应用最广，约占铸造铝合金总产量的50%以上。铝硅合金适用于形状复杂的薄壁件或气密性要求较高的零件，如内燃机汽缸体、化油器、仪表外壳等。铝铜合金的铸造性能较差，如热裂倾向大、气密性和耐蚀性较差，但耐热性较好，主要用于制造活塞、汽缸头等。

3. 铜、铝合金铸件的生产特点

（1）熔炼一般用坩埚炉和电阻炉　金属炉料不与燃料直接接触，可减少金属的损耗、保持金属液的纯净。在一般铸造车间里，铜、铝合金多采用以焦炭为燃料或以电为能源的坩埚炉来熔化。

1) 铜合金的熔炼。铜合金极易氧化，形成的氧化物（Cu_2O）可使合金的力学性能下降。为防止铜的氧化，熔化青铜时应加熔剂以覆盖铜液。为去除已形成的 Cu_2O，最好在出炉前向铜液中加入 0.3% ~ 0.6%（质量分数）的磷铜（Cu_3P）来脱氧。由于黄铜中的锌本身就是良好的脱氧剂，所以熔化黄铜时，不需另加熔剂和脱氧剂。

2) 铝合金的熔炼。铝合金的氧化物 Al_2O_3 的熔点高达 2050℃，密度稍大于铝，所以熔化搅拌时容易进入铝液，呈非金属夹渣。铝液还极易吸收氢气，使铸件产生针孔缺陷。防止氧化和吸气的方法：向坩埚炉内加入 KCl、NaCl 等作为熔剂，将铝液与炉气隔离。为驱除铝液中已吸入的氢气、防止针孔的产生，在铝液出炉之前应进行驱氢精炼。

（2）铸造工艺　为减少机械加工余量，应选用粒度较小的细砂来造型。特别是铜合金铸件，由于合金的密度大、流动性好，若采用粗砂，铜液容易渗入砂粒间隙，产生机械粘砂，使铸件清理的工作量加大。

铜、铝合金的凝固收缩率大，除锡青铜外一般多需加冒口使铸件实现定向凝固，以便补缩。

为防止铜液和铝液的氧化，浇注时勿断流，浇注系统应能防止金属液的飞溅，以便将金属液平稳地导入型腔。

2.7　现代铸造的发展趋势

2.7.1　铸件凝固过程数值模拟

想要获得优良的铸件，必先确定一套合理的工艺参数。数值模拟的目的，就是要通过对铸件充型凝固过程的数值计算，分析工艺参数对工艺实施结果的影响，便于技术人员对所设计的铸造工艺进行验证和优化，以及寻求工艺问题的尽快解决办法。图 2-67 所示为铸造数值模拟的过程。现在常用的铸造数值模拟软件为 Procast 和 Magma，图 2-68 所示为 Procast 软件在熔模铸造中的应用实例，图 2-69 所示为基于 Magma 软件的转向摇臂铸造工艺计算机模拟。

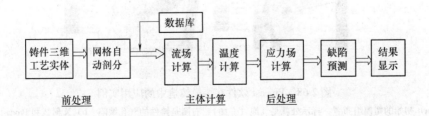

图 2-67　铸造数值模拟的过程

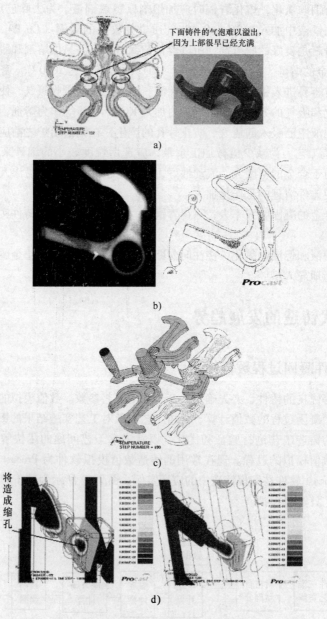

图 2-68 Procast 软件在熔模铸造中的应用实例

a）初始的蜡模组布置，标示处就是气泡（左图），右图是铸件的气孔缺陷 b）X 射线和 Procast 模拟下的收缩缺陷 c）优化后的设计方案 d）修改前（左）和修改后（右）的模拟（灰色是凝固部分金属，红色是液态金属）

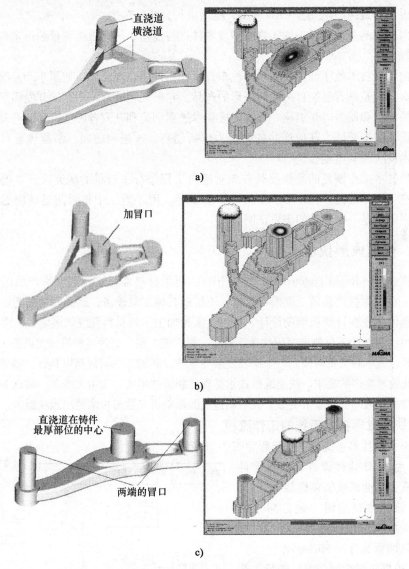

图 2-69 基于 Magma 软件的转向摇臂铸造工艺计算机模拟

a）第一种浇注系统 b）第二种浇注系统 c）第三种浇注系统

经过数值模拟显示：图 2-69a 中第一种浇注系统有宏观缩孔出现，图 2-69b 中第二种和图 2-69c 中第三种浇注系统纠正了宏观收缩，而第三种浇注系统进一步提高了铸件端部质量，并且不需要横浇道。第二种浇注系统工艺出品率大约 71%，第三种浇注系统工艺出品率大约 77%，是比较经济的设计方法。

2.7.2 逆向工程

在传统的产品设计制造过程中，新产品设计起源于由功能需求产生概念设计，再进行详细设计，最终产生完整 CAD 模型，继而进行分析、制造。

逆向工程是通过对存在的实物模型或零件进行测量，然后根据测量数据重构设计概念的过程。

逆向工程技术始于油泥模型设计汽车、摩托车外形，现已广泛地用于产品改进、创新设计，特别是具有复杂自由曲面外形的产品，它极大地缩短了产品的开发周期，提高了产品的精度和质量。是消化、吸收先进技术进而创造和开发各种新产品的有效途径。

在设计制造领域，任何产品的问世，包括创新、改进和仿制，都蕴含着对已有科学、技术的应用和借鉴。

战后日本工业恢复的需要使其首先对逆向工程进行了较早的研究，日本提出"第一台引进，第二台国产化，第三台出口"的口号，用了近二十年时间迅速崛起成为世界经济强国就是一个生动的历史证明。

2.7.3 快速成形技术

快速成形（Rapid Prototyping，简称 RP）：利用材料堆积法制造实物产品的一项高新技术。它能根据产品的三维模样数据，不借助其他工具设备，迅速而精确地制造出该产品，集中体现在计算机辅助设计、数控、激光加工、新材料开发等多学科、多技术的综合应用。传统的零件制造过程往往需要车、钳、铣、刨、磨等多种机加工设备和各种工装、模具，成本高又费时间。一个比较复杂的零件，其加工周期甚至以月计，很难适应低成本、高效率生产的要求。快速成形技术是现代制造技术的一次重大变革。被认为是近年来制造技术领域的一次重大突破，其对制造业的影响可与数控技术的出现相媲美。

1. 快速成形技术系统的工作流程

快速成形技术系统的工作流程如图 2-70 所示。

1）由 CAD 软件设计出所需零件的计算机三维曲面或实体模型。

2）将三维模型沿一定方向（通常为 Z 向）离散成一系列有序的二维层片（习惯称为分层 Slicing）。

3）根据每层轮廓信息，进行工艺规划，选择加工参数，自动生成数控代码。

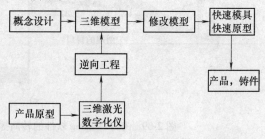

图 2-70 快速成形技术系统的工作流程

4）成形机制造一系列层片并自动将它们连接起来，得到三维物理实体。

2. 快速成形工艺

快速成形技术就是利用三维 CAD 的数据，通过快速成形机，将一层层的材料堆积成实体原型。迄今为止，国内、外已开发成功了 10 多种成熟的快速成形工艺，其中比较常用的有以下几种：

（1）纸层叠法（Laminated Object Manufacturing）——薄形材料选择性切割（LOM 法） 计算机控制的 CO_2 激光束按三维实体模样的每个截面轮廓对薄形材料（如底面涂

胶的卷状纸、或正在研制的金属薄形材料等）进行切割，逐步得到各个轮廓，并将其粘结快速形成原型。用此法可以制作铸造母模或用于"失纸精密铸造"。

（2）激光立体制模法（Stereolithography Apparatus）——液态光敏树脂选择性固化（SLA 法）　液槽盛满液态光敏树脂，它在计算机控制的激光束照射下会很快固化形成一层轮廓，新固化的一层牢固地粘结在前一层上，如此重复直至成形完毕，即快速形成原型。激光立体制模法可以用来制作消失模，在熔模精密铸造中替代蜡模。

（3）烧结法（Selective Laser Sintering）——粉末材料选择性激光烧结（SLS 法）　粉末材料可以是塑料、蜡、陶瓷、金属或它们复合物的粉体、覆膜砂等。粉末材料薄薄地铺一层在工作台上，按截面轮廓的信息，CO_2 激光束扫过之处，粉末烧结成一定厚度的实体片层，逐层扫描烧结最终形成快速原型。用此法可以直接制作精铸蜡模、消失模铸造用消失模、用陶瓷制作铸造型壳和型芯、用覆膜砂制作铸型以及铸造用母模等。

（4）熔化沉积法（Fused Deposition Modeling）——丝状材料选择性熔覆（FDM 法）　加热喷头在计算机的控制下，根据截面轮廓信息作 X-Y 平面运动和高度 Z 方向的运动，塑料、石蜡质等丝材由供丝机构送至喷头，在喷头中加热、熔化，然后选择性地涂覆在工作台上，快速冷却后形成一层截面轮廓，层层叠加最终成为快速原型。用此法可以制作精密铸造用蜡模、铸造用母模等。

3. 快速成形技术特点

材料不限，各种金属和非金属材料均可使用；原型的复制性、互换性高；制造工艺与制造原型的几何形状无关，在加工复杂曲面时更显优越；加工周期短，成本低，成本与产品复杂程度无关，一般制造费用降低 50%，加工周期缩短 70% 以上；高度技术集成，可实现设计制造一体化。

4. 快速成形技术在铸造上的应用

可以利用快速成形技术制得的快速原型，结合硅胶模、金属冷喷涂、精密铸造、电铸、离心铸造等方法生产铸造用的模具和各种铸型，如图 2-71 所示。

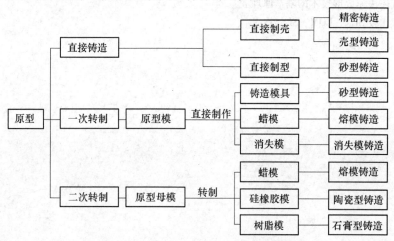

图 2-71　快速成形技术在铸造中的应用

复 习 题

1. 什么是铸造？铸造有哪些过程？

2. 什么是液态合金的充型能力？它与合金的流动性有何关系？不同成分的合金的流动性有什么不同？

3. 什么是顺序凝固？什么是同时凝固？各自在什么场合应用以什么方式来实现？

4. 试分析铸件在铸造过程中产生的缩孔与缩松缺陷？并说明如何防止。

5. 铸件的变形与裂纹是如何产生的？如何防止。

6. 分析有长、短不一的两根弹簧，将其固定，使其达到同等长度，即其中一弹簧被拉长，另一弹簧被压缩，此时所受的应力状态？然后将其固定约束去掉，试分析其变形趋势？

7. 什么是砂型铸造？有何特点？

8. 砂型铸造的造型方式有几种，各有什么特点。

9. 按粘结剂的不同可以将砂型铸造分为几种，各自都有什么特点。

10. 简述砂型铸造的工艺步骤及设计原则。

11. 简述砂型铸造的结构设计原则。

12. 简述熔模铸造特点及适用范围。

13. 金属型铸造有何优越性，为什么金属型铸造能够广泛地取代砂型铸造？

14. 什么是离心铸造，有何工艺特点？

15. 什么是消失模铸造，并简述其基本工艺过程。

16. 简述选择铸造方法的依据。

17. 铸铁是如何分类的？有几种铸铁，并简述其性能。

18. 铸铁是如何熔炼的？

19. 铸钢有几种？是如何生产成铸钢件的。

20. 铜合金有几种？各自有何种性能特点。

21. 锌合金有几种？各有何性能及特点。

22. 试述快速成形技术的基本原理。

23. 试比较 SLA、LOM、SLS 法。

第3章　金属的塑性成形

金属材料经过塑性加工之后，其内部组织发生很大变化，金属性能也得到极大改善与提升。为了正确选用塑性加工方法，合理设计塑性加工成形的零件，必须了解金属塑性变形的实质及变形规律和影响因素等内容。

3.1　金属塑性成形理论基础

3.1.1　单晶体金属塑性变形

单晶体金属塑性变形的基本方式有两种：滑移和孪生。

1. 金属塑性变形的实质

（1）滑移的概念　滑移是晶体的一部分沿一定晶面（滑移面）的一定方向（滑移方向）相对于另一部分发生滑动。

单晶体的滑移变形如图3-1所示。金属在外力作用下，其内部必然产生应力，此应力迫使原子离开原来的平衡位置，从而改变了原子间的距离，使金属发生变形，并引起原子位能的增高。但处于高能位的原子具有返回原来低能平衡位置的倾向。这种去除外力后，金属完全恢复原状的变形，称为弹性变形，如图3-1b所示。当外力继续增加到使金属的内应力超过该金属的屈服强度后，即使作用在物体上的外力取消，金属的变形也不会完全恢复，而产生一部分永久变形，称为塑性变形，如图3-1d所示。

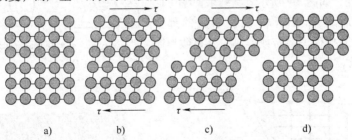

图3-1　单晶体滑移变形示意图

a）未变形　b）弹性变形　c）弹塑性变形　d）塑性变形

单晶金属滑移变形后，在显微镜下可看到许多相互平行的变形痕迹，它们为滑移带，是由大量滑移线构成的。金属在受到外力后，晶体的一部分将沿一定晶面的一定方向相对于另一部分发生滑动，从而造成晶体的整体变形。

（2）滑移与位错　关于滑移的机制，最初人们设想是刚性移动，即晶体的两部分沿滑移面作整体的相对滑动，根据这种机制计算出的滑移所需切应力值，比实测的要高几个数量级，这说明实际晶体的结构和变形并非完全如此，实际晶体内部存在着大量的缺陷——位错，由于位错的存在，部分原子处于不稳定状态。在比理论值低很多的切应力作用下，处于高能位的原子很容易从一个相对平衡的位置移到另一个位置。这说明滑移是通过位错的运动来实现的，如图 3-2 所示：另一面晶体中原子排列不是完全规则的，存在着一个刃型位错（晶体上半部多半个原子面），在切应力作用下，通过这个多余半个原子面从一侧到另一侧的运动，即位错自左向右移动时，每移出晶体一次即造成一个原子间距的变形量，由此实现整个晶体的塑性变形。

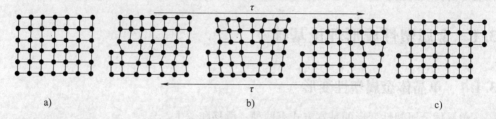

图 3-2　通过位错运动造成滑移的示意图

a）未变形　b）位错运动　c）塑性变形

通常使用的金属都是由大量微小晶粒组成的多晶体，其塑性变形可以看成是由组成多晶体的许多单个晶粒产生变形（晶内变形）的综合效果。同时，晶粒之间也有滑动和转动（称为晶间变形），如图 3-3 所示。每个晶粒内部都存在许多滑移面，因此整块金属的变形量可以比较大。低温时，多晶体的晶间变形不可过大，否则将引起金属的破坏。

（3）孪生　孪生是晶体的一部分相对于另一部分沿一定晶面（孪生面）和晶向（孪生方向）发生切变，如图 3-4 所示。其结果使孪生面两侧的晶体形成镜面对称。发生孪生的部分（即切变部分）叫做孪晶带或孪晶，其显微形态如图 3-5 所示。

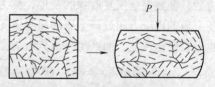

图 3-3　多晶体塑性变形示意图

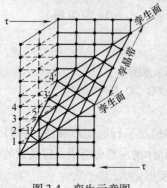

图 3-4　孪生示意图

图 3-5　锌中的孪晶带

孪生变形会在周围晶格中引起很大的畸变，因此产生的塑性变形量比滑移小得多，一般不超过 10%。但孪生引起晶体位向改变，因而促进滑移的发生。

综上所述，金属塑性变形的实质是：金属在外力作用下，晶粒产生一定的位移或者晶粒方向的转动，首先发生弹性变形，随着应力继续增加，继而发生弹塑性变形，这是滑移与位错综合作用的结果。

2. 金属固态塑性成形原理及工艺过程

在物理特征上，任何固体自身都具有一定的几何形状和尺寸，固态成形就是改变固体原有的形状和尺寸，从而获得所需的形状和尺寸的过程。

金属材料固态塑性成形原理即在外力作用下金属材料通过塑性变形，以获得具有一定形状、尺寸和力学性能的毛坯或者零件。可见，所有在外力下产生塑性变形而不破坏的金属材料，都有可能进行固态塑性成形。

要实现金属材料的固态塑性成形，必须要有两个基本条件：金属材料应具备一定的塑性；要有外力作用在固态金属材料上。

可见，金属材料的固态塑性成形受内、外两方面因素的制约，内在因素即金属本身能否进行固态塑性变形和变形抗力的大小；外在因素主要是外力大小、变形温度、变形速度和变形程度等。

金属材料中，低、中碳钢及大多数非铁金属的塑性较好，都可进行塑性加工；而铸铁、铸铝合金等材料塑性很差，不能或不宜进行塑性成形。

工业上实现金属材料的"固态塑变"的方法或技术叫金属压力加工——在外力作用下，使金属材料产生塑性变形从而改变其原有的坯料形状和尺寸，以获得所需形状、尺寸和力学性能的毛坯或零件。

工业生产中金属压力加工（金属塑性变形）工艺多种多样，主要有自由锻、模锻、板料冲压、轧制、挤压、拉拔等，其锻压生产方式示意图如图 3-6 所示。

（1）自由锻　将加热后的金属坯料置于锻压设备的上下砧间直接获得所需锻件形状及内部质量的加工方法，如图 3-6a 所示。

（2）模锻　将加热后的金属坯料置于具有一定形状和大小的锻模模腔内受冲击力或压力而塑性变形的加工方法，如图 3-6b 所示。

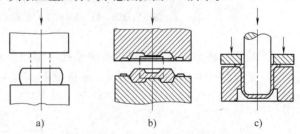

图 3-6　锻压生产方式示意图
a）自由锻　b）模锻　c）板料冲压

（3）板料冲压　金属板料在冲模之间受压产生分离或变形而形成产品的加工方法，如图 3-6c 所示。

（4）轧制　将金属通过轧机上两个相对回转的轧辊之间的空隙，进行压延变形成为型材（如钢、角钢、槽钢等）的加工方法，如图 3-7a 所示。轧制生产所用的坯料主要是金属锭，坯料在轧制过程中靠摩擦力得以连续通过而受压变形，结果坯料的截面减小，长度增加。

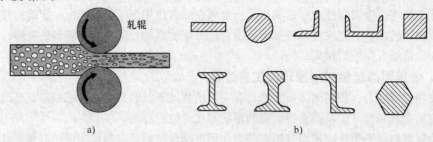

图 3-7　轧制及产品

a）轧制示意图　b）部分轧制产品截面形状图

（5）挤压　将金属置于一封闭的挤压模内，用强大的挤压力将金属从模孔中挤出成形的方法，如图 3-8a 所示。挤压过程中金属坯料的截面依照模孔的形状减小，坯料长度增加。挤压可以获得各种复杂截面的型材或零件。

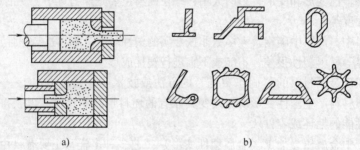

图 3-8　挤压及产品

a）挤压示意图　b）部分挤压产品截面形状示意图

（6）拉拔　将金属坯料拉过拉拔模模孔，而使金属拔长、其断面与模孔相同的加工方法。主要用于生产各种细线材、薄壁管和一些特殊截面形状的型材，如图 3-9所示。

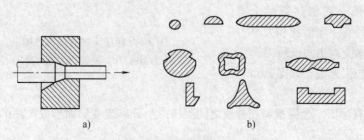

图 3-9　拉拔及产品

a）拉拔示意图　b）部分拉拔产品截面形状图

3.1.2 金属塑性成形的特点

1. 改善金属的内部组织、提高或改善力学性能等

金属材料经压力加工后,其组织、性能都得到了改善或提高,如热塑性变形加工能消除铸锭内部的气孔、缩孔和树枝状晶等缺陷;并由于金属的塑性变形和再结晶,可使粗大晶粒细化,得到致密组织,从而提高金属的力学性能。在零件设计时,若正确选用零件的受力方向与纤维组织方向,可以提高零件的抗冲击性能等。又如冷塑性变形加工能使变形后的金属制件具有加工硬化现象,使金属的强度和硬度大幅度提升,对于那些不能或不易用热处理方法提高强度和硬度的金属构件,可以利用金属在冷塑性变形过程中的加工硬化来提高构件的强度、硬度,同时还能提高经济效益;而且冷变形制成的产品尺寸精度高、表面质量好。

2. 材料的利用率高

金属塑性成形主要是靠金属的体积重新分配,而不需要切除金属,因而材料利用率高。

3. 较高的生产效率

塑性成形加工一般是利用压力机和模具进行成形加工的,生产效率高。例如,利用多工位冷镦工艺加工内六角螺钉,比利用棒料切削加工工效提高约 400 倍以上。

4. 毛坯或零件的精度较高

应用先进的技术和设备,可实现少切削或无切削加工。例如,精密锻造的锥齿轮,齿形部分可不经切削加工直接使用,复杂曲面形状的叶片精密锻造后只需要磨削便可达到需求精度等。

承受冲击或交变应力的重要零件(如机床主轴、齿轮、曲轴、连杆等)及薄壁件等,都应采用锻压生产的制品件。所以金属压力加工在机械制造、军工、航空、轻工、家用电器等行业中成为不可缺少的材料成形技术。例如,飞机上的塑性成形零件的质量分数占 85%;汽车、拖拉机上的锻压件质量分数占 60% ~ 80%。

其缺点在于:不能压力加工脆性材料(如铸铁、铸铝合金等)和形状特别复杂(尤其是内腔形状复杂)或体积特别大的毛坯或零件,另外,多数压力加工工艺的投资较大等。

3.1.3 金属塑性变形的影响因素

要对金属材料进行固态塑性成形,则须对金属在工业上实现这类过程的可能性和局限性做出正确的评价,以便于掌握其规律并加以合理运用。

金属塑性变形能力是用来衡量压力加工工艺好坏的主要工艺性能指标,称为金属塑性变形性能,也称为金属的可锻性,指金属材料在塑性成形加工时获得的优质毛坯或零件的难易程度。金属可锻性好,表明该金属适用于压力加工成形;可锻性差,说明该金属不宜选用塑性成形加工方法。衡量金属的塑性成形性,常从金属材料的塑性和变形抗力两个方面来考虑,材料的塑性越好,变形抗力越小,则材料的塑性成形性越好,越适

合压力加工。在实际生产中，往往优先考虑材料的塑性。金属材料可锻性取决于金属本身性质和成形加工条件等内外因素的综合影响。

1. 金属材料本身的性质

（1）材料化学成分的影响 化学成分不同的金属其可锻性是不同的。一般纯金属的可锻性比合金好，合金元素含量少的合金要比合金元素多的合金可锻性好，碳钢中碳含量越低，其可锻性越好；钢中含有形成碳化物的元素（如铬、钼、钨、钒等）时，其可锻性显著下降。

（2）金属组织的影响 金属内部的组织结构不同，其可锻性差别很大。纯金属及固溶体（如奥氏体）的可锻性好，而碳化物（如渗碳体）的可锻性差；铸态柱状晶组织和粗晶粒结构的可锻性不如晶粒细小而又组织均匀的可锻性好；固溶体组织比化合物机械混合物可锻性好。

2. 金属塑性成形加工条件

（1）变形温度的影响 就大多数金属材料而言，提高金属塑性成形温度，金属的塑性指标（伸长率 A 和断面收缩率 Z）随温度的增加而增加，使成形抗力降低，是改善或提高金属塑性成形性的有效措施。故热塑性变形中都要将温度升高到再结晶温度以上，不仅可以提高金属塑性、降低成形抗力，而且可使加工硬化不断被再结晶软化消除，金属的塑性成形性能进一步提高。

金属随着温度的升高，其力学性能变化较大。图 3-10 所示为低碳钢的力学性能随温度变化的关系。由图 3-10 可见，在 300℃ 以上，随着温度的升高，低碳钢的塑性指标 A 和 Z 上升，成形抗力下降。原因之一是金属原子在热能作用下，处于活跃的状态，很易进行滑移变形；其二是碳钢在加热温度位于如图 3-11 所示的 AESG 区时，其内部组织为单一奥氏体，而奥氏体的塑性特别好，故很适合于进行塑性成形加工。

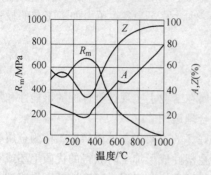

图 3-10 低碳钢力学性能与温度变化的关系

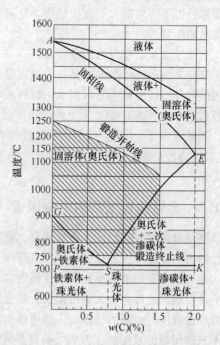

图 3-11 碳钢锻造温度范围

热塑变成形时，对金属的加热还应使金属在加热过程中不产生热裂纹、过热（加热温度过高，使金属晶粒急剧长大，导致金属塑性减小，塑性成形性能下降）、过烧、脱碳（如果加热温度接近熔点，会使晶界严重氧化甚至晶界低熔点物质熔化，导致金属的塑性变形能力完全消失）；另外，希望加热时间较短，既不会使晶粒长大塑性变形好又节约燃料等。为保证金属在热变形过程中具有最佳变形条件以及热变形后获得所要求的内部组织，须正确制订金属材料的热变形加热温度范围。例如，碳钢的热变形温度范围即锻造温度范围如图 3-11 中阴影所示。碳钢的始锻温度为固相（AE）线下 200℃ 左右为宜，过高会产生过热甚至过烧现象；终锻温度约为 800℃，过低会因出现加工硬化而使塑性下降，变形抗力剧增，变形难以进行，若强行锻造，可能会导致锻件破裂而报废。

（2）变形速度的影响　变形速度是指单位时间内变形程度的大小。它对金属塑变成形的影响比较复杂，一方面随着变形速度的增大，金属在冷变形时的变形强化趋于严重，热变形时再结晶来不及完全克服加工硬化，金属表现出塑性下降（见图 3-12），导致变形抗力增大；另一方面，当变形速度很大时（见图 3-12 中 a 点以后），金属在塑变过程中消耗于塑性变形的能量有一部分转换成热能，当热能来不及散发时，会使变形金属的温度升高，这种现象称为"热效应"，它有利于金属的塑性提高，变形抗力下降，塑性变形能力变好。因变形速度一般达不到高速

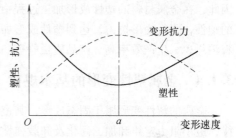

图 3-12　变形速度与塑性和变形
抗力之间的关系

变形的速度（a 点），所以不易出现热效应现象，高速锻锤等设备除外。图 3-12 所示为变形速度与变形抗力之间的关系。

在锻压加工塑性较差的合金钢或大截面锻件时，一般都应采用较小的变形速度，若变形速度过快会出现变形不均匀，造成局部变形过大而产生裂纹。

（3）应力状态的影响　金属材料在经受不同方法进行变形时，所产生的应力大小和性质（指压应力或拉应力）是不同的。例如，拉拔时为两向受压、一向受拉的状态，如图 3-13 所示；而挤压变形时为三向受压状态，如图 3-14 所示。

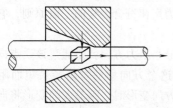

图 3-13　拉拔时金属应力状态

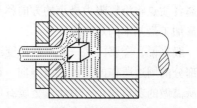

图 3-14　挤压时金属应力状态

实践证明，金属塑性变形时，3 个方向中压应力的数目越多，则金属表现出的塑性越好；拉应力的数目多，则金属的塑性就差。而且同号应力状态下引起的变形抗力大于

异号应力状态的变形抗力。当金属内部有气孔、小裂纹等缺陷时，在拉应力作用下，缺陷处易产生应力集中，导致缺陷扩展，甚至使其破裂。压应力会使金属内部摩擦增大，变形抗力也随之增大；但压应力使金属内原子间距减小，又不易使缺陷扩展，故金属的塑性得到提高。在锻压生产中，人们通过改变应力状态来改善金属的塑性，以保证生产的顺利进行。例如，在平砧上拔长合金钢锻件时，容易在毛坯心部产生裂纹，改用 V 型砧后，因 V 型砧侧向压力的作用，增加了压应力数目，从而避免了裂纹的产生。对某些非铁金属和耐热合金等，由于其塑性较差，常采用挤压工艺来进行开坯或成形。

（4）其他　如模具，模锻的模膛内应有圆角，这样可以减小金属成形时的流动阻力，避免锻件被撕裂或显微组织被拉断而出现裂纹；板料拉深和弯曲时，成形模具应有相应的圆角，才能保证顺利成形。又如润滑剂可以减小金属流动时的摩擦阻力，有利于塑性成形加工等。

综上所述，金属的塑性成形性既取决于金属的本质，又取决于成（变）形条件。因此，在金属材料的塑性成形加工过程中，力求创造最有利的变形加工条件，提高金属的塑性，降低变形抗力，达到塑性成形加工的目的。另外，还应使成形过程能耗低、材料消耗少、生产效率高、产品质量好等。

3.1.4　金属塑性变形的基本规律

金属的塑性变形属于固态成形，其遵循的基本规律主要有塑性变形时的体积不变规律，最小阻力定律和加工硬化及卸载弹性恢复规律等。

1. 塑性变形时的体积不变规律

金属材料在塑性变形前、后体积保持不变，称为体积不变定理（又叫质量守恒定理）。实际上金属在塑性变形过程中，体积总有些微小变化，如锻造钢锭时，因气孔、缩松的锻合，钢坯的密度略有提高，以及加热过程中因氧化生成的氧化皮耗损等。然而这些变化对比整个金属坯料是微小的，尤其是在冷塑性成形中，故一般可忽略不计。因此，依据体积不变规律，坯料在塑性成形工艺的工序中，一个方向的尺寸减小，必然在其他方向的尺寸有所增加，这就可确定各工序间坯料或制品的尺寸变化。

2. 最小阻力定律

最小阻力定律：金属在塑性变形过程中，如果金属质点有向几个方向移动的可能，则金属各质点将沿着阻力最小的方向移动。最小阻力定律符合力学的一般原则，它是塑性成形加工最基本的规律之一。

一般来说，金属内某一质点塑性变形时移动的最小阻力方向就是通过该质点向金属变形部分的周边所作的最短法线方向。因为质点沿这个方向移动时路径最短而阻力最小，所需做的功也最小，因此，金属有可能向各个方向变形时，则最大的变形将向着大多数质点遇到最小阻力的方向。

在锻造过程中，应用最小阻力定律可以事先判定变形金属的截面变化和提高效率。例如，镦粗圆形截面毛坯时，金属质点沿半径方向移动，镦粗后仍为圆形截面如图 3-15a 所示；镦粗正方形截面毛坯时，以对角线划分的各区域里的金属质点都垂直于周边向外移动。这是因为在镦粗时，金属流动距离越短，摩擦阻力也越小，沿四边垂直方向摩擦阻力最小，而沿对角线方向变形摩擦阻力增加，断面将趋于圆形，图 3-15b 所示为正方形坯料镦粗的情况。由于相同面积的任何形状总是圆形周边最短，因而最小阻力定律在镦粗中也称为最小周边法则。这就不难理解为什么正方形截面会逐渐向圆形变化，长方形截面会逐渐向椭圆形变化的规律了，如图 3-15 所示。

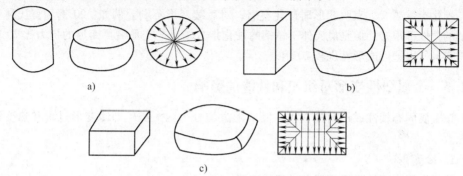

图 3-15　金属镦粗后外形及金属流向

a）圆形截面毛坯　b）正方形截面毛坯　c）长方形截面毛坯

通过调整某个方向的流动阻力来改变某些方向上金属的流动量，以便合理成形，消除缺陷。例如，在模锻中增大金属流向分型面的阻力，或减小流向型腔某一部分的阻力，可以保证锻件充满型腔。在模锻制坯时，可以采用闭式滚挤和闭式拔长模膛来提高滚挤和拔长的效率。又如，毛坯拔长时，送进量小，金属大部分沿长度方向流动；送进量越大，更多的金属将沿宽度方向流动，故对拔长而言，送进量越小，拔长的效率越高。另外，在镦粗或拔长时，毛坯与上、下砧铁表面接触产生的摩擦力使金属流动形成鼓形。

3. 加工硬化及卸载弹性恢复规律

金属在常温下随着变形量的增加，变形抗力增大，塑性和韧性下降的现象称为加工硬化。表示变形抗力随变形程度增大的曲线称为硬化曲线，如图 3-16 所示。由图可知，在弹性变形范围内卸载，没有残留的永久变形，应力、应变按照一直线回到原点，如图 3-16 所示的 OA 段。当变形超过屈服强度 A 进入塑性变形范围，达到 D 点时的应力与应变分别为 R_m、e，再减小载荷，应力-延伸率的关系将按另一直线 DC 回到 C 点，不再重复加载曲线经过的路线。

冷变形如果卸载后再重新加载，应力-延伸率曲线关系将沿直线 CD 逐渐上升，到达 D 点，应力 R_m 使材料又开始屈服，随后应力-延伸率关系仍按原加载曲线变化，所以 R_m 又是材料变形程度为 e 时的屈服强度。

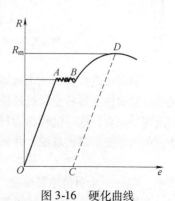

图 3-16　硬化曲线

硬化曲线可以用函数表达为

$$R = Ae^n$$

式中 A——与材料相关的系数，单位为 MPa；

   n——硬化指数；

   e——延伸率（％）。

硬化指数越大，表明变形时硬化显著，对后续变形不利。例如：20 钢和奥氏体不锈钢的塑性都很好，但是奥氏体不锈钢的硬化指数较高，变形后再变形的抗力比 20 钢大得多，所以塑性成形性也较 20 钢差。

3.1.5　金属塑性变形对组织和性能的影响

按金属固态塑性成形时的温度，其成形过程分为两大类，即冷变形过程和热变形过程。

1. 冷变形

是指金属在再结晶温度以下进行的变形。

在冷变形时，随变形程度的增加，金属材料的强度指标和硬度指标都有所提高，韧性和塑性有所下降。这种现象称为变形强化，也称加工硬化。但是这种变形强化是不稳定的，当变形后的金属加热到一定温度，因原子活动能力增强，使原子又回到平衡位置，晶内残余应力大大减小，这种现象称为回复。回复时不改变晶粒形状，如图 3-17 所示。其回复温度为

$$T_{回} = (0.25 \sim 0.3) T_{熔}$$

式中 $T_{回}$——金属恢复温度，单位为 K；

   $T_{熔}$——金属熔点温度，单位为 K。

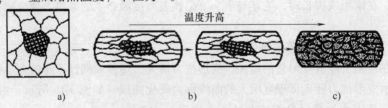

图 3-17　金属的回复和再结晶示意图

a）塑性变形后的组织　b）金属回复后的组织　c）再结晶组织

当温度继续升高到该金属熔点（热力学温度）的 0.4 倍时，金属原子获得更多的热能，使塑性变形后金属被拉长了的晶粒重新生核、结晶，变为与变形前晶格结构相同的新等轴晶粒，这一过程称为再结晶，如图 3-17 所示。再结晶可以完全消除塑性变形所引起的冷变形强化现象，并使晶粒细化，改善力学性能。纯金属的再结晶为

$$T_{再} = 0.4 T_{熔}$$

式中 $T_{再}$——金属再结晶温度，单位为 K。

利用金属的冷变形强化可提高金属的强度和硬度，这是工业生产中强化金属材料的

一种重要手段。例如：起重机用的钢丝绳，如果在出厂前拉伸一次，可使钢丝的承载能力有所提高。但是在塑性变形中，冷变形强化使金属的进一步变形变得困难。这就是为什么在拉深变形中，多次拉深的每次拉深前必须退火，恢复金属的塑性变形才能顺利进行拉深，否则会出现底部被拉穿而成废品。

冷变形制成的产品尺寸精度高、表面质量好。由于冷变形过程中的加工硬化现象，使金属材料的塑性变差，给进一步变形带来困难，故冷变形需重型和大功率设备；要求加工坯料表面干净、无氧化皮、平整等；另外，加工硬化使金属变形处电阻升高，耐蚀性降低等。

2. 热变形

热变形是指金属材料在再结晶温度以上塑性变形。

金属在热变形过程中，由于温度较高，原子的活动能力大，变形所引起的硬化随即被再结晶消除。

1）金属在热变形中始终保持着良好的塑性，可使工件进行大量的塑性变形；又因高温下金属的屈服强度较低，故变形抗力低，易于变形。

2）热变形使金属材料内部的缩松、气孔或空隙被压实，粗大晶粒组织结构被再结晶化，从而使金属内部组织结构致密细小，力学性能（特别是韧性）明显改善和提高。

3）塑性变形使金属材料内部晶粒、晶间的杂质和偏析元素沿金属流动的方向拉长，呈纤维状分布，形成了纤维组织，使金属材料的力学性能具有方向性。即金属在纵向（平行于纤维方向）塑性和韧性高，而抗切应力低；在横向（垂直于纤维方向）上，塑性和韧性低，而抗切应力强。因此，为了获得金属零件的最佳力学性能，都应使零件在工作中产生的最大正应力与纤维方向重合；最大切应力与纤维方向垂直并使纤维方向分布与零件的轮廓相符合，加工中纤维不被切断。

例如，为什么齿轮的毛坯都要用棒材镦粗，而不直接用板料加工，因板料做出来的齿轮不是每个齿的纤维方向都与切应力方向垂直，纤维方向不与受切应力方向垂直的齿可能被切断。如果用棒材镦粗，纤维成放射性，每个齿的纤维方向都与切应力方向垂直。

曲轴如果用棒料直接车削加工出来的纤维被切断，不仅使曲轴承载能力大大降低，而且材料浪费很大；重要的螺钉直接用棒料经车削加工出头部，就造成头部与杆部的纤维就被切断，受力时所产生的切应力顺着纤维方向，其螺钉的承载能力较弱，如图 3-18 所示。

3.1.6　变形程度的影响

塑性变形程度的大小对金属组织和性能有较大的影响。变形程度过小，起不到细化晶粒、提高金属力学性能的目的；变形程度过大，不仅不会使力学性能再增高，反而可能会使力学性能恶化。因为金属脆性增加，所以当超过金属允许的变形极限时，将会出现开裂等缺陷。

锻造过程中常用锻造比（Y）来表示变形程度：

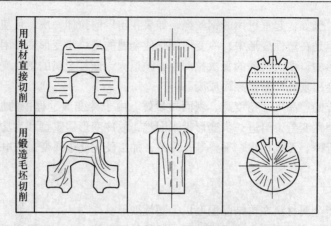

图 3-18　不同工艺方法对纤维组织形状的影响

拔长：$Y_{锻} = S_0/S$（S_0、S 分别表示拔长前、后金属坯料的横截面积）；

镦粗：$Y_{锻} = H_0/H$（H_0、H 分别表示镦粗前、后金属坯料的横截面积）。

碳素结构钢的锻造比在 2 ~ 3 范围选取，合金结构钢的锻造比在 3 ~ 4 范围选取，高合金工具钢（如高速钢）组织中有大块碳化物，需要大锻造比（$Y_{锻} = 5 \sim 12$），采用交叉锻，才能使钢中的碳化物分散细化。以钢材为坯料锻造时，因材料轧制时组织和力学性能已经得到改善，锻造比一般取 1.1 ~ 1.3 即可。

3.2　锻造成形

3.2.1　自由锻

1. 自由锻工艺特征

1）成形过程中坯料整体或局部塑性成形，除与上下砧铁接触的金属部分受到约束外，金属坯料在水平方向能自由变形流动，不受限制，故无法精确控制变形程度。自由锻锻件的形状和尺寸取决于操作者的技术水平，自由锻可锻的锻件质量由不足 1kg 到 300t。在重型机械制造中，也是生产大型和特大型锻件的唯一成形方法。

2）自由锻要求被成形材料具有良好的塑性，其精度和表面品质差，故自由锻适用于形状简单的单件或小批量生产，自由锻是重型、大型锻件唯一成形方法。

3）自由锻可使用多种锻压设备（空气锤、蒸汽锤、机械压力机、水压机等），其锻造所用工具简单且通用性大，操作性方便。但是，自由锻生产率低、金属损耗大、劳动条件较差等。

2. 自由锻成形工艺过程

自由锻成形工艺流程如图 3-19 所示。

（1）绘制自由锻工艺图　自由锻工艺图是以零件图为基础结合自由锻过程特征绘制的技术资料。一个零件的毛坯若是用自由锻生产，则应根据零件图中所示零件的形状及尺寸、技术要求、生产批量以及所具有的生产条件和能力，结合自由锻过程中各种因素，用不同色彩线条直接绘制在图样上或用文字标注在图样上，这就得到自由锻工艺图，又叫锻件图。绘制锻件图是进行自由锻生产必不可少的技术准备工作，锻件图是组织生产过程、制订操作规范、控制和检查产品品质的依据。

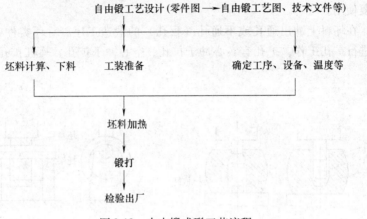

图 3-19　自由锻成形工艺流程

绘制锻件图要考虑下列几个因素。

1）敷料。敷料是为了简化锻件形状便于锻造而增添的金属部分。由于自由锻只适宜于锻制形状简单的锻件，故对零件上一些较小的凹档、台阶、凸肩、小孔、斜面、锥面等都应进行适当简化，以减少锻造的困难，提高生产率。

2）机加工余量。由于自由锻锻件的尺寸精度低、表面质量较差，需再经切削加工才能成为零件，所以在零件的加工表面上增加供切削加工用的金属部分，称为机加工余量。锻件机加工余量的大小与零件的形状、尺寸、加工精度、表面粗糙度等因素有关。通常中小型自由锻锻件的加工余量为 5～8mm，它与生产的设备、工装精度、加热的控制和操作技术水平有关，零件越大，形状越复杂，则余量越大。

3）锻件公差。锻件公差是锻件名义尺寸的允许变动量。因为锻造操作中掌握尺寸有一定困难，外加金属的氧化和收缩等原因，使锻件的实际尺寸总有一定的误差。规定锻件的公差，有利于提高生产率。中小型自由锻锻件的公差一般为 3～4mm。

自由锻锻件机加工余量和自由锻锻件公差的具体数据可查锻造手册。

为了使锻工了解零件的形状和尺寸，有些工厂或企业直接在零件图上绘制锻件图，有些则另绘制锻件图并在锻件图上用双点画线画出零件主要轮廓形状，并在锻件尺寸下面用括弧标注出零件的名义尺寸。

（2）选择锻造工序、确定锻造温度和冷却规范　包括以下 3 点：

1）选择锻造工序。自由锻中可进行的工序较多，通常分为基本工序、辅助工序和精整工序三大类。自由锻的基本工序是使坯料产生一定程度的热变形，逐渐形成锻件所需形状和尺寸的成形过程。主要有以下几种：

镦粗：使坯料高度减小而截面增大的锻造工序，是自由锻中最常用的工序，适用于饼块、盘套类锻件的生产。

拔长：使坯料截面减小而长度增大锻造工序，适用于轴类、杆类锻件的生产。为达到规定的锻造比和改变金属内部组织结构，锻制以钢锭为坯料的锻件时，拔长经常与镦粗交替反复使用。

冲孔：在坯料上冲出通孔或不通孔（盲孔）的锻造工序。对环类件中的较大孔，冲孔后须进行扩孔工作。扩孔有实心冲子扩孔、空心冲子扩孔、马杠扩孔，如图3-20所示。

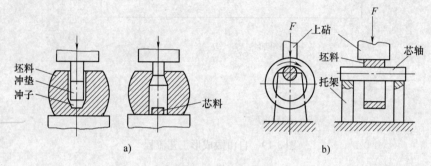

图 3-20　扩孔方法
a）实心冲子扩孔　b）马杠扩孔

切割：将坯料分成几部分或部分地隔开，或从坯料的外部割掉一部分的锻造工序。

弯扭：将坯料的一部分相对另一部分绕其轴线旋转一定角度的锻造工序。

错移：将坯料的一部分相对另一部分错移开，但仍保持轴心平行的锻造工序，是生产曲拐或曲轴的必需工序。

辅助工序是为了基本工序便于操作而进行的预先变形工序，如压钳口、压肩、倒棱等。

精整工序是用以改善锻件表面质量而进行的工序，如整形、清除表面氧化皮等。精整工序用于要求较高的锻件，它在终锻温度以下进行。

选择自由锻工序是根据锻件形状和要求来确定的。对一般锻件的大致分类及所采用的工序见表3-1。

表 3-1　锻件分类及锻造用工序

锻件类别	图例	锻造用工序
盘类锻件		镦粗、冲孔、压肩、整修
轴及杆类锻件		拔长、压肩、整修

（续）

锻件类别	图例	锻造用工序
筒及环类锻件		镦粗、冲孔、在芯轴上拔长（或扩孔）、整修
弯曲类锻件		拔长、弯曲
曲拐轴类锻件		拔长、分段、错移、整修
其他复杂锻件 （如图例所示）		拔长、分段、镦粗、冲孔、整修

2）确定锻造温度和冷却规范。金属的锻造是在一定温度范围内进行的。一些常用金属材料的锻造温度范围见表 3-2。

表 3-2　常用金属材料的锻造温度范围

合金种类		始锻温度/℃	终锻温度/℃
碳素钢	15，25，30	1200～1250	750～800
	35，40，45，60，65，T8，T10	1200 或 1100	800
合金钢	合金结构钢	1150～1200	800～850
	低合金工具钢	1100～1150	850
	高速钢	1100～1150	900
非铁金属	H68 黄铜	850	700
	硬铝	470	380

各种坯料加热的常用设备为箱式加热炉（利用煤或重油等燃烧产生的热能或利用电能加热金属坯料）和结构简单的手锻炉（俗称小烘炉）。

为缩短加热时间，对塑性良好的中小型低碳钢坯料，把冷的坯料直接送入高温的加热炉中，尽快加热到始锻温度。这样不仅可以提高生产效率，还可以减小坯料的氧化和钢的表面脱碳，并防止过热。但快速加热会使坯料产生较大的热应力，甚至可能会导致内部裂纹。因此，对热导率和塑性较低的大型合金钢坯料，常采用分段加热，即先将坯料随炉升温至 800℃ 左右，并适当保温以待坯料内部组织和内外温度均匀，然后再快速升温至始锻温度并在此温度保温，待坯料内外温度均匀后出炉锻造。

锻造后锻件的冷却也须注意。锻好的锻件仍有较高的温度，冷却时由于表面冷却快，内部冷却慢，使锻件表里收缩不一致，可能会使一些塑性较低或大型复杂锻件产生变形或开裂等缺陷。

锻件冷却方式常有以下 3 种方法：①直接在空气中冷却（简称空冷），此方法多用于低碳钢和中碳钢的锻造；②在炉灰或干砂中缓冷，多用于中碳钢、高碳钢和大多数低合金钢的中型锻件；③随炉缓冷，锻后随即将锻件放入 500 ~ 700℃ 的炉中随炉缓冷，多用于中碳钢和低碳合金钢的大型锻件以及高合金钢的重要锻件。

3）锻造设备的选择。中、小型自由锻件所采用的锻造设备主要是空气锤。常用空气锤吨位的选择见表 3-3 或查锻造手册。

表 3-3 常用空气锤吨位选择用参考表

锤的吨位/kg	150	250	400	560
锻件质量/kg	6	10	26	40

（3）自由锻典型过程 盘类锻件的锻造过程和轴类锻件的锻造过程如下：

1）盘类锻件的锻造过程，以双联齿轮为例，其锻件图见表 3-4。可知其属于盘类锻件，自由锻工艺的基本工序有镦粗、拔长、滚圆，辅助工序有压肩；坯料可计算，锻造温度和设备等可查表或锻造手册。其锻造工艺过程卡见表 3-4。

表 3-4 双联齿轮自由锻过程卡

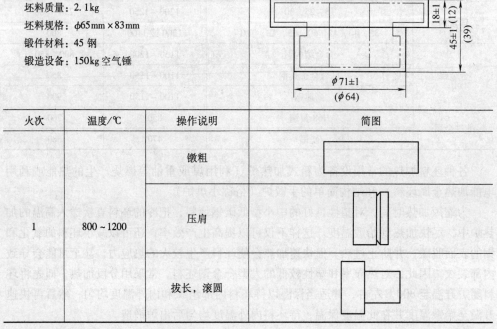

火次	温度/℃	操作说明	简图
		镦粗	
1	800 ~ 1200	压肩	
		拔长，滚圆	

注：火次是指坯料或半成品的加热次数。

2）轴类锻件的锻造过程，以齿轮轴为例，其锻件图见表 3-5。可知其属于阶梯轴类锻件，自由锻工艺的基本工序有拔长、滚圆，辅助工序有压肩；坯料可计算，锻造温度和设备等可查表或锻造手册。其锻造工艺过程卡见表 3-5。

表 3-5　齿轮轴自由锻过程卡

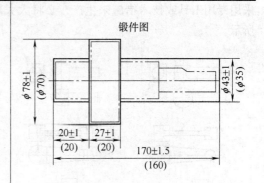

锻件名称：齿轮轴

坯料质量：2.8kg

坯料规格：φ90mm×60mm

锻件材料：40Cr

锻造设备：150kg 空气锤

火次	温度/℃	操作说明	简图
		压肩	
		拔长，滚圆	
1	800～1200	压肩	
		拔长，滚圆	

注：火次是指坯料或半成品的加热次数。

3. 自由锻件结构技术特征

自由锻造金属固态塑性成形的生产过程，由于受固态金属材料本身的塑性和外力的限制，加之自由锻过程的特点，使自由锻件的几何形状受到很大限制。因此，在保证使用性能的前提下，为简化锻造工艺过程，保证锻件质量，提高生产率，在零件结构设计时应尽量满足自由锻的技术特征要求。对于用自由锻制作毛坯的零件，其结构设计应注意以下原则：

1）自由锻件上应避免锥体、曲线或曲面交接以及椭圆形、工字形截面等结构。因为锻造这些结构须制备专用工具，锻件成形也比较困难，锻造过程复杂，操纵极不方便，如图 3-21 所示。

2）自由锻件上应避免加强筋、凸台等结构，因为这些结构难以用自由锻获得。若采用专用工具或技术措施来生产，必将大大增加锻件成本，降低生产效率，如图 3-22 所示。

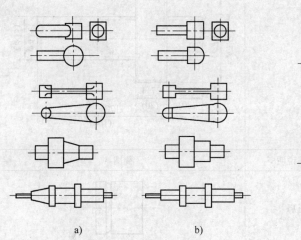

图 3-21　轴杆类锻件结构比较

a）成形性差的结构　b）成形性好的结构

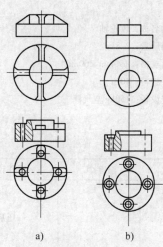

图 3-22　盘类锻件结构比较

a）成形性差的结构　b）成形性好的结构

当锻件的横截面有急剧变化或形状复杂时，可采用特别的技术措施或工具；或者将其设计成几个简单件构成的组合件，锻造后再用焊接或机械连接方法将几个简单锻件连成整体件，如图 3-23 所示。

图 3-23　复杂件结构

a）成形性差的结构　b）成形性好结构

3.2.2　模锻

模锻是将加热的坯料置于锻模模膛内，然后施加冲击力或压力使坯料发生塑性变形从而获得锻件的锻造成形工艺方法。

1. 模锻成形过程特征

1）模锻时坯料是整体塑性成形，坯料三向受压。坯料置于固定锻模模膛中，当动模做合模运动时（一次或多次），坯料发生塑性变形并充满模膛，随后，模锻件由顶出机构顶出模膛。热成形要求被成形材料在高温下具有较好的塑性，而冷成形则要求材料具有足够的室温塑性。热成形过程主要是模锻，可生产各种形状的锻件，锻件形状仅受成形过程、模具条件和锻造力的限制。

2）模锻件的精度和表面质量除锻模的精度和表面质量外，还取决于氧化皮的厚度和润滑剂等，一般都符合要求，但要得到零件配合面最终精度和表面质量，还须再进行精加工（如车削、铣削、刨削等）；冷成形件则可获得较好的精度（≈±0.2mm）与表面质量，几乎可以不再进行或少进行机械加工。

3）模锻可使用多种锻压设备（蒸汽锤、机械压力机、液压机、卧式机械镦锻机等），所需设备要根据生产量和实际采用的成形工艺来选择。

鉴于模锻的优点，它广泛应用于飞机、机车、汽车、拖拉机、军工、轴承等制造业中。据统计，如按质量计算，飞机上的锻件中模锻件约占 85%，轴承上约占 95%，汽车上约占 80%，坦克上约占 70%，机车上约占 60%。最常见锻件的零件是齿轮、轴、连杆、杠杆、手柄等，但模锻常限于 150kg 以下的零件。冷成形工艺（冷镦、冷锻）主要生产一些小型制品或零件，如螺钉、钉子、铆钉、螺栓等。由于锻模造价高，制造周期长，故模锻仅适宜于大批量生产。

2. 模锻工艺过程

模锻生产工艺流程图 3-24 所示。

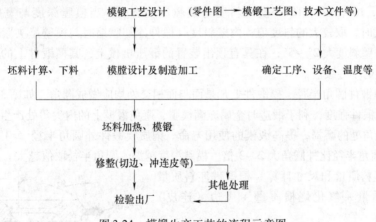

图 3-24 模锻生产工艺的流程示意图

绘制模锻工艺图，如前所述，模锻工艺图是生产过程中各个环节的指导性文件。在制订模锻工艺图时应考虑以下几个因素。

（1）分模面 即上、下锻模在锻件上的分界面，它类似于铸造中的分型面。锻件分模面选择得好坏直接影响到锻件的成形、锻件出模、锻模结构及制造费用、材料利用率、切边等一系列问题。在制订模锻工艺时，须遵照下列原则确定分模面位置。

1）要保证模锻件易于从模腔中取出，故通常分模面选在模锻件最大截平面上。

2）所选定的分模面应能使模腔的深度最浅，这样有利于金属充满模腔，便于锻件的取出和锻模的制造。

3）选定的分模面能使上下两模沿分模面的模腔轮廓一致，这样在安装锻模和生产中发现错模现象时，便于及时调整锻模位置。

4）分模面最好是平面，且上下锻模的深度尽可能一致，这样便于锻模制造。

5）所选分模面尽可能使锻件上下所加的敷料最少，这样既可提高材料的利用率，又减少了切削加工的工作量。

如图 3-25 中 c-c 面就满足上述原则。

（2）机加工余量、锻件公差和敷料　模锻件的尺寸精度较好，其余量和公差比自由锻件的小得多。小型模锻件的加工余量一般为 2 ~ 4mm，锻件公差一般为 ±0.5 ~ ±1mm。模锻加工余量及模锻件公差可查锻造手册或其他工程手册。

对于孔径 d > 25mm 的模锻件，孔应锻出，但须留冲孔连皮；冲孔连皮厚度与孔径有关，当孔径在 ϕ30 ~ ϕ80mm 时，连皮厚度为 4 ~ 8mm。

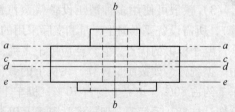

图 3-25　模锻件分模面选择比较图

（3）模锻斜度　模锻件上凡平行于锻压方向的表面（或垂直于分模面的表面）都须具有斜度，如图 3-26 所示，这样便于从模膛中取出锻件。常用的模锻斜度系列为：3°、5°、7°、10°、12°、15°。模锻斜度与模膛深度有关，当模膛深度与宽度的比值（h/b）越大时，取较大的斜度值；内壁斜度（锻件冷却收缩时与模壁呈夹紧趋势的表面）应比外壁斜度大 2° ~ 5°；在具有顶出装置的锻压机械上，其模锻件上的斜度比没有顶出装置的小一级。

（4）模锻件圆角半径　模锻件上凡是面与面相交处均应做成圆角，如图 3-26 所示，这样可增大锻件强度，利于锻造时金属充满模膛，避免锻模上的内尖角处产生裂纹，减缓锻模外尖角处的磨损，提高锻模的使用寿命。钢质模锻件外圆角半径（r）取 1.5 ~ 12mm，内圆角半径比外圆角大 2 ~ 3 倍。模膛深度越深，圆角半径取值越大。

（5）坯料质量和尺寸计算　模锻件坯料质量 = 模锻件质量 + 氧化烧损质量 + 飞边（连皮）质量。

飞边质量的多少与锻件形状和大小有关，一般可按锻件质量的 10% ~ 20% 计算。氧化烧损按锻件质量和飞边质量综合的 3% ~ 4% 计算。

其他规则可参照自由锻件坯料质量及尺寸计算。

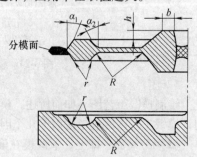

图 3-26　模锻斜度及模锻件圆角

（6）模锻工序的确定　模锻工序与锻件的形状、尺寸有关。由于每个模锻件都必须有终锻工序，所以工序的选择实际上就是制坯工序和预锻工序的确定。

1）轮盘类模锻件，指圆形或宽度接近于长度的锻件，如齿轮锻件、十字接盘、法兰盘锻件等，如图 3-27、图 3-28 和图 3-29 所示。这类模锻件终锻时采用镦粗的方式，材料在长度（径向）、宽度方向均产生流动。

一般的轮盘类模锻件采用镦粗和终锻工序；对于一些高轮毂、薄轮辐等模锻件，采用镦粗—预锻—终锻工序，如图 3-29 所示。

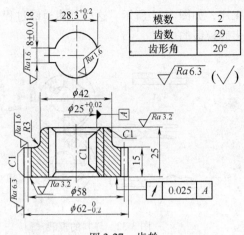

模数	2
齿数	29
齿形角	20°

图 3-27　齿轮

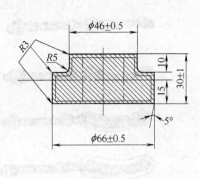

图 3-28　齿轮模锻件

长轴类模锻件选择工序有：①预锻—终锻；②滚压—顶锻—终锻；③拔长—滚压—顶锻—终锻；④拔长—滚压—弯曲—顶锻—终锻等。

2）长轴类模锻件，这类锻件的长度与宽度之比较大，终锻时金属沿高度与宽度方向流动，沿长度方向流动不大。工序越多，模锻的模膛就越多，这样，模锻的设计及制造就越困难，成本也就越高。

长轴类锻件如主轴、传动轴、转轴、销轴、曲轴、连杆、杠杆、摆杆锻件等，如图3-30 所示。这类模锻件的形状多种多样，通常模锻件沿轴线在宽度或直径方向上的变化较大，这样一来就给模锻件带来一定的不便和难度。因此，长轴类模锻件的成形比轮盘类模锻件困难，模锻工序也较多，模锻过程也较复杂。

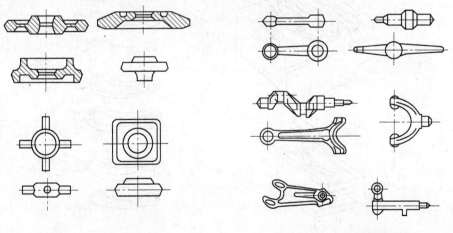

图 3-29　轮盘类锻件　　　　　　　　图 3-30　长轴类锻件

模锻件的成形过程工序的多少与零件的结构设计、坯料形状及制坯手段等有关系。

由于在锻压机上不适宜进行拔长和滚压工序，因此锻造截面变化较大的长轴类锻件时，常采用断面呈周期性变化的坯料，如图 3-31 所示，这样可省去拔长和滚压工序；

或者用辊锻来轧制原坯料代替拔长和滚压工序，如图 3-32 所示。这样可使模锻过程简化，生产率提高。图 3-33 所示为弯曲连杆多膛模锻的过程。

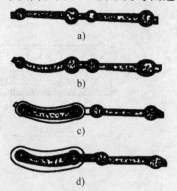

图 3-31　周期性断面坯料模锻

a）周期性轧制坯料　b）弯曲　c）顶锻　d）终锻

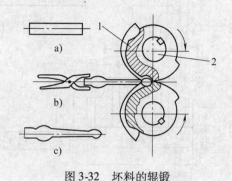

图 3-32　坯料的辊锻

a）原料　b）辊锻　c）坯料

1—扇形辊锻模　2—辊锻

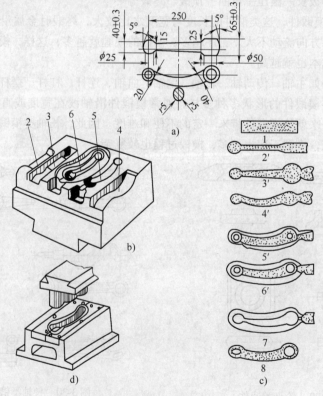

图 3-33　弯曲连杆多膛模锻

a）锻件图　b）锻模　c）模锻过程　d）切边模

1—料坯　2—拔长模膛　2′—拔长　3—滚压模膛　3′—滚压　4—弯曲模膛　4′—弯曲

5—预锻模膛　5′—预锻　6—终锻模膛　6′—终锻　7—切边　8—锻件

（7）修整工序　由锻模模膛锻出的模锻件，尚需经过一些修整工序才能得到符合要求的锻件。修整工序有以下几种。

1）切边与冲孔。刚锻制成的模锻件，通常其周边都带有横向飞边，有通孔的锻件还有连皮，须用切边模和冲孔模在压力机上将飞边和连皮从锻件上切除。

对于较大的模锻件和合金钢模锻件，常利用模锻后的余热立即进行切边和冲孔，其特点是所需切断力较小，但锻件在切边和冲孔时易产生轻度的变形；对于尺寸较小的和精度要求较高的锻件，常在冷态下切边和冲孔，且特点为切断后锻件切面较整齐，不易产生变形，但所需切断力较大。

切边模和冲孔模由凸模和凹模组成，如图 3-34 所示。切边凹模的通孔形状和锻件在分模面上的轮廓一样；一般凸模工作面的形状与锻件上部外形相符。冲孔凹模作为锻件的支座，应使锻件放在模中能对准冲孔中心，冲孔连皮从凹模孔落下。

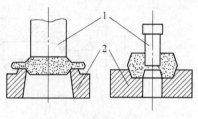

图 3-34　切边模和冲孔模
1—凸模　2—凹模

当锻件批量很大时，切边和冲连皮可在一个较复杂的复合式连续模上联合进行。

2）校正。在切边及其他工序中可能引起锻件变形，因此对许多锻件特别是形状复杂的锻件在切边（冲连皮）之后还需进行校正。校正可在锻模的终锻模膛或专门的校正模膛内进行。

3）热处理。模锻件进行热处理的目的是为了消除模锻件的过热组织或加工硬化组织、内应力等，使模锻件具有所需组织和性能。热处理一般用正火或退火。

4）清理。清理时去除在生产过程中形成的氧化皮、所沾油污及其他表面缺陷，以提高模锻件的表面质量。清理有下列几种方法：滚筒清理、喷丸清理、酸洗等。

①滚筒清理。将锻件装入旋转的滚筒内，靠锻件互相撞击打落氧化皮、光洁表面等，此法缺点是噪声大，刚性差的锻件可能产生变形。故一般适宜清理小件。

②喷丸清理。喷丸清理是在有机械化装置的钢丸喷射机上进行，清理时锻件一边移动一边翻转，同时受到 $\phi 0.8 \sim \phi 1.5 mm$ 钢丸的高速冲击。这种设备生产率高，清理质量好且锻件表面留有残余压应力，但其投资较大。

③酸洗。酸洗是在温度大约为 55℃、浓度为 18% ~22% 的稀硫酸溶液中进行，酸洗后的锻件须立即在 70℃ 的水中洗涤。酸洗中因酸液挥发、飞溅等，会污染空气和环境，且劳动条件较差，故应用不多。

对于要求精度高和表面粗糙度值低的模锻件，除进行上述各修整工序外，还应在压力机上进行精压，如图 3-35 所示。

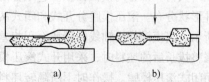

a)　　　　　　b)

图 3-35　精压
a) 平面精压　b) 整体精压

（8）锻模模膛　由以上模锻工序可知，模膛按其功用分为模锻模膛和制坯模膛两大类。

1）模锻模膛。模锻模膛分为终锻模膛和预

锻模膛两种。终锻模膛的作用是使坯料最后变形到锻件所要求的形状和尺寸。它的形状与锻件形状相同。

因锻件冷却时要收缩，终锻模膛的尺寸应比锻件尺寸放大一个收缩量，一般钢件收缩量取 1.2% ~ 1.5%。另外，沿模膛四周有飞边槽，飞边槽的作用主要是促使金属充满模膛，增加金属从模膛中流出的阻力，同时容纳多余的金属。对于有通孔的锻件，由于不可能靠上、下模的突出部分把金属完全挤出形成通孔，故终锻后孔内留下一薄层金属即连皮。把飞边槽和连皮切除后，才能得到模锻件。飞边槽如图 3-36 所示。

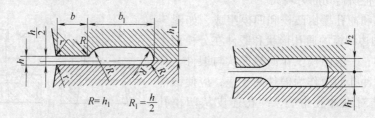

$$R = h_1 \qquad R_1 = \frac{h}{2}$$

图 3-36　飞边槽的基本结构形式

注：1. 飞边槽除基本结构形式外，还有其他结构形式。
　　2. 飞边槽的尺寸与模锻件的材质、设备吨位有关，可查阅锻造手册。

预锻模膛的作用是使坯料变形到接近于锻件的形状和尺寸，这样在进行终锻时，金属容易充满终锻模膛，同时也减小了终锻模膛的磨损，延长其使用寿命。预锻模膛和终锻模膛的主要区别是，前者的圆角和斜度较大，没有飞边槽。对于形状简单或批量不太大的模锻件可不设置预锻模膛。

2）制坯模膛。对于形状复杂的模锻件（尤其是长轴类模锻件），为了使坯料形状基本接近模锻件形状，使金属能合理分布和很好地充满模膛，须预先在制坯模膛内制坯，然后再进行预锻和终锻。制坯模膛有以下几种：

①拔长模膛。它用来减小坯料某部分的横截面积，以增加该部分的长度，如图 3-37 所示。当模锻件沿轴向横截面相差较大时，用这种模膛进行拔长。此模膛一般设置在锻模的边缘，操作时坯料除送进外还需翻转。

②滚压模膛。用来减小坯料某部分的横截面积，以增大另一部分的横截面积。它主要是使金属按模锻件形状分布。滚压模膛分开式和闭式两种，如图 3-38所示。当模锻件沿轴线的横截面积相差不是很大或作

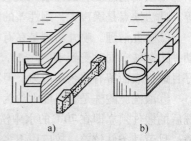

图 3-37　拔长模膛
a）开式　b）闭式

修整拔长后的坯料时，采用开式滚压模膛；当模锻件的最大和最小截面相差较大时，采用闭式滚压模膛。操作时不断翻转坯料。

③弯曲模膛。对于弯曲的杆类模锻件，需用弯曲模膛来弯曲坯料。坯料可直接或先经其他制坯工序后再放入弯曲模膛内进行弯曲变形，如图 3-39 所示。

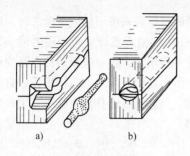

图 3-38　滚压模膛
a）开式　b）闭式

图 3-39　弯曲模膛

④切断模膛。它是在上模与下模的角部组成的一对刀口，用来切断金属，如图 3-40 所示。单件锻造时，用它从坯料上切下锻件或从锻件上切下钳口部金属；多件锻造时，用它来分离成单个零件。

此外，还有成形模膛、镦粗台及击扁面等制坯模膛。由于制坯模膛增加了锻模体积和制坯加工难度，加之有些制坯工序（如拔长、滚压等）在锻压机上不宜进行，故对截面变化较大的长轴模锻，目前多用辊锻机或楔横轧机轧制原（坯）料以替代制坯工序，从而大大简化模锻。

图 3-40　切断模膛

根据模锻件的复杂程度，所需变形的模膛数量不等，可将锻模设计成单膛锻模或多膛锻模。单膛锻模是在一副锻模上只有一个模膛，如齿轮坯模锻件就可将截下的圆柱形坯料直接放入单膛锻模中成形。多膛锻模是在一副锻模上具有两个以上模膛的锻模。如图 3-33 所示的弯曲连杆模锻件的锻模即为多膛模锻。锻模的模膛数越多，设计、制造就越难，成本也就越高。

（9）金属在模膛内的变形过程　将金属坯料置于终锻模膛内，从锻造开始到金属充满模膛锻成锻件为止，其变形过程可分为 3 个阶段。现以锤上模锻盘类锻件为例来说明。

第一阶段为充型阶段。在最初的几次锻击时，金属在外力作用下发生塑性变形，坯料高度减小，水平尺寸增大，并有部分金属压入模膛深处。这一阶段直到金属与模膛侧壁接触达到飞边槽桥口为止，如图 3-41a 所示。在这一阶段，模锻所需的变形力不大，变形力与行程的关系如图 3-41d 所示。

第二阶段为形成飞边和充满阶段。在继续锻造时，由于金属充满模膛圆角和深处的阻力较大，金属向阻力较小的飞边槽内流动，形成飞边。此时，模锻所需的变形力开始增大。随后，金属流入飞边槽的阻力因飞边变冷而急剧增大，这个阻力一旦大于金属充满模膛圆角和深处的阻力，金属便向模膛圆角和深处流动，直到模膛各个角落都被充满为止。如图 3-41b 所示，这一阶段的特点是飞边完成强迫充填的作用。由于飞边的出现，变形力迅速增大，如图 3-41d 中 P_1P_2 线。

第三阶段为锻足阶段。如果坯料的形状、体积以及飞边槽的尺寸等工艺参数都设计得恰当，则当整个模腔被充满之时，正好就是锻到锻件所需高度而结束锻造之时，如图3-41c所示。但是，由于坯料体积总是不够准确且往往都偏多或者飞边槽阻力偏大，因而，虽然模腔已经充满，但上下模还未合拢，需进一步锻足。这一阶段的特点是变形仅发生在分模面附近区域，以便向飞边槽挤出多余金属，此阶段变形力急剧增大，直至达到最大值为止，如图3-41d中的P_2P_3线。由上可知，飞边有3个作用：强迫充填；容纳多余的金属；减轻上模对下模的打击，起缓冲作用。

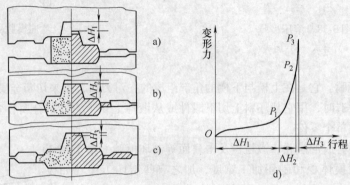

图3-41 金属在模腔内的变形过程

a) 充型 b) 形成飞边及充满 c) 锻足 d) 变形力与行程关系曲线

影响金属充满模腔的因素有以下几点。

1) 金属的塑性和变形抗力。显然塑性高、变形抗力低的金属较易充满模腔。

2) 金属模锻时的温度。金属的温度高，则其塑性好、抗力低，易于充满模腔。

3) 飞边槽的形状和位置。飞边槽部宽度与高度之比（b/h）及槽部高度h是主要因素。b/h越大，h越小，则金属在飞边流动阻力越大。强迫充填作用越大，变形抗力也越大。

4) 锻件的形状和尺寸。具有空心、薄壁或凸起部分的锻件难于锻造。锻件尺寸越大，形状越复杂，则越难锻造。

5) 设备的工作速度。一般而言，工作速度较快的设备其充填性较好。

6) 充填模腔方式。镦粗比挤压易充模。

为了确保锻件品质，利于模锻生产和降低成本、提高生产效率，设计模锻件时，应在保证零件使用要求的前提下，结合模锻工艺过程特点，使零件结构符合下列原则。

1) 模锻零件必须具有一个合理的分模面，以保证模锻件易于从锻模中取出、敷料最少、锻模制造容易。

2) 零件外形力求简单、平直和对称，尽量避免零件截面间差别过大，或具有薄壁、高筋、高凸起等结构，以便于金属充满模腔和减少工序。

3) 尽量避免有深孔或多孔结构。

4) 在可能的情况下，对复杂零件采用锻、焊结合，以减少敷料，简化模锻过程。

图3-42所示为模锻时零件结构技术特征（又叫工艺性）差的零件。对于这些结构，

若允许的话最好改进结构，若不允许或有困难的话，可用敷料解决。另外，可考虑锻-焊组合结构。

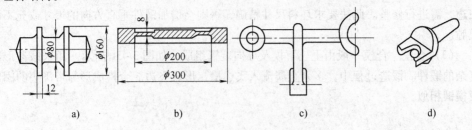

图 3-42　结构工艺性差的锻件

a）阶梯轴类　b）法兰类　c）丁形类　d）柱板结构类

3. 胎模锻造

胎模锻造是在自由锻造设备上使用不固定在设备上的各种单模腔模具，直接将已经加热的坯料（或用自由锻方法预锻成接近锻件形状的坯）用胎模终锻成形。它广泛用于中、小批量的中、小型锻件的生产。

与自由锻相比，胎模锻具有锻件品质好（表面光洁、尺寸较精确、纤维分布合理）、生产率高和节约金属等优点。

与固定锻模的模锻相比，胎模锻具有操作比较灵活、胎模模具简单、容易制造加工、成本低、生产准备周期短等优点。它的主要缺点有：相比模锻件胎模锻件的表面品质较差、精度较低、所留的机加工余量大、操作者劳动强度大、生产率和胎模寿命较低等。

胎模的种类较多，主要有以下几种：

（1）扣模　用于锻造非回转体锻件，具有敞开的模腔，如图 3-43a 所示。锻造时工件一般不翻转，不生产飞边。既用于制坯，也用于成形。

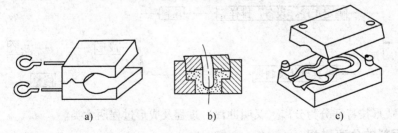

图 3-43　胎模类型

a）扣模　b）套筒模　c）合模

（2）套筒模　主要用于回转体锻件如齿轮、法兰等，有开式和闭式两种。

开式套筒模一般只有下模（套筒和垫块），没有上模（锤砧代替上模）。其优点为结构简单，可以得到很小或不带模锻斜度的锻件。取件时一般要反转 180°。缺点是对上、下砧的平行度要求较严，否则易使毛坯偏斜或填充不满。

闭式套筒模一般由上模、套筒等组成，如图 3-43b 所示。锻造中金属处于模膛的封闭空间内变形，不形成飞边。由于导向面间存在间隙，往往在锻件端部间隙处形成纵向飞边，需进行修整。此法要求坯料尺寸精确，否则会增加锻件垂直方向的尺寸或充不满模膛。

（3）合模　合模一般由上、下模及导向装置组成，如图 3-43c 所示。用来锻造形状复杂的锻件。锻造过程中，多余金属流入飞边槽，形成飞边。合模成形与带飞边的固定模模锻相似。

3.3　板料成形

3.3.1　板料成形技术方法

板料成形（又称板料冲压）是利用压力装置和模具使板料产生分离或塑性变形，从而获得成形件或制品的成形方法。金属板料的厚度一般都在 6mm 以下，且通常是在常温下进行，故板料成形又常称冷成形（冷冲压）。只有当板料厚度超过 8mm 时，才采用热成形（热冲压）。

目前，几乎所有制造加工金属制品的工业部门中都广泛地采用板料成形，特别是在汽车、自行车、航空、电器、仪表、国防、日用器皿、办公用品等工业中，板料成形占有重要位置。由于板料成形模具较复杂，设计和制作费用高、周期长，故只有在大批量生产的情况下，才能显示其优越性。

板料成形所用的原材料，特别是制造杯状和钩环状等零件的原材料，须具有足够好的塑性。常用的金属材料如低碳钢，高塑性合金钢，铜、铝、镁合金等，非金属材料如石棉板、硬橡皮、绝缘纸等也广泛采用板材冲压成形。

板料冷成形（冷冲压）过程的一般流程如下：

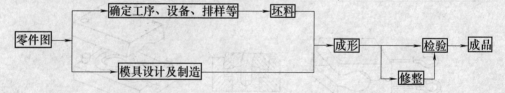

板料成形按特征分为分离（又叫冲裁）过程及成形过程两大类。

1. 板料的分离过程

分离过程使坯料一部分相对于另一部分产生分离而得到工件或者料坯，如落料、冲孔、切断、修整等。

分离过程用于生产有孔的、形状简单的薄板（一般铝板 < 3mm，钢板 ≤ 1.5mm）件，以及作为成形过程的先行工序或者成形过程制备料坯。除金属薄板外，还可是非金属板材。

分离过程所得的制品精度较好，通常不需切削加工，表面品质与原材料相同；所用设备为机械压力机。

（1）落料与冲孔　落料与冲孔又统称为冲裁，落料和冲孔是使坯料按封闭轮廓分离。这两个过程中坯料变形过程和模具结构相同，只是用途不同。落料是被分离的部分为所需要的工件，而留下的周边部分是废料；冲孔则相反。为能顺利地完成冲裁过程，要求凸模和凹模都应有锋利的刃口，且凸模与凹模之间应有适当的间隙 z。

冲裁件品质、冲裁模结构与冲裁时板料的塑性变形有关。

1）金属板料冲裁成形过程示意图如图 3-44 所示。

开始时，金属板料被凸模（又叫冲头）下压略有弯曲，凹模上的板料略有上翘；随着冲压力加大，在较大剪切应力作用下，金属板料在刃口处因塑性变形产生加工硬化，且在刃口边出现应力集中现象；金属的塑性变形进行到一定程度时，沿凸、凹模刃口处开始产生裂纹；当上下裂纹相遇重合时，坯料被分离。

冲裁件被剪断分离后，其断裂面分成两部分。塑性变形过程中，由冲头挤压切入所形成的表面很光滑，表面品质最佳，称为光亮带。材料在剪断分离时所形成的断裂表面较粗糙，称为剪裂带。

2）凸凹模间隙（z），凸凹模间隙不仅影响冲裁件断面品质，而且影响模具寿命、卸料力、冲裁力、冲裁件尺寸精度等。间隙过小，凸模刃口附近的剪裂纹较正常间隙时向外错开，上下裂纹不能很好重合，导致毛刺增大；间隙过大，凸模刃口附近的剪裂纹较正常间隙时向内错开，因此光亮带小一些，剪裂带和毛刺均较大，如图 3-45 所示。

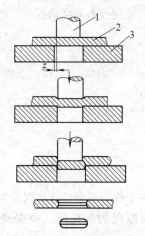

图 3-44　冲裁成形过程示意图
1—凸模　2—坯料　3—凹模

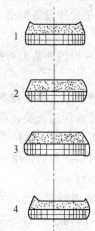

图 3-45　冲裁件周边品质
1—z 正常　2—z 太小　3—z 太大
4—凸凹模未对准

冲裁过程中，凸模与冲孔之间、凹模与落料之间具有摩擦，间隙越小，摩擦越严重。实际生产中，模具受到制造误差和装配精度的限制，凸模不可能绝对垂直于凹模平面，间隙也不会均匀分布，所以过小的间隙对延长模具使用寿命很不利。因此，选择合理的间隙对冲裁生产是很重要的。选用时主要考虑冲裁件断面品质和模具寿命这两个因素。当冲裁件断面品质要求较高时，应选取较小的间隙值。对冲裁件断面品质无严格要求时，应尽可能加大间隙，以利于提高冲模寿命。

合理间隙 z 的数值可按经验公式计算。

$$z = m\delta$$

式中　δ——材料厚度，单位为 mm；

　　　m——与材质及厚度有关的系数。

实际应用中，板材较薄时，m 可按如下数据选用：低碳钢、纯铁，$m = 0.06 \sim 0.09$；铜、铝合金，$m = 0.06 \sim 0.10$；高碳钢，$m = 0.08 \sim 0.12$。

3）凸、凹模刃口尺寸确定。设计落料时，凹模刃口尺寸即为落料尺寸，取凹模作为设计基准，然后根据间隙确定凸模尺寸，即用缩小凸模刃口尺寸来保证间隙值，即凸模刃口尺寸等于凹模尺寸减去 2 倍间隙值；设计冲模时，先按冲孔件确定凸模刃口尺寸，取凸模作为设计基准件，然后根据间隙确定凹模尺寸，凹模尺寸等于图样尺寸加上 2 倍间隙值。

冲模在工作过程中必有磨损，落料件尺寸会随凹模刃口的磨损而增大；而冲孔件尺寸则随凸模的磨损而减小。为保证零件的尺寸要求，提高模具的使用寿命，落料时取凹模刃口的尺寸应靠近落料件公差范围的最小尺寸；而冲孔时则取凸模刃口的尺寸靠近孔的公差范围的最大尺寸。

（2）冲裁力的计算　冲裁力是选用设备吨位和检验模具强度的一个重要依据。计算准确，有利于发挥设备的潜力；计算不准确，则有可能使设备超载而损坏，严重时造成事故。

对于平刃冲模的冲裁力可按下式计算。

$$P = kL\delta\tau$$

式中　P——冲裁力，单位为 N；

　　　L——冲裁周边长度，单位为 mm；

　　　δ——板料厚度，单位为 mm；

　　　τ——材料抗剪切强度，单位为 MPa；

　　　k——系数。

系数 k 是考虑到实际生产中的各种因素而给出的一个修正系数。这些因素有模具间隙的波动和不均匀、刃口的钝化、板料力学性能及厚度的变化等。根据经验一般取 $k = 1.3$。

（3）切断　切断是指用剪刃或冲模将板料或其他型材沿不封闭轮廓进行分离的工序。常用设备是剪板机或联合冲剪机。剪塑性好的材料时间隙不能太大，否则会产生扭曲变形，很难校正。切断用以制取形状简单、精度要求不高的平板类工件或下料被剪下。

（4）修整　如果零件的精度和表面质量要求较高，则需用修整工序对冲裁后的孔或落料的周边进行修整，以切掉普通冲裁时在冲裁件断面上存留的剪裂带和毛刺，但比机械加工的生产率高得多。

2. 板料的成形过程

成形过程使坯料发生塑性变形而形成一定形状和尺寸的工件。主要工序有拉深、弯曲与卷边、翻孔、成形与缩口、滚弯（含卷板）等。

（1）拉深　拉深是将平板板料放在凹模上，冲头推压金属料通过凹模形成环形的中空工件。

拉深过程特点是一维成形，拉伸应力状态。一般可获得较好的精度（公差 < 0.5%D，D 为坯料直径）和接近原材料的表面品质。材料要求具有足够的塑性，如果变形较大，工件应进行中间退火。

机械设备广泛使用的是液压机，也可使用机械压力机。

冷拉深广泛用于生产各种壳、柱状和棱柱状等工件，如瓶盖、仪表盖、罩、机壳、食品容器等；热拉深通常用于生产厚壁筒形件，如氧气瓶、炮弹壳、桶盖、短管等。

拉深过程示意图如图 3-46 所示。进行拉深时，平板坯料放在凸模和凹模之间，并由压边圈适度压紧，以防止坯料厚度方向变形。在凸模的推压力作用下，金属坯料被拉入凹模，而后变形成为筒状或匣状的中空工件。

拉深用的模具构造与冲裁模相似，主要区别在于工作部分的凸模与凹模的间隙不同，而且拉深的凸凹模上没有锋利的刃口，凸模与凹模之间的间隙 z 应大于板料厚度 S，

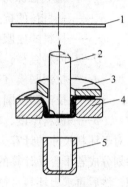

图 3-46　拉深过程示意图
1—坯料　2—凸模　3—压边圈
4—凹模　5—工件

一般 $z = (1.1 \sim 1.3)S$。z 过小，模具与拉深件间的摩擦增大，易拉裂工件，擦伤工件表面，降低模具寿命；z 过大，又易使拉深件起皱，影响拉深件精度。拉深模的凸凹模端部的边缘都有适当的圆角，$r_凹 \geqslant (0.6 \sim 1)r_凸$，圆角过小，则易拉裂产品。

由图 3-46 可见，在拉深过程中，工件的底部并未发生变形，而工件的周壁部分则经历了很大程度的塑性变形，引起了相当大的加工硬化作用。坯料直径 D 与工件直径 d 相差越大，则金属的加工硬化作用就越强，拉深的变形阻力就越大，凸模圆角半径过小，可能把工件底部拉穿。因此，d 与 D 的比值 m（称为拉深系数）应有一定的限制，一般 $m = 0.5 \sim 0.8$。拉深塑性高的金属，拉深系数 m 可以取较小值。若在拉深系数的限制下，较大直径的坯料不能一次被拉成较小直径的工件，则应采用多次拉深。二次拉深如图 3-47 所示。每次拉深前必须进行退火，以消除金属因塑性变形所产生的加工硬化，恢复塑性，以利于进一步拉深。

为减小摩擦，降低拉深件壁部的拉应力，减少模具的磨损，拉深时通常加润滑剂。

拉深过程中常见的一种缺陷是起皱，如图 3-48 所示。这是法兰部分在切向压应力作用下易发生的现象。拉深

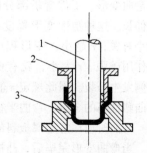

图 3-47　二次拉深示意图
1—凸模　2—压边圈　3—凹模

件若严重起皱，则法兰部分的金属不能正常通过凸凹模间隙，致使坯料被拉断而报废；轻微起皱，法兰部分勉强通过间隙，但在产品侧壁留下起皱痕迹，影响产品品质。实践证明，当板料厚度 δ 与坯料直径 D 满足 $\delta/D \times 100 < 2$ 时，必须应用压边圈，否则坯料边缘会因起皱而造成废品。

选择设备时，应结合拉深件所需的拉深力来确定，设备能力（吨位）应比拉深力大。对于圆筒件，最大拉深力可按下式计算。

$$P_{max} = 3(\sigma_b + \sigma_s)(D - d - r_{凹})\delta$$

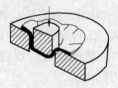

图3-48　拉深起皱

式中　P_{max}——最大拉深力，单位为 N；

　　　σ_b——材料的抗拉强度，单位为 MPa；

　　　σ_s——材料的屈服强度，单位为 MPa；

　　　D——坯料直径，单位为 mm；

　　　d——拉深凹模直径，单位为 mm；

　　　$r_{凹}$——拉深凹模圆角半径，单位为 mm；

　　　δ——板料厚度，单位为 mm。

对于坯料尺寸的计算，可按拉深前后的面积不变原则进行计算。具体计算中可把拉深件划分成若干容易计算的几何体，分别求出各部分的面积，相加后即得所需坯料的总面积，然后再求出坯料直径。

对于有些拉深件还可以用旋压的方法来制造。旋压过程的特点是整体成形，剪切应力状态。旋压在专用的旋压机上进行，也可以在车床上进行，图3-49 所示为旋压工件简图。工作时先将预先下好的坯料 2 用顶柱 3 压在芯模 1 的端部，通常用木质的芯模固定在旋转卡盘上；推动压杆 4，使坯料在压力作用下变形，最后获得与芯模形状一样的成品。常用于生产碗形件、钟形件、灯口、反光罩、炊具、空心轴等。这种方法的优点是不需要复杂的冲模，变形力较小。故一般用于中小批量生产。

（2）弯曲与卷边　弯曲是用模具把金属坯料弯折成所需形状的工序。弯曲可以在各类机械或液压压力机上进行。弯曲过程简图如图3-50 所示。金属坯料在凸模的压力作用下，按凸凹模的形状发生整体弯曲变形。工件弯折部分的内侧被压缩，外侧则被伸长。这种塑性变形程度的大小与弯曲半径 r 的大小有关，r 越小，变形程度越大，金属的加工硬化作用越强。r 太小，就有可能在工件弯曲部分的外侧发生开裂。因此规定 r 值应符合 $(0.25 \sim 1)\delta$，弯曲塑性高的金属，弯曲半径 r 可取较小值。

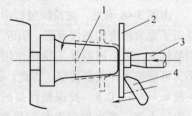

图3-49　旋压工件简图
1—芯模　2—坯料　3—顶柱
4—压杆（压轮）

弯曲时应注意金属板料的纤维分布方向，如图3-51 所示。

当弯曲变形完毕后，凸模回程后，工件所弯的角度会因金属弹性变形的恢复而略有增加，称为回弹现象。它主要与材质有关，某些材质的回弹角度甚至高达 10°，故在设计模具时应考虑到它的影响。

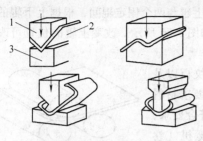

图 3-50 弯曲过程示意图
1—凸模 2—工件 3—凹模

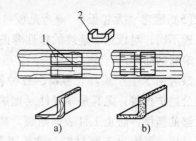

图 3-51 弯曲线与纤维方向
a）合理 b）不合理
1—弯曲线 2—工件

卷边也是弯曲的一种。板材经卷边成形可做成铰接耳，起加固和增强作用，且美观。卷边示意图如图 3-52 所示。

（3）翻孔 翻孔是在带孔的坯料上获得凸缘的工序，如图 3-53 所示。当工件所需凸缘的高度较大，用一次翻孔成形可能会使孔的边缘造成破裂，则可采用先拉深、后冲孔、再翻孔成形的过程来实现。

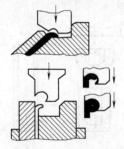

图 3-52 卷边示意图

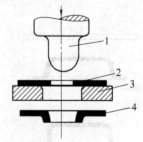

图 3-53 翻孔简图
1—凸模 2、4—工件 3—凹模

（4）成形与缩口 成形是利用局部变形使坯料或半成品改变形状的工序，如图 3-54 所示。主要用于成形刚性筋条，或增大半成品的局部半径等。成形过程中，工件毛坯置于一模具中，对介质（弹性介质、液体介质）施加高压，能量通过介质传递到工件上使其成形。要求材料具有足够高的塑性失稳应变。特点是成品精度较好，表面品质主要取决于原坯料品质。设备主要使用各类机械压力和液压机。

缩口是使中空件口部缩小的过程，如图 3-55 所示。

图 3-54 成形简图

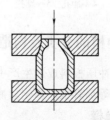

图 3-55 缩口简图

（5）滚弯（含卷板）　滚弯是板料送入可调上辊与两个固定辊间，根据上下辊的相对位置不同，对板施以连续的塑性弯曲成形，如图3-56所示。改变上辊的位置可改变板材滚弯的曲率。

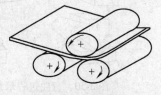

滚弯用于生产圆环、容器、各种各样的波纹板以及高速公路护栏等，尤其是厚壁件（锅炉筒体）。要求材料有足够的塑性，防止工件表面断裂。精度一般符合要求，表面品质主要取决于原材料。设备用专门的滚弯机（卷板机）。

图3-56　滚弯简图

利用板料制造各种冲压产品零件时，各种工序的选择、过程顺序的安排和各工序的应用次数，都是以产品零件的形状和尺寸及每道工序中材料所允许的变形程度为依据的。形状比较复杂或者特殊的零件，往往要用几个基本工序多次冲压才能完成；变形程度较大时，还要进行中间退火等。

图3-57所示为一零件冲压过程示意图，材质为Q235，图3-58为黄铜（H59）弹壳的冲压过程示意图，工件壁厚要经过多次减薄拉深，由于变形程度较大，工序间要进行多次退火。

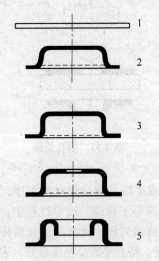

图3-57　某零件的冲压过程
1—落料　2—拉深　3—第二次拉深
4—冲孔　5—翻孔

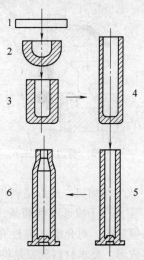

图3-58　弹壳冲压过程
1—落料　2—拉深　3—第二次拉深
4—多次拉深　5—成形　6—缩口

3.3.2　冲模的分类及构造

冲模是冲压板料成形生产中必不可少的模具。冲模结构是否合理对冲压生产的效率和模具寿命等都有很大影响。冲模按基本构造可分为简单模、连续模和复合模三类。

1. 简单模

简单模是指压力机的一次行程中只能完成一道工序的模具。图3-59所示为落料用的简单模。模具成本低，只适用于小批单件生产。

2. 连续模

连续模是指压力机在一次行程内在不同部位完成两道或两道以上冲压工序的模具。这种模具提高了生产效率，图 3-60 所示为落料冲孔连续模。设计此类模具要注意各工位之间的距离、零件的尺寸、定位尺寸及搭边的宽度等。生产率较高，易实现机械化和自动化。

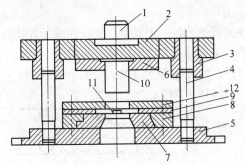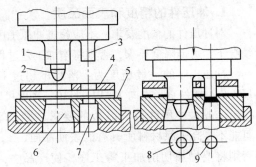

图 3-59　简单模

1—模柄　2—上模板　3—导套　4—导柱
5—下模板　6、8—压板　7—凹模　9—导板
10—凸板　11—定位销　12—卸料板

图 3-60　连续模

1—落料凸模　2—定位销　3—冲孔凸模
4—卸料板　5—坯料　6—落料凹模
7—冲孔凹模　8—成品　9—废料

3. 复合模

复合模是指在压力机的一次行程中，在模具同一部位同时完成两道工序以上的模具。图 3-61 所示为落料及冲孔复合模。此类模具的最大特点是有一个凸凹模，图 3-61 所示的凸凹模的孔为落料的凸模刃口，而内孔则为冲孔的凹模，因此压力机一次行程可完成落料和冲孔。复合模生产率较高，冲压件相互位置精度高，工件平整程度好。不足是冲模复杂，凸凹模的强度受冲压件形状影响。复合模用于批量大、精度高的冲压件。缺点是模具成本高，只适用于大批量生产。

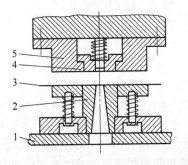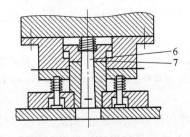

图 3-61　落料及冲孔复合模

1—模板　2—凸凹模　3—坯料　4—压板（卸料器）　5—落料凹模
6—冲孔凸模　7—零件

3.3.3　板料冲压结构技术特征

板料冲压件通常都是大批量生产的，因此冲压件的设计不仅保证它的使用性能要求，且应具有良好的冲压结构技术特征。这样才能易于保证冲压件品质，减少板料的消耗，延长模具的使用寿命，降低成本及提高生产率等。

冲压件的设计应注意下列事项。

1. 冲压件的精度和表面品质

对冲压件的精度要求，不应超过冲压工序所能达到的一般精度，并应在满足需要的情况下尽可能降低要求，否则将增加工艺过程，提高冲压件成本，降低生产率。

冲压工序的一般精度为：落料不超过 IT10；冲孔不超过 IT9；弯曲不超过 IT9 ~ IT10；拉深件直径方向为 IT9 ~ IT10，高度尺寸为 IT8 ~ IT10。

一般对冲压件表面品质的要求，尽可能不要高于原材料所具有的表面品质，否则将要增加切削加工等工序，使产品成本大为提高。

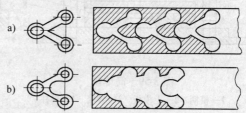

图 3-62　零件形状与排样
a) 不合理　b) 合理

2. 冲压件的形状和尺寸

1）落料件的外形应能使排样合理，废料最少。如图 3-62 所示，两零件在使用功能上相同，可见图 3-62b 中无搭边排样的形状，较图 3-62a 更为合理，材料利用率高达 79%。另外，应避免长槽与细长悬臂结构，因为这些结构的模具制造困难、模具寿命低。

2）落料和冲孔的形状、大小应使凸凹模工作部分具有足够的强度。因此，工件上孔与孔的间距不能太小，工件周边的凹凸部分不能太窄、太深，所有的转角都应有一定的圆角等。一般这些与板料的厚度有关，如图 3-63 所示。

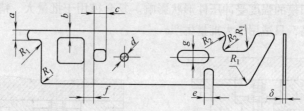

图 3-63　冲裁件尺寸与厚度的关系
注：通常对于钢材：$a > 1.5\delta$；$b \geq 1\delta$；$c \geq 1\delta$；$d \geq 1\delta$；$e > 1\delta$；$f > 1\delta$；$R_1 \geq 0.5\delta$；$R_2 \geq 0.8\delta$。

3）弯曲件形状应尽量对称，弯曲半径不能小于材料允许的最小弯曲半径；弯曲件和拉深件上冲孔的位置应在圆角的圆弧之处，若孔的形状和位置精度要求较高时，应在弯曲成形后再冲孔。

4）拉深件的外形应力求简单、对称，且深度不宜过大，以便易于成形和减少拉深次数；拉深件的圆角半径在不增加成形过程工序的情况下，最小许可半径如图 3-64 所示。不然的话将增加拉深次数和整形工序，增加模具数量和提高成本等。

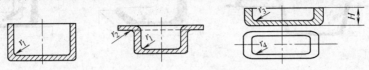

图 3-64　拉深件最小允许半径

注：$r_1 > 2\delta$；$r_2 = 3 \sim 4\delta$；$r_3 > 2\delta$；$r_4 > 0.15H$。

5）结构设计应尽量简化成形过程和节省材料。

在使用功能不变的情况下，应尽量简化结构，以便减少工序，节省材料，降低成本。如消声器后盖零件，原结构设计如图 3-65a 所示，须由 8 道工序冲压成形；经改进后如图 3-65b 所示，只需 3 道冲压成形工序且节省材料 50% 。

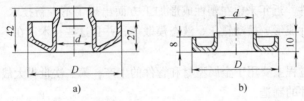

图 3-65　消声器后盖零件结构

a）原结构　b）改进后结构

采用冲口，以减少一些组合件。如图 3-66 所示，原设计用 3 个件铆接或焊接组合而成，现采用冲口（切口—弯曲）制成整体零件，节省了材料，也简化了成形过程，提高了生产率。

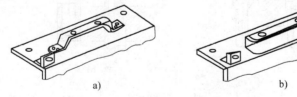

图 3-66　冲口应用

a）组合件　b）利用冲口

采用冲焊结构。对于某些形状复杂或特别的冲压件，可设计成若干个简单的冲压件，然后用点焊连接或用其他连接方法形成整体件。如图 3-67 所示的冲压件由两个简单冲压件 1 和 2 组成。

冲压件的厚度。在强度、刚度允许的情况下，应尽量采用厚度较薄的材料来制作冲压件，节约耗材，减轻结构的质量。对局部刚度不够的地方，可采用加强筋，如图 3-68 所示。

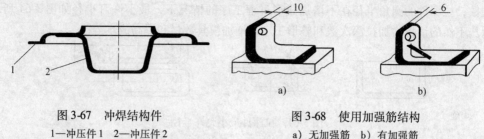

图 3-67　冲焊结构件
1—冲压件 1　2—冲压件 2

图 3-68　使用加强筋结构
a）无加强筋　b）有加强筋

3.4　其他塑性成形方法

随着科技和工业的不断发展，对基础生产过程提出了越来越高的要求，不仅要求生产的毛坯质优、生产效率高、消耗低、无污染，且要求能生产出切削加工量少的毛坯甚至直接生产出零件。近年来，在塑性成形加工方面出现了不少新技术，如零件的挤压、辊轧成形、超塑性成形、摆动辗压、液态模锻等，并且这些技术还在不断发展。下面做简要介绍。

早期，挤压过程主要用于金属型材和管件的生产；第二次世界大战后，挤压过程也广泛地应用于零件的制造。

1. 零件的挤压方式

零件挤压的基本方式如图 3-69 所示。

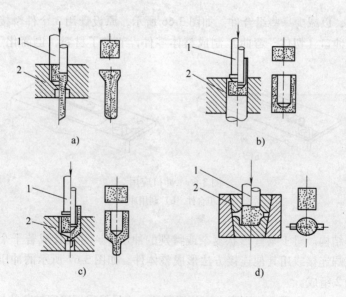

图 3-69　挤压方式
a）正挤压　b）反挤压　c）复合挤压　d）径向挤压
1—凸模　2—凹模

（1）正挤压　挤压时金属的流动方向与凸模的运动方向一致。正挤压法适用于制造横截面为圆形、椭圆形、扇形、矩形等的零件，也可用于等截面的不对称零件，如图 3-69a 所示。

（2）反挤压　挤压时金属的流动方向与凸模的运动方向相反。反挤压适用于制造横截面为圆形、方形、长方形、多层圆形、多个盒形的空心件，如图 3-69b 所示。

（3）复合挤压　挤压时坯料的一部分金属流动方向与凸模运动方向一致，而另一部分金属流动方向则与凸模运动方向相反。复合挤压法适用于制造截面为圆形、方形、六角形、齿形、花瓣形的双杯类和杆—杆类零件，如图 3-69c 所示。

（4）径向挤压　挤压时金属的流动方向与凸模的运动方向相垂直。此类成形过程可制造十字轴类零件，也可制造花键轴的齿形部分、齿轮的齿形部分等，如图 3-69d 所示。

挤压设备为机械压力机或液压机。

2. 挤压特点及应用

（1）冷挤压的特点及应用　金属材料在再结晶温度以下进行的挤压称为冷挤压。对于大多数金属而言，其在室温下的挤压即为冷挤压。冷挤压的主要优点如下：

1）由于冷挤压过程中金属材料三向受压应力作用，挤压变形后材料的晶粒组织更加致密，金属流线沿挤压件轮廓连续分布，加之冷挤压变形的加工硬化特性，使冷挤压件的强度、硬度及耐疲劳性能显著提高。

2）挤压件的精度和表面品质较高。一般尺寸精度可达 IT6 ~ IT7，表面粗糙度值 $Ra = 0.2 ~ 1.6 \mu m$，故冷挤压是一种净形或近净形的成形方法，且能挤压出薄壁、深孔、异形截面等一些较难进行机加工的零件，如图 3-70 所示的零件，用冷挤压直接可得到零件。

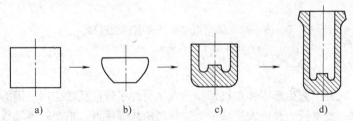

图 3-70　缝纫机梭心套壳（材料 20Cr13）冷挤压

a）坯料　b）预成形　c）反挤压　d）正挤压

3）材料利用率高，生产率也较高。冷挤压在机械、仪表、电器、轻工、宇航、军工等部门得到应用。

但冷挤压的变形力大，特别是对较硬金属材料进行挤压时，所需的变形力更大，这就限制了冷挤压件的尺寸和质量；冷挤压模材质要求高，常用材料为 W18Cr4V、Cr12MoV 等；设备吨位大。为了降低挤压力，减少模具磨损，提高挤压件表面品质，金属坯料常需进行软化处理，而后清除其表面氧化皮，再进行特殊的润滑处理。

（2）热挤压的特点及应用　热挤压是在再结晶温度以上进行的挤压，其特点是材料的变形抗力降低；但由于加热温度高，氧化脱碳及热胀冷缩等问题大大降低了产品的尺寸精度和表面品质。因此，热挤压一般都用于高强（硬）度金属材料如高碳钢、高强度结构钢、高速钢、耐热钢等的毛坯成形。如热挤发动机气阀毛坯、汽轮机叶片毛坯、机床花键轴毛坯等。

（3）温挤压的特点及应用　金属材料在高于室温低于再结晶温度下的挤压称为温挤压。温挤压兼有冷、热挤压的优点，又克服了冷、热挤压的某些不足。虽然温挤压件的精度和表面品质不如冷挤压，但对于一些冷挤压难以塑性成形的材料如不锈钢、中高碳钢及合金钢、耐热合金、镁合金、钛合金等，均可用温挤压成形，而且坯料可不进行预先软化处理和中间退火，也可不进行表面的特殊润滑处理。这有利于机械化、自动化生产，另外，温挤压的变形量较冷挤压大，这样可减少工序、降低模具费用，且不一定需要大吨位的专用挤压机。如图 3-71 所示的微型电动机外壳，材料为 1Cr18Ni9Ti，坯料尺寸为 $\phi25.8mm \times 14mm$，若采用冷挤压则需多次挤压才能成形，生产率低。若将坯料加热到 260℃，采用温挤压，只需两次挤压即可成形。其过程为：第一次用复合挤压得到尾部 $\phi21mm$，如图 3-71b 所示；第二次用正挤压得到零件，如图 3-71c 所示。

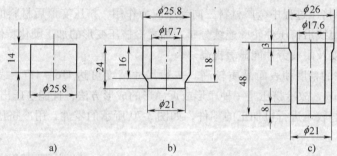

图 3-71　微型电动机外壳温挤压过程
a）坯料　b）复合挤压　c）正挤压

3. 轧制

近年来，轧制工艺生产零件在机械制造业中得到了较广泛的应用。因为它具有生产率高、质量好、成本低、并可大量减少金属材料消耗等优点。根据轧辊轴线与坯料轴线方向的不同，轧制分为纵轧、辊轧、横轧、连铸连轧等几种。

（1）纵轧　纵轧是轧辊轴线相平行，旋转方向相反，轧件作直线运动的轧制。包括各种型材的轧制和辊锻等。

辊锻是用一对反向旋转的扇形模具使坯料产生塑性变形，从而获得所需锻件或锻坯的锻造工艺，如图 3-72 所示。辊锻既可作为模锻前的制坯工序，也可直接辊锻锻件。目前，成形辊锻适用于生产如下三种类型锻件。

1）扁断面的长杆件，如扳手、活扳手、链环等。

2）带有不变形头部而沿长度方向横截面面积递减的锻件，如叶片等。叶片辊锻成形与铣削成形相比，材料利用率提高 4 倍，生产率高 2.5 倍，且叶片质量好。

3）连杆件。用辊锻工艺锻制生产率高，工艺过程简化，但需进行后续的精整加工。

（2）辊轧 辊环轧制是用来扩大环形坯料的外径和内径，以得到各种环状毛坯或零件的轧制过程，如图 3-73 所示。用它代替锻造方法生产环形锻件，节省金属 15%～20%。

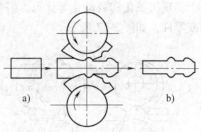

这种方法生产的环类件，其横截面可以是多种形状的，如火车轮轮箍、大型轴承圈、齿圈、法兰等。

（3）横轧 横轧是轧辊轴线与坯料轴线互相平行的轧制方法。常见的有以下几种：

1）齿轮齿形轧制是一种净形或近净形加工齿形的新技术，如图 3-74 所示。在轧制前将坯

图 3-72 辊锻示意图
a）坯料 b）成品

料外圆加热，然后将带齿形的轧轮做径向进给，迫使轧轮与坯料对辗。在对辗过程中，坯料上一部分金属受压形成齿谷，相邻部分的金属被轧轮齿部"反挤"而形成齿顶。直齿和斜齿均可用热轧成形。

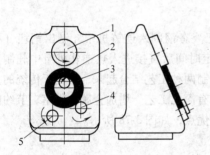

图 3-73 辊环轧制示意图
1—驱动辊 2—毛坯 3—从动辊
4—导向辊 5—信号辊

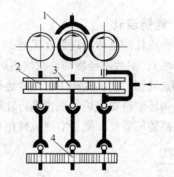

图 3-74 热轧齿形示意图
1—感应加热器 2—轧轮 3—坯料 4—导轮

2）螺旋斜轧是用两个带有螺旋形槽的轧辊，相互交叉成一定角度，并做同方向旋转，使坯料在轧辊间既绕自身轴线转动，又向前推进，同时辊压成形，得到所需产品。如钢球轧制（见图 3-75a）、周期性毛坯轧制（见图 3-75b）、冷轧丝杠、带螺旋线的高速钢滚刀毛坯轧制等。

3）楔横轧是用两个外表面镶有楔形凸块，并作同向旋转的平行轧辊对沿轧辊向送进的坯料进行轧制成形的方法，如图 3-76 所示。楔横轧还有平板式、三

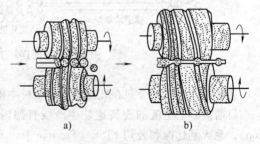

图 3-75 螺旋钢轧示意图
a）钢球轧制 b）周期性轧制

轧辊式和固定弧板式三种类型。

　　楔横轧的变形过程主要是靠轧辊上的楔形凸块压延坯料，使坯料径向尺寸减小、长度尺寸增加。它具有产品精度和品质较好，生产率高，节省原材料，模具寿命较高，且易于实现机械化和自动化等优点。但楔横轧仅限于制造阶梯轴类、锥形轴类等回转体毛坯或零件，如图 3-77 所示。

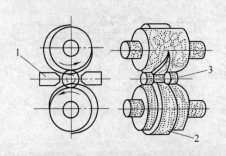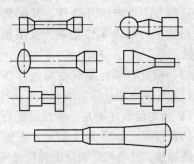

图 3-76　两辊式楔横轧　　　　　　　图 3-77　部分楔横轧产品形状

1—导板　2—带楔形凸块的轧辊　3—轧件

4. 连铸连轧

　　连铸连轧的全称是连续铸造连续轧制，即把液态钢倒入连铸机中轧制出钢坯（称为连铸坯），然后不经冷却，在均热炉中保温一定时间后直接进入热连轧机组中轧制成形的钢铁轧制工艺。这种工艺巧妙地把铸造和轧制两种工艺结合起来，相比于传统的先铸造出钢坯后经加热炉加热再进行轧制的工艺具有简化工艺、增加金属收得率、节约能源、提高铸坯质量、便于实现机械化和自动化等优点，如图 3-78 所示。

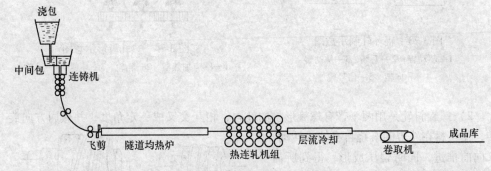

图 3-78　连铸连轧工艺过程简图

　　连铸连轧工艺现今只在轧制板材、带材中得到应用。

　　目前世界上主流的连铸连轧生产线有德国西马克公司 CSP（Compact Strip Production），意大利达涅利公司 FTSC（Flexible Thin Slab Casting），奥钢联公司 CONROLL。

5. 液态模锻成形

　　（1）液态模锻成形概念　　液态模锻是将定量的熔化金属注入凹模型腔内，在金属即将凝固或半凝固状态下（即液、固两相共存）用冲头加压使其凝固，从而得到所需锻件的加工方法。液态模锻是铸造技术和热模锻技术的复合。该项技术利用金属铸造时液态易流动成形容易的特点，结合热模锻技术，使已凝固的封闭金属硬壳在压力作用下进行塑性变形，强制性地消除因金属液态收缩、凝固收缩所形成的缩孔和缩松，以获得无任何铸造缺陷的各种液态模锻件。因此液态模锻件与铸件相比，补缩彻底，易于消除各种缺陷；与热模锻件相比，成形容易，所需成形力小，即液态模锻新技术充分利用了铸造和热模锻的长处，同时也弥补了这两种工艺的不足。利用液态模锻技术生产的金属产品不仅质轻耐用，而且价格低廉，市场竞争能力强。

任何一种新技术，都有其特定的针对性，液态模锻也一样，对某些采用铸造工艺难以满足使用性能要求，采用锻造工艺又因形状复杂、成形困难的特定产品，改用液态模锻工艺就有可能是一种上策。

（2）液态模锻的一般工艺过程　图 3-79 所示为液态模锻成形方法简图。一般的工艺过程为：金属准备、金属熔化、模具清理、模具预热、喷涂润滑剂、浇注、合模、施压、保压、卸压、起模和顶出制件。液态模锻是一种借鉴压力铸造和模锻工艺发展起来的金属成形工艺。从工艺过程中可以看出，它兼有铸造和模锻的若干特点，并且具备自己独有的特性。

（3）液态模锻成形工艺特点　包括以下 4 点：

1）在成形过程中，尚未凝固的金属自始至终承受等静压，并在压力作用下发生结晶和凝固，并有少量塑性变形。因此，可以消除铸造缺陷，并使制件组织致密。且在压力下结晶，还有明显的细化晶粒，加快凝固速度和使组织均匀化的作用。因此，液态模锻制件的力学性能明显优于普通铸

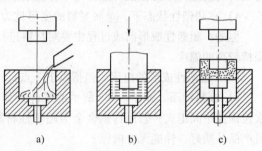

图 3-79　液态模锻成形方法简图
a）浇注　b）施压保压　c）卸压并顶出

件，接近或达到同种合金的锻造水平，同时不存在普通铸件的各向异性。

2）已凝固金属的成形过程是在压力作用下产生塑性变形，使毛坯外侧紧贴模腔壁，未凝固液态金属保持等静压。因此，液态模锻件具有较高的表面质量和尺寸精度。利用这一特点，可以用液态模锻方法成形某些模具的型腔。

3）由于制件在凝固过程中各部分处于压应力状态，不易产生裂纹，因此所适用的材料范围较大。不仅适用于塑性好的合金，也可用于塑性差的合金。不仅可用于成形非铁金属，也可用于成形包括铸铁在内的金属等。另外，还可用于对复合材料成形。

4）液态模锻在液压机或专用设备上成形，可大大改善工人的劳动强度和劳动条件，且便于实现机械化和自动化。还可精化毛坯，减少切削加工量，提高制件质量，降低废品率，因而又是一种节能的加工方法。

6. 超塑性成形

（1）金属的超塑性概念 一般工程上用延伸系数 δ 来判断金属材料塑性高低。通常在室温下，钢铁材料的 δ 一般不超过 40%，非铁金属也不会超过 60%，即使在高温时也很难超过 100%。但有些金属材料在特定的条件下，即超细等轴晶粒（晶粒平均直径 0.5～5μm）、一定的变形温度（一般为（0.5～0.7）$T_{熔}$）、极低的变形速度（$s = 10^{-2}～10^{-4}$ m/s），其相对延伸系数 δ 会超过 100%，某些材料如锌铝合金甚至超过 1000%。超塑性成形材料主要有锌铝合金、铝基合金、钛合金、镍基合金等。钢铁材料甚至冷热模具钢均可进行超塑性成形。

（2）超塑性成形的特点 包括以下 4 点：

1）超塑性状态下的金属在拉伸变形过程中不产生缩颈现象，变形应力是常态下金属的变形应力的几分之一到几十分之一。这样，对某些变形抗力大、可锻性低、锻造温度范围窄的金属材料，如镍基高温合金，经超塑性处理后，可进行超塑性成形。

2）可获得形状复杂、薄壁的工件，且工件尺寸精确，为净形或近净形精密加工开辟了一条新的途径。

3）超塑性成形后的工件，具有较均匀而细小的晶粒组织，力学性能均匀一致；具有较高的抗应力腐蚀性能，工件内不存在残余应力。

4）在超塑性状态下，金属材料的变形抗力小，可充分发挥中、小型设备的作用。

但是，超塑性成形前或过程中要对材料进行超塑性处理，还要在超塑性成形过程中保持较高的温度。

（3）超塑性成形的应用 包括以下 3 点：

1）板料冲压。如图 3-80a 所示的零件，其直径小但很深。若用普通拉深，则需多次拉深及中间退火；若用锌铝合金等超塑性材料则可一次拉深成形，如图 3-80b 所示，且产品品质好，性能无方向性。

2）超塑性挤压。主要用于锌铝合金、铝基合金及铜基合金。

3）超塑性模锻。主要用于镍基高温合金及钛合金。过程是：先将合金在接近正常再结晶温度下进行热变形，以获得超细晶粒组织，然后在预热的模具（预热温度为超塑性变形温度）中模锻成形，最后对锻件进行热处理以恢复合金的高强度状态。

7. 粉末锻造

粉末锻造是把金属粉末经压实后烧结，再用烧结体作为锻造坯料的锻造方法，其典型工艺过程如图 3-81 所示。此外，尚有粉末等温锻造、粉末超塑性模锻、粉末连续挤压等方法。目前，以烧结锻造法应用最多。

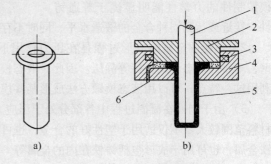

图 3-80 超塑性板料拉深
a）工件 b）拉深示意图
1—冲头 2—压板 3—加热器
4—凹模 5—工件 6—液压管

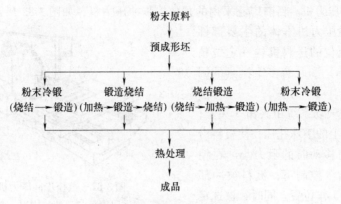

图 3-81　粉末锻造典型工艺过程

粉末锻造中选用的粉末是预合金粉，通常含有 Ni 和 Mo 合金元素，为使锻件具有较好的淬透性，可适量加入 Cu。目前，除主要应用的铁基合金外，镍基、铜基、弥散强化铝合金等金属粉末，其应用量在逐步扩大。新型、高质量、成本低的金属粉末被制作出来，也是促使粉末锻造发展的因素之一。

粉末锻造工艺的基础是制作粉末预成形坯，也称为压坯或生坯。一种预成形坯是冷压成形后，经加热至锻造温度进行锻造。这种预成形坯多用预合金粉末制成，其相对密度为 80% 左右，塑性稍低，空隙较多。另一种是经过烧结的预成形坯，需重新加热后再进行锻造。这种预成形坯多采用混合元素粉末原料，或不含碳的预合金粉末制成。烧结的目的是为了合金化或使成分均匀，增加预成形坯的密度（其相对密度可达 90% 以上），同时应使锻造中易于充满模膛。预成形坯在模膛中有较大的横向流动和处于三向压应力状态下的变形。

对预成形坯进行锻造不仅是为了成形，更重要的是提高锻件密度，使锻件性能达到要求。锻前加热应在保护气氛下进行，时间不宜过长。采用闭式锻模进行锻造，以提高锻件精度。对锻模进行预热有利于坯料充满模膛。总之，严格控制工艺参数才能保证粉末锻造的质量。

粉末锻造是把粉末冶金与精密模锻结合在一起的工艺方法，既保持了粉末冶金的少、无屑加工的特点，又具有成形精确、材料利用率高、锻造能量消耗低、模具寿命长和成本低的优点。所得产品形状复杂，尺寸精确，组织结构均匀，无成分偏析及各向异性，并可破碎粉末颗粒表面的氧化膜，提高锻件的力学性能，能满足特殊环境对零件的使用要求。因此，粉末锻造工艺受到各工业国家的普遍重视，在机械制造业、航空航天工业中得到广泛采用，发展极为迅速。

8. 数控冲压

数控冲压是利用数字控制技术对板料进行冲压的工艺方法。实施数控冲压过程前，应根据冲压件的结构和尺寸，按规定的格式、标准代码和相关数据编写出程序，输入计算机后，冲压设备受计算机控制，按程序顺序实现指令内容，自动完成冲压工作，所用设备称为数控压力机。目前广泛采用的是数控步冲压力机，如图 3-82 所示。它具有独立的控制台，压力机本体的主要部件是能够精确定位的送料机构（定位精度为 ±0.01μm）和装有多个模具的回转头。

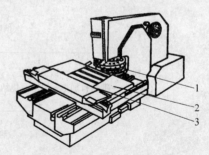

图 3-82　数控步冲压力机
1—回转头　2—工作台　3—夹钳

板料通过气动系统由夹钳 3 夹紧，并由工作台 2 上的滚珠托住，使板料沿两个垂直方向移动时的阻力小。在控制台发出的指令控制下，板料被冲部位准确移动至工作位置。同时，被选定的模具随回转头同步转至工作位置，按加工程序顺序进行冲压，直至整个工件完成后停机。

数控步冲压力机不仅可以进行单冲（冲孔、落料）、浅成形（压印、翻边、开百叶窗等），也可以采用步冲（借助于快速往复运动的凸模沿着预定的路线在板料上进行逐步冲切）方式，用小冲模冲出大直径圆孔、方孔、曲线孔及复杂轮廓冲压件。

图 3-83 所示的零件采用数控冲压制作，需编制数控程序。程序中通过 X-Y 和 X_G-Y_G 两个坐标系把工作台与模具的关系建立起来，包括移动、选择模具、执行冲切、停机等多条指令。检验无误后输入计算机。夹牢板料后，开机按程序，工作台

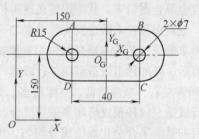

图 3-83　具有孔、圆弧和直线的零件图

左移 20mm（冲头由 O_G 点移至右孔中心点上），冲制 $\phi7$mm 孔，工作台右移 40mm，冲出左侧圆孔。接下来按步冲程序冲切 AD、BC 两端圆弧。为了冲切直线轮廓，压力机回转头按指令将方形模具转至工作位置，计算机发出指令，冲切 AB、DC 直线轮廓，从而获得形状、尺寸符合图样要求的零件。

数控冲压使冲压生产有了突破性进展，它具有如下特点：

1）数控压力机的结构改变了普通压力机一机一模的状态，因而提高了压力机的通用性，在不更换模具的情况下，可生产多品种冲压件，减少了对专用模具的依赖。

2）数控压力机在步冲分离金属时，是通过类似插削过程逐步完成加工的，冲头在每一次冲压行程中只切下少量金属，消耗能量少，并可提高产品的精度，减少了冲压件后续加工的工作量。

3）数控冲压可采用批量生产的模具，安装调试模具的时间短，模具寿命长，可提高生产效率。

4）数控冲压特别适合单件小批量生产，降低了冲压件的成本。

5）数控冲压设备投资较大，材料利用率较低。

3.5 板管成形新工艺

1. 旋压成形特点及应用范围

旋压将板料或空心毛坯件放在芯模上，由旋压机带动芯模和毛坯一起高速旋转，同时利用旋轮的压力和进给运动，使毛坯产生局部塑性变形并使之逐步扩展，最后获得轴对称的壳体零件，成形原理及示例如图 3-84 所示。

在旋压过程中，板料产生切向收缩和径向延伸，从而改变毛坯形状，直径增大或减小，而其厚度不变或有少许变化者称为不变薄旋压（或称为普通旋压）。在旋压中不仅改变毛坯的形状而且壁厚有明显变薄者，称为变薄旋压，又称为强力旋压。

由图 3-85 可以看出，旋压成形的特点是：可以完成深孔拉深、缩口、扩径、翻边及波纹成形等一般冲压难以完成的工序；所需工模具比较简单；所需成形力小，设备吨位小。

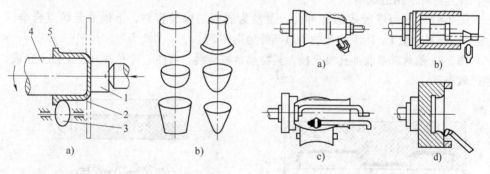

图 3-84　旋压成形原理及旋压件举例
a）旋压原理　b）旋压件举例
1—顶板　2—毛坯　3—旋轮
4—芯模　5—加工中的毛坯

图 3-85　各种旋压成形方法
a）拉深　b）缩口　c）扩径　d）翻边

旋压成形主要用于铝、镁、钛、铜等非铁金属及其合金与不锈钢的复杂中孔回转体件或产品生产，如水壶、杯子、厨具与餐具、容器、灯罩、导弹外壳等。

2. 板料的介质成形

以橡胶或聚氨酯、液体（油或水）、黏性介质等为传力介质，代替传统刚性冲压模具中的凸模或凹模，实现板料金属的塑性成形。这种板料成形工艺有着许多优点，下面对应用前景比较广泛的几种成形工艺方法进行简述。

（1）橡胶成形　橡胶成形的基本原理及成形过程如图 3-86 所示。毛坯 3 用销钉固定在压形模 5 上，压形模置于垫板 4 上，在容框 1 内有橡胶 2。当容框下行时，橡胶同毛坯、压形模刚一接触，橡胶就紧紧压住毛坯，毛坯因有销钉定位而不会移动（见图 3-86b）。随着容框继续下行，橡胶将毛坯的悬空部分沿压形模压弯，形成弯边（见图 3-86c），但这时弯边还没有完全贴合压形模；随着橡胶压力不断提高，毛坯弯边也就逐渐被压贴合（见图3-86d）。橡胶压力越大，弯边贴合情况越好。

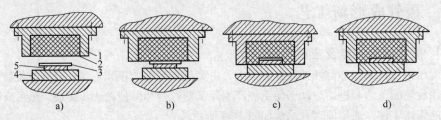

图 3-86　橡胶成形的基本原理

a）原始位置　b）压紧　c）压弯　d）贴合成形

1—容框　2—橡胶　3—毛坯　4—垫板　5—压形模

橡胶成形特点：生产效率高，加工时零件表面没有机械损伤，橡胶代替了凹模的作用，零件成形只需制造简单的凸模（即压形模），从而简化了模具结构，缩短了生产周期，并且降低了制造成本。

图 3-87 所示为橡胶成形和冲孔，上模为通用的橡胶容框，下模为低熔点合金模（模体为锌基合金1，用于冲孔的刃口部分为钢杯2）。

图 3-88 是落料弯曲冲孔复合模，其特点是将落料、弯曲、冲孔在一个工位上完成，生产效率高。

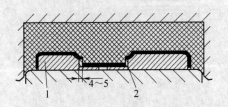

图 3-87　橡胶成形与冲孔

1—锌基合金　2—钢杯

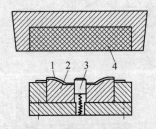

图 3-88　落料弯曲冲孔复合模

1—工件　2—废料　3—凸模　4—橡胶

（2）液压成形　板料的液压成形，有液压成形、反向液压成形和黏性介质压力成形等方法。

1）液压胀形。图 3-89 所示为最简单的液压胀形装置及胀形原理，5 为平板下模，其上开有进油与排油通道；2 为上模（凹模），其型腔的形状与尺寸按所成形的零件的要求设计与制造。该装置在普通油压机上使用，上、下模分别固定在油压机的滑块与工作台上。工作时，首先将平板毛坯置于下模的上表面，滑块带动上模下行将毛坯压紧在下模上，然后高压油通入板坯与下模之间迫

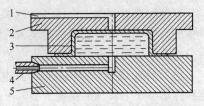

图 3-89　液压胀形装置及胀形原理

1—排气孔　2—上模（凹模）

3—平板毛坯　4—高压油道　5—下模

使板坯产生塑性变形，当板坯变形至紧贴上模型腔表面卸掉压力油后通过滑块将上模回程，便可获得所需制件了。

与刚性凸凹模成形比较，液压胀形的特点为：变形均匀且不会产生机械损伤、制件内在与表面质量好；平面凸模与液压系统为通用，仅需更换凹模，便可生产不同的零件，简化了模具制造，降低了模具成本；但其生产率比刚性模具的低。液压胀形适合于形状较为复杂的、多品种中小批量的薄板零件的生产。

对于形状复杂，而材料的屈服强度又比较高的制件，为了降低其单位胀形压力，同时又便于解决板坯周边同平板凸模间的密封问题，近年来又出现了液压胀形与刚性模具的复合成形，如图 3-90 所示。

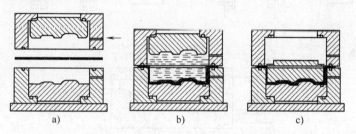

图 3-90　液压胀形与刚性模具复合成形
a）初始状态　b）液压胀形（预成形）　c）刚性模具成形（终成形）

这种复合成形工艺，将液压胀形与刚性模具成形两者的优点相结合，1 道工序可以完成采用刚性模具需要 2 道甚至 2 道以上的工序才能完成的变形过程，既减少了模具数量，又提高了生产率。

2）充液拉深。充液拉深是液压成形（又称液力成形）的主要方法之一，是利用液体（油或水等）代替刚性的凸模（或凹模）直接作用于板坯进行成形的方法，属软模（半模）成形，具有柔性成形的特点。与刚性模成形相比，其压力作用均匀、易控制，可成形更复杂的零件，成形质量显著提高。

3）黏性介质压力成形。黏性介质压力成形（VPF，Viscous Pressure Forming）是 20 世纪 90 年代中期发展起来的一种板料柔性加工技术。VPF 工艺原理如图 3-91 所示。通过黏性介质的注入与排放，实时控制板坯成形过程中压力的施加与卸载，同时实时控制板坯的压边力的大小，以实现成形力与压边力的最佳匹配和沿板坯表面各部分成形压力的合理分布，进而通过不断调节压力分布有效地控制板坯厚度的变化和避免出现局部过分变薄的现象。

与上述橡胶成形和液压成形的根本区别在于，黏性介质压力成形可选用半固态、可流动并具有一定粘度和速度敏感性的高分子材料介质；黏性介质同时作用在板坯的上下两面，控制板坯按制件各部分形状的复杂程度实现顺序成形，如图 3-91 所示，使对应于下模（凹模）最深部分的板坯产生变形，对应于凹模浅的部分的板坯后产生变形，而达到同时最终成形（见图 3-91c）。这样得到的零件成形具有抗粘模性好、厚度减薄小，且分布均匀、尺寸精度高、表面质量好的特点。

　　不难看出，黏性介质压力成形新工艺，尤其适合于汽车、航空、航天等领域个性化及产品更新换代的生产特点，易于冲压成形塑性差、变形流动阻力大且表面质量难于保证的铝、镁、钛、高温合金和高强度钢板等材料的钣金件。

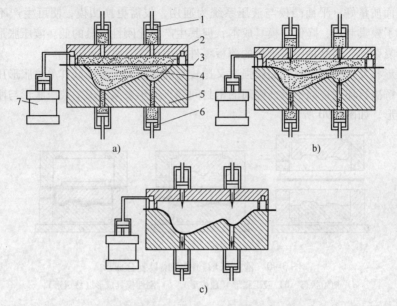

图 3-91　VPF 工艺原理

a）初始状态　b）按顺序成形　c）最终成形

1—介质注入缸　2—上模　3—板坯　4—黏性介质　5—下模　6—反向介质压力缸　7—压边缸

复 习 题

　　1. 锻压成形原理是什么？这种成形原理有什么特点？

　　2. 为什么金属材料的固态塑性成形不像铸造那样具有广泛的适应性？

　　3. 冷变形和热变形各有何特点？它们的应用范围又如何？铅在 20℃、钨在 1000℃ 时变形，各属于哪种变形？为什么？（铅的熔点为 327℃，钨的熔点为 3380℃）

　　4. 碳钢在锻造温度范围内进行塑性变形时，是否会出现加工硬化现象？

　　5. 提高金属材料可锻性最常用且有效的办法是什么？为什么？

　　6. 绘制模锻件图与自由锻件图有何不同？

　　7. 锻件图有何用途？它与零件图比较有何不同？

　　8. 模锻件上大都有飞边和冲孔连皮，是否能直接锻出没有冲孔连皮的通孔和没有飞边的模锻件？

　　9. 下列图示零件（图 3-92、图 3-93、图 3-94）若各自分别按单件小批量、成批量和大批量的锻造生产毛坯，试解答：

　　1）根据生产批量选择锻造方法。

　　2）由选取的锻造方法绘制出相应的锻造过程图（锻件图）。

　　3）确定所选锻造过程的工序，并计算坯料的质量和尺寸。

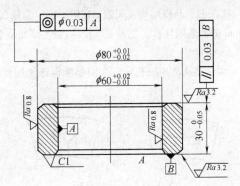

材料：GCr15

图 3-92　外圈

模数	2.5
齿数	68
齿形角	20°
齿形精度	IT7

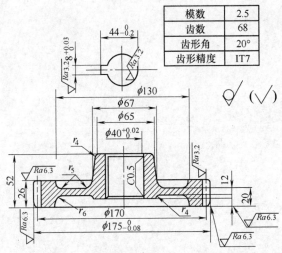

材料：40Cr

图 3-93　齿轮

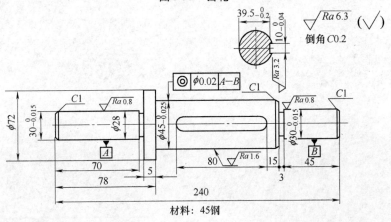

材料：45钢

图 3-94　轴

10. 比较落料和冲孔与拉深凹、凸模结构及间隙 z 有何不同？为什么？

11. 用 $\phi250mm \times 1.5mm$ 的低碳钢坯料，能否一次拉深直径 $\phi50mm$ 的拉深件？为什么？应采取什么措施才能完成？

12. 图 3-95 所示为汽车离合器从动片的孔形，它们都能保证使用要求，试问哪种孔形最佳？为什么？

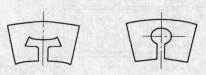

图 3-95　从动片孔形

第4章 焊　接

焊接是通过加热或加压或两者并用，使焊件产生原子间的结合，形成不可拆卸接头的连接方法。

焊接在现代工业生产中具有十分重要的作用，大到大型结构和复杂的机器零部件的焊接，如军舰、航母、飞船、各种压力容器与锅炉、北京鸟巢的焊接；小到家用电器及房屋装修，如防护栏、遥控板等都离不开焊接。

焊接的优点比较突出，具有以下优点：

1. 适用性广

对于大型复杂的机器零部件，可采用化大为小，化复杂为简单的办法，先准备坯料，再用焊接拼制而成。对双金属结构不同材料的对接、对有特殊性能要求的表面堆焊，都可以通过焊接方法来实现。焊接母材的厚度不受限制，从几十毫米厚，到零点几个毫米厚，都可以采用焊接方法进行连接。

2. 可以生产出密封性要求极高的构件

用焊接方法，可生产出高压锅炉，输油、输液、输气管道，低温容器，杜瓦罐（储存液氮的容器，液氮的温度为零下196℃）、高真空容器，都可以用不同的焊接方法来实现。

3. 节约金属，降低成本

焊接与铆接相比，在制造金属结构时，可节约材料15%～20%；并节约工时，减少操作人员。焊接广泛用于车辆制造业、航空工业、船舶制造业等制造业中。

4. 焊接会产生应力和变形

焊接属于热加工，焊后必然产生应力和变形，同时要产生焊接热影响区，使力学性能降低，但可以通过选用先进的焊接设备及正确的焊接工艺措施来降低应力的产生和热影响区，减少焊接的变形来提高焊接质量。

4.1　焊接电弧

4.1.1　焊接电弧的特点

焊接电弧如图4-1所示，是指在具有一定电压的两极间或电极与工件之间产生强烈而持久的稳定放电现象。直流焊接电弧的结构可分为三个部分：阳极区、阴极区和弧柱区，各区的热量与温度也不相同。许多研究表明，阴极区和阳极区产生的热量是相近的，但是阴极区因要释放出大量的电子，消耗部分热量，热量约为36%，温度约为2400K，阳极区不但不释放电子，还要接受电子释放出的能量，热量约为43%，其温度约为 2600K，其余 21% 的热量是在弧柱中产生，而弧柱中心的温度最高，可达 6000 ~ 8000K，图 4-2 所示为焊条电弧焊温度分布情况。在焊条电弧焊中，大约 65% ~ 80% 的热量用于加热金属和熔化金属，其余热量散失在电弧周围或飞溅的金属熔滴中。

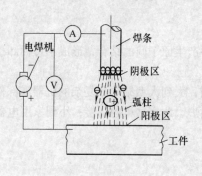

图 4-1　焊接电弧

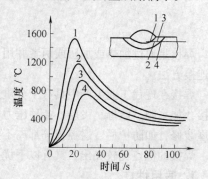

图 4-2　焊条电弧焊熔池温度分布情况

4.1.2　电弧焊设备

常用的电弧焊设备有交流和直流电弧焊机两种。

交流电弧焊机是一个特殊的变压器，把 220V 或 380V 降低到空载电压为 60 ~ 70V，电弧在 20 ~ 35V 内稳定燃烧。同时能提供很大的电流，并且能让电流在一定范围内可以进行调节。电流调节一般为粗调和细调两挡。粗调是借助改变线圈的抽头的接法，初选电流的范围。细调是通过手柄改变两铁心距离（动铁心式），或改变漏磁量即改变两线圈的距离（动圈式），不论哪种都是通过改变漏磁量来实现电流的细调。动铁心式有 BX1 系列，动圈式有 BX3 系列，B 代表交流，X 代表下降特性。

除交流弧焊机设备外，对一些重要的焊接件，一般不用交流弧焊机，应采用直流弧焊设备，如 E5015 碱性低氢型抗裂焊条，必须用直流弧焊机，才能使电弧稳定燃烧。由于电弧产生的热量，在阳极和阴极上有一定的差异，使用直流电弧焊机时，有正接和反接两种接线方法，常见的直流焊接设备有 ZXG1-160，ZXG1-250。

正极焊接是将工件接到正极上，手把线接负极；反接是将手把线接到正极上，工件接负极上如图 4-3 所示。交流弧焊机设有正负接法之分，每秒钟变化 100 次，两极的温度相差不大，一般都在 2500K 左右。

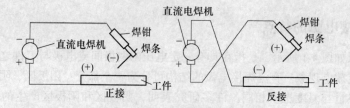

图 4-3　直流电源时的正接和反接

4.1.3　空载电压与焊接电压

焊机的空载电压和焊接电压是不同的，空载电压即为焊接时引弧电压，一般来说空载电压高时，引弧容易，但过高会产生不安全因素，因此空载电压一般在 70～90V 之间，常见引弧电压，交流为 70V 左右，直流为 90V。电弧稳定燃烧时的电压为焊接电压，它与弧长（焊条与工件之间的距离）有关，电弧长度越大，电弧电压越高，为了维持稳定燃烧，一般控制在 16～35V 之间，电弧电压与焊缝质量（焊缝宽度和深度）、飞溅密切相关。

4.2　焊接接头的组织与性能

4.2.1　焊接工件上的温度变化与分布

焊接时，电弧对焊件进行加热、熔化并沿着工件逐渐移动形成焊缝。焊接过程中，焊缝及其附近的金属开始由室温加热、熔化并加热到很高的温度。随着电弧的离去，焊缝及附近的金属逐渐冷却到室温。焊缝两侧及焊缝前后各点的温度是不同的，各点加热到最高温的时间也是不同的；随后的冷却速度也是不一致的。图 4-4 给出了焊接时焊件横截面上不同点的温度变化情况。最高温是焊缝熔合区，其次是过热区、正火区、部分相变区。可以看出焊缝的形成是一次不完整冶金过程，焊缝两侧经过了一次不同规范的热处理过程，必然会产生相应的组织和性能的变化。

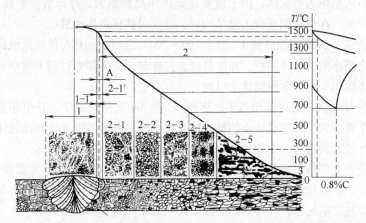

图 4-4　低碳钢焊接接头的组成

1—焊缝宽度　2—热影响区　A—熔合区　2-1—过热区　2-2—完全重结晶区（正火区）

2-3—部分重结晶区（部分相变区）　2-4—再结晶区　2-5—时效区　3—母材组织

4.2.2　焊缝接头的组织与性能

焊缝接头的组织变化如图 4-4 所示的低碳钢焊接接头的组织和温度变化情况曲线。

左侧下部分是焊件的横截面，上部分是相应各点在焊接过程被加热的最高温度曲线（并非某一瞬间该截面的实际温度分布曲线）。图中1、2、3各段金属组织的获得，可用右边的部分铁—碳合金相图进行对照分析。

1. 焊缝

焊缝金属的结晶是从焊缝底部和半熔合区开始向中心伸长形成的柱状晶。可以说是铸造组织，由铁素体和少量的珠光体组织构成。焊缝中心，由低熔点的杂质硫、磷、氧化铁等易偏析物和低熔共晶组成，可能影响了力学性能。但是，由于电弧的吹力与保护气体的吹动，打乱了柱状结晶，使其组织呈现倾斜状，使晶粒有所细化。其次，由于焊芯和药皮有渗合金作用，使被高温烧损的合金元素得到相应的补充，焊缝金属的合金元素不但不低于母材，还有可能更高，所以焊缝金属的力学性能并不低于母材。

2. 半熔合区

半熔合区，也称半熔化区，是焊缝和母材金属交接过渡区。可以看出，此区域处于固相线和液相线之间，由于焊接过程中母材部分熔化，故称为半熔化区。冷凝结晶后，熔化区靠近母材一侧的金属组织处于过热状态，靠近焊缝一侧是铸态组织。这一区域很窄（0.1~1mm）。由于晶粒粗大，塑性和韧性很差，接头交接易引起应力集中，是产生裂纹和局部脆性的发源地，所以在很大程度上决定了焊缝接头的性能。

3. 热影响区

热影响区是指焊缝两侧金属在焊接热的作用下发生组织与性能变化的区域。

（1）过热区　过热区紧挨半熔化区。温度范围在 Ac_3 以上 100~200℃ 至固相线温度区间。高温时的组织为奥氏体，由于温度高奥氏体晶粒粗大，冷却后，形成过热组织，塑性和韧性降低。在焊接刚度较大的结构时，常在过热区产生冷裂纹。

（2）正火区　该区域加热到 Ac_3 以上 100~200℃ 之间，加热时使该区域组织发生重结晶，转变为细小的奥氏体晶粒。离焊缝较远，冷却快，冷却后得到了细小而均匀的铁素体和珠光体组织，其力学性能优于母材。

（3）部分相变区　此区域相当于加热到 Ac_1 至 Ac_3 之间的温度，其中部分的铁素体和珠光体发生重结晶，转变成细小的奥氏体晶粒。另一部分的铁素体和珠光体不发生相变，但晶粒有长大的趋势。冷却后晶粒大小不均，力学性能不如正火区。

焊接都会产生的热影响区，其平均尺寸见表4-1。热影响区的大小和组织变化程度，取决于焊接方法、焊接参数、接头形式和焊后冷却速度等影响因素。一般情况是焊条电弧焊、埋弧焊热影响区小，气焊热影响区较大。对于一些重要的碳钢结构件、低合金钢

表4-1　焊接热影响区的平均尺寸数值

焊接方法	过热区宽度/mm	热影响区总宽度/mm
焊条电弧焊	2.2~3.5	6.0~8.5
埋弧焊	0.8~1.2	2.3~4.0
手工钨极氩弧焊	2.1~3.2	5.0~6.2
气焊	21	27
电子束焊接	—	0.05~0.75

结构件，热影响区给焊件带来不利影响，为此可用焊后正火改善焊接接头性能。焊条电弧焊的工艺参数，主要是焊条直径、焊接电流及焊接速度，其次是焊接次序、焊前预热、焊后缓冷等。正确选择焊接工艺参数能保证焊接质量和提高生产率。

4.3 焊接应力与变形

4.3.1 焊接应力

1. 焊接应力的产生

焊接是局部加热，它是一个极不平衡的热循环过程。焊件上的温度变化范围很大又不均匀。加热（焊接）时，焊缝及两侧由室温被加热到很高的温度，然后再快速冷却下来，由于各部分的温度不同、冷却速度不一样，必然会引起膨胀与收缩不一致，导致产生焊接内应力和变形，甚至产生裂纹。

焊缝是靠电弧的加热与移动形成的。应力的形成、大小、性质和分布也很复杂，为了分析焊接应力的形成和性质，我们可以假设焊缝是同时形成的。焊接时，焊缝及相邻区域的金属处于加热阶段会膨胀，它会受到周边冷金属的阻碍，不能自由伸长，焊缝是受压应力。应力总是一对平衡应力，所以相邻冷金属受拉应力。随后冷却时，焊缝要产生收缩变形，而它同样受到周边冷金属的牵制，它对焊缝产生拉应力，周边产生压应力。图 4-5 所示为平板对接和圆筒环焊缝的焊接应力分布状况。

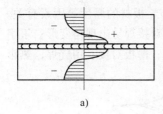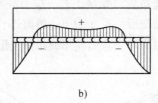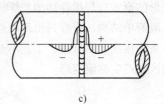

a)　　　　　　　　　　　b)　　　　　　　　　　　c)

图 4-5　焊接应力分布情况

a）纵向应力　b）横向应力　c）径向应力

2. 焊接应力的危害

焊接产生内应力是必然的。它的存在使其焊件的承载能力大为降低，甚至在外界产生变载荷时，会出现断裂的危险。对于要接触腐蚀介质的焊件，使其耐蚀性能降低。由于焊缝是拉力，使腐蚀加剧，使用年限降低，甚至产生腐蚀裂纹而报废的危险后果，对于焊件处于交变载荷时会使疲劳强度降低而出现脆断的危险后果。

3. 应力的防止与消除

焊接应力的存在，必然影响焊件的使用性能，对于承受大载荷、压力容器等重要的焊接构件必须加以防止和消除。防止和消除应力的措施，应当从两个方面考虑：首先从设计焊接构件时着手，在强度相同条件下尽可能选用塑性好的材料，用微变形来抵消焊接应力；在焊缝布置上要尽可能避免交叉密集的焊缝，避免使用焊缝截面过大、过长的焊缝；尽量使用型材和冲压件；焊缝布置对称，避免在最大的弯矩地方布置焊缝；其次是从焊接工艺上着手，正确选择焊接次序，如图 4-6 所示的两种焊接次序，图 4-6a 是先将钢板 I 和 II 焊接，再焊接钢板 III 是正确的；图 4-6b 是先焊接 I 和 III，再和钢板 II 焊接，在 A 处因多次受热易产生裂纹。其次对于厚度大或结构较为复杂的焊件，采取焊前预热，焊后缓冷，能显著减小焊接应力。适当采用小能量焊接方法或锤击焊缝，也可以减小焊接应力。当焊接应力需要彻底消除时，如压力容器，可采用去应力退火来实现，需要加热到 500～650℃，保温后，缓慢冷却到室温。

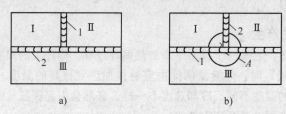

图 4-6　交叉平板焊接次序对焊接应力的影响

a）正确　b）不正确

1—先焊　2—后焊

4.3.2　焊接变形的防止与消除

1. 焊接变形产生的原因

由于焊接应力的存在，必然要产生焊接变形。焊接变形的基本形式如图 4-7 所示，变形的形式与焊接件结构、焊缝布置、焊接工艺、应力分布、板材的厚度等因素有关。一般简单结构，焊缝只出现收缩变形、尺寸缩小。单面焊、对接焊易出现角变形；丁字接头焊接次序不合理、工艺不对易产生弯曲变形或扭曲变形；薄板对接、用气焊，热影响区易产生波浪变形。

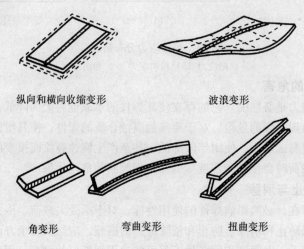

纵向和横向收缩变形　　　　　　波浪变形

角变形　　　　弯曲变形　　　　扭曲变形

图 4-7　焊接变形的形式

2. 防止变形的措施

焊件变形影响到工件的装配和使用，甚至造成报废。因此必须加以防止和消除。焊接变形是由焊接内应力造成的，预防应力产生的措施对防止变形都是行之有效的。从设计上着手，在设计时采用刚性较大的、对称焊接结构，正确合理地布置焊缝、减少密集焊缝都可以减少焊接变形。其次，注意选择合理的焊接次序如图 4-8 所示，采用刚性夹持（焊接夹具可以减少变形）；对结构复杂的焊件，先采用小电流点固、矫正，再进行焊接；对钢板的对接拼焊，先点固一边，矫正后再从另一边施焊，都可以减少变形；第三，采用反变形如图 4-9 所示，焊后变形抵消原来的变形，不过这个方法要具有一定的焊接经验，过大、过小都达不到目的。

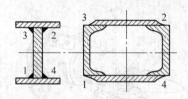 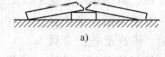 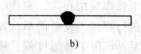

图 4-8　梁的焊接次序　　　　　　　图 4-9　平板焊的反变形
　　　　　　　　　　　　　　　　　　a）焊前反变形　b）焊后

3. 矫正

矫正的方法有机械矫正和热矫正如图 4-10、图 4-11 所示。

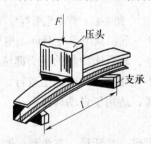 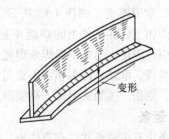

图 4-10　机械矫正法　　　　　　　图 4-11　热矫正法

4. 无损检测

焊接应力过大，会导致焊缝熔合区或过热区产生裂纹。裂纹是最严重的缺陷，裂纹包括热裂纹、再热裂纹、冷裂纹、层状裂纹和延迟裂纹。往往是内部裂纹危害性极大，会造成不可估量的损失。故需对重要焊接件的内部进行无损检测。

内部无损检测方法有 X 射线检测、γ 射线检测、工业射线 CT 检测、超声波检测。外部裂纹检测有磁粉检测、磁粉荧光检测、渗透检测。磁粉荧光检测技术、超声波检测技术，已熟练地用于火车轮轴的检测。荧光检测时，一定要注意，检测后如发现有缺陷，在进行补焊前，一定要彻底用丙酮进行清洗，再检测之前也一定要清洗，否则因荧光粉受热散发在空气中，待冷却后又掉到焊缝上，造成人力、物力的浪费。曾经有人对环形真空室进行荧光渗透检查（环形真空室外直径 1200mm，内环直径 800mm，高 800mm，板厚为 0.3mm 的耐热钢），焊后对焊缝检查，只有 4 个漏点。补焊后再检查时，发现漏点更多，再补焊，漏点越来越多，差一点报废。施焊人员提议用丙酮或酒精进行彻底清洗后再检查，一个漏点都没有了，白白浪费了几天的时间。检测人员最后用氦气质谱仪检查，结果一样，证明焊接方法是可靠的。

4.4　焊条电弧焊

4.4.1　焊缝的形成

　　焊条电弧焊又称手工电弧焊，它是工人用手工操纵焊条进行焊接的电弧焊接方法，也是最常见的一种焊接方法（见图4-12）。焊条电弧焊应用很广，室内、室外、高空和全方位进行焊接。设备简单，操作方便灵活，维护容易。可用于高强度钢、铸钢、铸铁及非铁金属的焊接。焊接接头的强度与母材相近似。但是焊缝质量与工人的焊接水平和焊接技术密切相关，同时劳动量也很大。

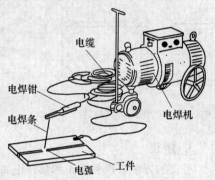

图4-12　焊条电弧焊

1. 引弧

　　引弧的方式有：擦式、点式、接触式等多种方式；常用擦式，如图4-13所示。擦式是焊条夹在焊钳上，在工件上的焊缝不远的地方，轻轻擦一下，离开2~4mm，电弧即引燃，再引至焊道；当第一根焊条焊完后，立即换上焊条，靠近未冷却的接头部位，因为热发射性强，电弧立即引燃。不管用何种方式引弧，不允许在已加表面上进行，防止表面烧损、划伤。接触式引弧、高频高压和高压脉冲引弧，适用于自动焊接。

2. 运条

　　运条也有多种形式，有直线形、直线往复形、锯齿形、月牙形、三角形、圆环形和八字形等多种，见表4-2。直线形多用于多道焊的第一道，锯齿形多用于多道焊缝的中间，圆环形、弧形多用在多道焊的最后一道盖面焊。运条有三个基本方向，送进、摆动、沿焊缝移动，如图4-14所示。

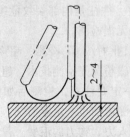

图4-13　擦式引弧

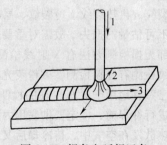

图4-14　焊条电弧焊运条

表 4-2　运条方法及应用范围

运条方法		运条示意图	适用范围
直线形		→	1）3～5mm 厚度，Ⅰ形坡口对接平焊； 2）多层焊的第一层焊道； 3）多层多道焊
直线往复形			1）薄板焊； 2）对接平焊（间隙较大）
锯齿形			1）对接接头（平焊、立焊、仰焊）； 2）角接接头（立焊）
月牙形			1）对接接头（平焊、立焊、仰焊）； 2）角接接头（立焊）
三角形	斜三角形		1）角接接头（仰焊）； 2）对接接头（开 V 形坡口横焊）
	正三角形		1）角接接头（立焊）； 2）对接接头
圆环形	斜圆环形		1）角接接头（平焊、仰焊）； 2）对接接头（横焊）
	正圆环形		对接接头（厚焊件平焊）
八字形			对接接头（厚焊件平焊）

3. 接头清理

为了易于引弧，稳定电弧燃烧，保证焊缝质量，焊前清理是必不可少的工序。清理接头处的铁锈、油垢和污物，特别是中碳钢的焊接尤为重要，清理方法可用钢丝刷、火焰和砂轮。

4. 焊接过程

焊条电弧焊的焊接过程如图 4-15 所示。电弧引燃后，在电弧热的作用下，焊芯和工件熔化形成熔池，同时焊条药皮熔化与分解，药皮熔化后与液态金属发生物理化学反应所形成的熔渣不断从熔池中浮起，药皮产生大量的 CO_2、CO 和 H_2 等保护气体，熔渣和围绕在电弧周围的气体防止空气中氧气和氢气的侵入，起到保护熔化金属不受氧化和氢化的作用。同时药皮中的有用合金元素不断融入熔池，起

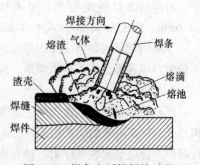

图 4-15　焊条电弧焊焊接过程

到渗合金作用，保证焊缝中的合金元素不低于母材的合金元素。

焊条焊芯溶化后，在重力和电弧吸力的作用下过渡到熔池，起到填充作用，同时也起到渗合金作用，保证焊缝合金成分不低于母材，甚至更高，保证焊缝质量。

当电弧向前移动，工件和焊条不断熔化，形成新的熔池，而先形成的溶液不断冷却结晶，形成连续的焊缝，覆盖在焊缝表面的熔渣冷却逐渐形成渣壳，保护还处在高温下的焊缝不被氧化，并对减缓冷却速度防止裂纹产生有着重要作用。

4.4.2　焊条的组成

涂有药皮供焊条电弧焊用的熔化电极称为焊条，焊条由焊芯和药皮组成，并有国家的统一编号。

1. 焊芯

焊芯（埋弧焊时称为焊丝）是组成焊缝金属的主要材料。焊芯的化学成分及非金属夹杂物的多少直接影响到焊缝质量。同时结构钢的焊条的焊芯应符合 GB/T 14957—1994《熔化焊用钢丝》的规定，常用的结构钢焊条焊芯的牌号和化学成分见表4-3，焊芯除要求化学成分外，还要求其外观质量，不应有氧化皮等。

表4-3　常用结构钢焊条焊芯的牌号和成分

钢号	化学成分/%							用途
	C	Mn	Si	Cr	Ni	S	P	
H08	≤0.1	≤0.3~0.55	≤0.3	≤0.2	≤0.3	<0.04	<0.04	一般焊接结构
H08A	≤0.1	≤0.3~0.55	≤0.3	≤0.2	≤0.3	<0.03	<0.03	重要的焊接结构
H08MnA	≤0.1	≤0.8~1.1	≤0.07	≤0.2	≤0.3	<0.03	<0.03	用作埋弧焊钢丝

焊芯的碳含量均较低，均小于0.1%，并要求有一定的锰含量，因为它是脱氧的能手。对硅的含量控制较严，要求硫磷含量较低，均小于0.03%，焊芯直径最小为$\phi1.6mm$，最大为$\phi8mm$，其中以 $\phi3.2~\phi5mm$ 的焊条应用较广。

不同的钢材的焊接应选用相应的焊条，焊接低合金钢应选低合金钢焊条；焊奥氏体不锈钢，应选奥氏体不锈钢焊条；焊纯铜，应选纯铜焊条。

2. 药皮

药皮是由稳弧剂、造气剂、造渣剂、脱氧剂、合金剂、稀渣剂、粘结剂组成，主要作用是：提高电弧燃烧的稳定性，防止空气中的氧、氢等有害气体进入熔池，对熔池进行保护；合金剂起脱氧作用，补充被烧损的合金元素，保证焊缝有良好的力学性能。焊条药皮原料的种类、名称及其作用见表4-4。

表 4-4 焊条药皮原料的种类、名称及其作用

原料种类	原料名称	作 用
稳弧剂	碳酸钾、碳酸钠、长石、大理石、钛白粉、钠钾水玻璃	改善引弧性能,提高电弧燃烧的稳定性
造气剂	淀粉、木屑、纤维素、大理石	造成一定量的气体,隔绝空气、保护焊接熔滴与熔池
造渣剂	大理石、萤石、萤苦土、长石粘土、钛白粉、锰钛铁矿	造渣,保护焊缝。碱性渣中的 CaO 还可起脱硫、脱磷作用
脱氧剂	锰铁、硅铁、钛铁、铝铁、石墨	脱除金属中的氧,锰还起脱硫作用
合金剂	锰、硅、铬、钼、钒、钨铁	焊缝金属合金化
稀渣剂	萤石、长石、钛白粉、钛铁	降低熔渣的黏性
粘结剂	钾水玻璃、钠水玻璃	将药皮牢固粘在钢芯上

药皮的类型较多,按其药皮熔化后所生成的熔渣性质可分为酸性和碱性两大类焊条。熔渣中呈酸性氧化物(如 SiO_2、TiO_2、Fe_2O)多的叫酸性焊条,熔渣中呈碱性氧化物(如 CaO、FeO、MnO、Na_2O)多的称为碱性焊条。

3. 焊条的种类和牌号

焊条牌号用焊条的第一个特征字的汉语拼音字的首个字母 E 或 J 表示该焊条的类别,后面的两位数字表示焊缝的最小抗拉强度,第三位数字表示焊条药皮的类型和焊接电流的要求。如 J506 焊条,"J"表示结构钢焊条,其焊缝的抗拉强度不小于 490MPa,"6"表示焊条药皮类型为低氢钾型碱性焊条,电流的性质为交直两用。

根据 GB/T 5117—2012《非合金钢及细晶粒钢焊条》和 GB/T 5118—2012《热强钢焊条》的规定,两种焊条型号均用大写字母"E"和数字表示,中间两位数字表示熔敷金属的抗拉强度最小值,单位为 MPa,第三位数字为焊接位置("0"及"1"表示全位置焊,"2"表示平焊,"4"表示适合向下立焊),第三和第四位数字组合表示焊接电流种类及药皮类型。例如 E5016:"E"表示焊条,"50"表示熔敷金属抗拉强度的最小值 ≥490MPa,"1"表示焊条适用于全位置(第三位数字),"6"焊条药皮为低氢钾型碱性抗裂焊条,为交直流两用焊条(第三和第四位数字组成;见表 4-3,编号 1~5 为酸性,6 和 7 为碱性);表 4-5 所示为焊条药皮类型和电源种类编号。

表 4-5 焊条药皮类型和电源种类编号

编号	1	2	3	4	5	6	7	8
药皮类型	钛型	钛钙型	钛铁矿型	氧化铁型	纤维素型	低氢钾型	低氢钠型	石墨型
电源种类	直流或交流	交、直流	交、直流	交、直流	交、直流	交、直流	直流	交、直流

4.4.3 焊条的选择

1. 焊条的选用原则

首先是根据工件的化学成分、力学性能、抗裂性能、耐蚀性能及高温性能等要求,

选用相应的焊条种类；其次考虑焊件机构、形状、受力情况、焊接设备和焊条售价选定具体型号。

1）等强度原则：低碳钢、低合金钢构件，一般都要求焊缝金属与母材等强度。要注意的是，钢材是按屈服强度等级确定的，而焊缝金属的强度要按抗拉强度的最低值来确定。

2）同一强度等级的酸性焊条或碱性焊条的选择，应依据焊件结构的复杂或简单、钢板的厚度、载荷的性质（动载或静载）及钢材的抗裂性能而定。碱性焊条一般用于焊接结构要求塑性好，冲击韧性高，抗裂能力强或低温性能好的构件。对焊件清理也要求较高，不能有油污、铁锈。对于一般焊件，受力情况不复杂，母材塑性好、强度不太高，可选用酸性焊条，经济又实惠。

3）异种钢材的焊接，应选择两者中强度较低的一种钢材的相应焊条；不锈钢、耐热钢和具有特殊性能要求的钢，应选专用焊条；铸钢的焊接，因铸钢碳含量较高，一般情况下，结构较为复杂，厚度也比较大，焊接时应力较大，很容易产生裂纹，焊接一般选用低氢抗裂碱性焊条。

4）铸铁的焊接，碳含量更高，易产生白铁组织和裂纹，应选用镍基焊条，焊后可以进行切削加工。

2. 焊条直径的选择

焊条直径主要依据焊件厚度，按接头型式和焊接位置等来选择。对于多道焊，第一道焊接通常选用小直径的焊条，保证根部焊透，最后一道应选用大直径焊条焊接，以便提高生产效率。焊条电弧焊时焊条直径的选择见表4-6。

表4-6 焊条直径的选择

焊件厚度/mm	≤1.5	2	3	4 ~ 7	8 ~ 12
焊条直径/mm	1.6	1.6 ~ 2	2.5 ~ 3.2	3.2 ~ 4	4 ~ 5

3. 焊接电流的选择

焊接电流主要取决于焊条直径、焊接次序、焊接位置。焊条电弧焊焊碳钢时，焊接电流与焊条直径的关系是：

$$I = (30 \sim 55)d$$

式中　I——焊接电流，单位为 A；

　　　d——焊条直径，单位为 mm。

应当指出，上式只是一个大概焊接电流选择范围。施焊时，还要考虑焊件强度、焊接位置、接头形式、焊接次序、个人操作水平和习惯。电流过大易使药皮失效或烧毁，同时热影响区变大、变形大；电流小生产率低，同时会产生熔深不够、夹渣、未焊透等缺陷。

4. 焊接速度

在保证焊透，且成形良好的前提下，尽量提高焊接速度。薄件焊应当快，以免烧穿。施焊时应采用短弧焊，电弧短、熔深大、电弧稳定、成形美观；电弧长、电弧不稳定、飞溅大、成形不美观，易产生气孔。

4.5　埋弧焊

4.5.1　埋弧焊的焊接过程

　　埋弧焊，又称焊剂层下自动电弧焊。埋弧焊以连续送进焊丝，代替焊条电弧焊用的焊条，以颗粒状的焊剂代替焊条药皮。电弧始终保持选定好的弧长，焊接过程中电弧的引燃、焊丝送进、电弧移动一气呵成，全部自动完成，故称埋弧自动焊。也有埋弧半自动焊，电弧的移动靠手工移动的。

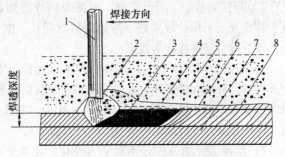

图 4-16　埋弧焊的纵剖面图
1—焊丝　2—电弧　3—熔池金属　4—熔渣
5—焊剂　6—焊缝　7—焊件　8—渣壳

　　图 4-16 所示为埋弧焊的纵剖面图。电弧热使焊剂、焊丝、母材熔化形成较大体积（可达 $20cm^3$）的熔池。熔化后的颗粒焊剂与熔池会发生物理化学作用。金属蒸气、焊剂蒸气和冶金过程所析出气体，在电弧周围形成一封闭空间，使电弧和熔池与外界空气隔开，阻止空气中有害物质的侵入，起到了有效的保护作用。电弧向前移动，熔池金属被电弧气体排挤向后堆积，形成焊缝。熔化后的焊剂变成熔渣，覆盖在焊缝表面形成渣壳对焊缝进行保护，不受氧化。

　　在焊接过程中，焊剂不仅起着保护作用，还起到了冶金处理作用，即通过冶金反应清除有害杂质和渗合金作用，保证焊缝的力学性能。埋弧焊过程如图 4-17 所示。

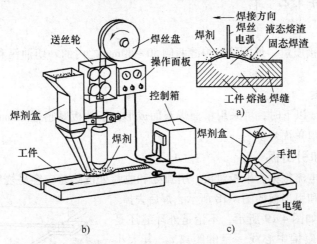

图 4-17　埋弧焊过程示意图
a) 埋弧焊过程　b) 自动埋弧焊　c) 半自动埋弧焊

4.5.2　埋弧焊的特点

1）生产率高。埋弧焊的电流可达 1000A 以上，比电弧焊高 6 ~ 8 倍，比焊条电弧焊的熔深能力和焊材熔敷效率高，不用换焊条，节省了更换焊条的时间，埋弧焊焊接速度大大提高。以板厚 8 ~ 10mm 为例，焊条电弧焊速度不超过 6 ~ 8m/h，而埋弧焊可达 30 ~ 50m/h，采用双丝焊，焊速可再提高一倍以上。

2）焊接质量好，成形美观。埋弧焊的焊接参数可自动调节，保持电弧燃烧很稳定，焊剂充足，保护效果好，熔池保持时间长，能充分进行冶金反应，气体杂质易浮出，使焊缝力学性能显著提高。

3）节省金属，降低生产成本。埋弧焊热量集中，熔深大，20 ~ 25mm 以下焊件不用开坡口，可以直接焊接，并能实现单面焊双面成形。即节约了开坡口的时间和开坡口损失的金属，又使填充焊缝的金属大大减少。埋弧焊飞溅很少，也节省了填充金属材料，单位长度焊缝所消耗的能量也大大降低。

4）改善了劳动条件，体现了人性化。埋弧焊看不见弧光，烟雾很少，劳动环境好，不用手工操作，降低了劳动强度。

5）埋弧焊适用位置受限制。由于采用颗粒焊剂进行焊接，因而只适用于平焊和环焊，如平焊对接和角接接头。

6）焊接厚度受限制。对于小于 1mm 的薄板不能进行焊接，因电流小于 120A，电弧燃烧的稳定性差，焊接质量不好。

7）对焊件坡口加工和装配及轨道调整，要求严格。因埋弧焊不能直接观察电弧与坡口的相对位置，故必须保证坡口和装配的精度或采用自动跟踪装置，才能不焊偏，一般只适用于批量生产。

4.5.3　埋弧焊工艺

1. 清理

为了保证焊接质量，焊前除掉焊缝两侧 50 ~ 60mm 之内的一切油污和铁锈，以免产生气孔。

2. 焊接厚度

板厚在 20mm 以下时，可采用单面焊双面成形，工件板厚超过 20mm，可采用双面焊，也可以开坡口单面焊。

3. 引弧板和引出板

埋弧焊焊接电流很大，平板对接，引弧处和收弧处散热差，容易烧穿或成形不好，应当采用引弧板和引出板如图 4-18 所示，焊后去掉。

环缝埋弧焊如图 4-19 所示，不论是外环缝还是内环缝，焊丝均应偏中心线一定的距离 a。其大小视筒直径与焊速而定，一般 a 值在 35 ~ 40mm 范围内。

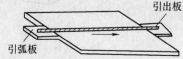

图 4-18　埋弧焊的引弧板和引出板

4. 焊接材料的选择

（1）焊剂的选择　焊接低碳钢和强度等级低的合金钢，一般选用高锰高硅焊剂（如 HJ431、HJ433 和 HJ430）与低碳焊丝（H08A）或含锰焊丝（H08MnA）相配，焊接低合金高强度钢时，除使焊缝与母材等强度外，还应特别注意保证焊缝的塑性、韧性，可选用中锰中硅型焊剂，或低锰中硅型焊剂（如 HJ250 焊剂）。施焊前，对焊剂要进行烘烤，因熔炼焊剂易吸潮。

（2）焊丝选择　焊丝选择除要求其化学成分符合要求外，还要求其外观满足要求，无锈蚀、氧化皮等。送丝要好还要求挺直度。

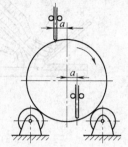

图 4-19　环缝埋弧焊示意图

4.6　气体保护焊

气体保护焊是指钨极惰性气体保护焊和熔化极氩弧焊、CO_2 气体保护焊及等离子弧保护焊等焊接方法。其中手工钨极氩弧焊和 CO_2 气体保护焊应用最广泛。本节主要介绍手工钨极氩弧焊和 CO_2 气体保护焊。

4.6.1　氩弧焊

氩弧焊是以氩气为保护气体的熔化焊。氩气是惰性气体，它不与熔池金属起反应，也不溶于金属，而能有效地对焊缝金属进行保护，焊缝质量比较高。

氩弧焊按电极熔化与不熔化分为钨极氩弧焊（TIG）与熔化极氩弧焊（MIG）；按电弧焊机的电流性质又分为直流氩弧焊、交流氩弧焊和脉冲钨极氩弧焊，它们各自有自己的适用范围

1. 钨极氩弧焊（TIG）

又称为手工钨极氩弧焊，它是用熔点很高的钍钨极或铈钨极作为电极，适用范围很广，可以实现全位置焊。焊接时，电极不熔化，只起导电与产生电弧作用。易于实现机械化和自动化。

手工钨极氩弧焊的操作与气焊相似，如图 4-20 所示。常用于焊 3mm 以下的焊件，最低可以焊到 0.3mm 左右。不加填料，称之为自熔焊接，只要运弧稳，成形很美观。焊接较厚的工件时，可以开坡口预留或不留间隙，开坡口需要手工添加焊料。也可以作为厚件的打底焊接，既保证焊透，又不烧穿，然后用焊条电弧焊进行单道和多道焊。既保证了强度和气密性，又提高了生产效率。

直流氩弧焊，主要用于焊接不锈钢、合金钢，但不适于焊接碳素钢。

（1）保证氩弧质量应当注意的方面

1）钨极前端锥度。焊接厚件，钨极直径为 $\phi3mm$ 时，前端锥度以 30°～50°为宜；当焊接薄板，钨极直径为 $\phi1.5mm$ 时，因电流小，要求电弧稳定燃烧，钨极前端锥度以

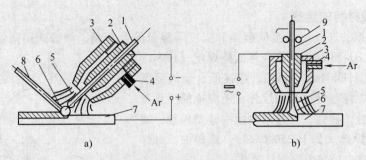

图 4-20　氩弧焊示意图
a）不熔化极氩弧焊　b）熔化极氩弧焊
1—焊丝或钨极　2—导电嘴　3—喷嘴　4—进气管　5—氩气流
6—电弧　7—工件　8—填充焊丝　9—送丝辊轮

15°～20°为好，钨极前端的密度大热量集中，焊缝窄，成形美观。

2）手工钨极氩弧焊时，电极与工件的夹角，一般以 75°左右为宜。这样的角度视角好，可观察焊缝的成形。如果是自动焊，熔池不加填料，电极与工件夹角可为 90°。焊枪、焊件与焊丝的相对位置如图 4-21 所示。

3）喷嘴形状。喷嘴最好为直通形，如图 4-22a 所示，保护气体气流的挺直度好，不易受外界干扰，保护效果好。收敛形喷嘴如图 4-22b 所示，保护气体散发角度大，保护区域大，但易受外界气流的干扰，反而保护效果不佳。特别是深处、宽度窄的焊缝，收敛形喷嘴是无法施焊的。

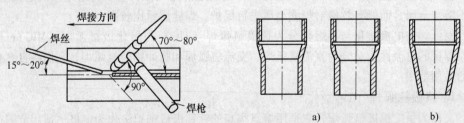

图 4-21　焊枪、焊件与焊丝的相对位置

图 4-22　常见电极喷嘴形式
a）直通形　b）收敛形

4）气体纯度。气体纯度以 99.9% 为最好，虽然价格高点，但保护效果好。

5）清洗。清洗用丙酮或酒精对焊道进行除油污。对于多层波纹管的焊接，清洗更为重要。波纹管是油压形成的，每层都有存油，焊接前必须清除，否则焊接时因油喷出引起燃烧，不仅保护效果不好，严重时不能进行焊接。清洗方法是先用煤油浸泡 48～72h，再用丙酮浸泡 24～48h，最后用酒精脱水、吹干方可进行焊接。

（2）氩弧焊的特点

1）适用于焊接各类合金钢、不锈钢，易氧化的非铁金属及锆、钽、钼、钛等稀有金属材料。最好不要用于焊接黄铜，焊接时，电弧温度高，锌极易氧化成氧化锌，散发在空气中形成污染，冷后落在焊缝上呈现白色。不得不焊接时最好戴上口罩或采用自动焊,防止吸入肺部。

2) 氩弧焊电弧稳定、飞溅小、焊缝致密,表面没有熔渣,成形美观。不锈钢焊接,如果保护好,焊缝是银白色、淡黄色;保护欠佳,为红色甚至是灰色,电极短路时会听到响声,焊缝有绿色点状斑点。

3) 氩弧焊是明弧焊,便于操作控制焊缝成形,也容易实现全位置自动化焊接。

4) 电弧在气流压缩下燃烧,热量集中,熔池小,焊速快,热影响区较窄,焊后变形小。只要有氩弧焊机,利用车床自动走刀和主轴回转就能实现纵焊缝薄壁焊接和环焊缝自动保护焊。实验证明,用卧式车床成功焊接了 0.3mm 以下耐热钢或不锈钢的单面焊双面成形。但不能用交流磁场夹具来实现夹紧焊件,因为是交变磁场,而电弧也是导体,电弧在磁场作用下,焊后的焊缝不是一条直线,而是一条正弦波形曲线。

(3) 对氩弧焊控制设备的最基本要求

1) 能自动引弧。为实现这一点可用高频、高压引弧,高压脉冲引弧,当电弧引燃后,高频应立即清除。

2) 能实现提前送气,滞后断气,对焊缝进行有效保护。

3) 焊接结束时,能实现电流自动衰减,保证不产生弧坑裂纹(直流氩弧焊)。

4) 对焊接电流超过 300A 时,应设有水冷,自动保护开关。

5) 电流能任意调节。

有了以上的程序控制,就可以将直流弧焊机改装成简易的直流氩弧焊机、手工或自动钨极氩弧焊机。

2. 脉冲钨极氩弧焊

脉冲钨极氩弧焊焊接,电流的幅值按一定的频率由高值到低值周期性连续变换其电流波形,如图 4-23 所示。

脉冲钨极电弧焊的焊接参数有,基本电流 J_1、脉冲电流 J_2、脉冲电流保持时间 t_1、基本电流持续时间 t_2、脉冲钨极氩弧焊焊成的连续焊缝。实质上是许多单个脉冲形成熔池连续搭接而成。脉冲焊接电流形成熔池,基本电流维持电弧不至熄灭,加热少,熔池凝固。对于要求焊缝密封性的焊缝,每个焊点必须重叠至少 1/3 以上,值得提出的是脉冲钨极氩弧焊不适用手工操作只适用于自动焊,由于电弧一闪一闪,视力受影响,看不清焊缝,不能保证焊接质量,必要时可将电流打到连续挡,即将基本电流持续时间 t_2 调为零。设备上均有"连续"开关挡。

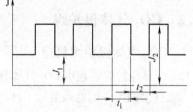

图 4-23 TIG-脉冲焊波形原理
J_1—基本电流 J_2—脉冲电流
t_1—脉冲电流持续时间 t_2—基本电流持续时间

脉冲氩弧焊的特点:

1) 焊缝脉冲式熔化与凝固,易于控制,保证焊件焊透又避免烧穿。适合焊接 0.1 ~5mm 的钢板或管材,并能实现单面焊双面成形。

2) 由于熔池是脉冲式熔化和凝固,克服了熔池张力或自重影响所造成焊接偏浆与塌腰等缺陷。适合空间全自动焊接。

3）焊接参数易调节，因而适合焊接易淬火钢和高强度钢，可减少裂纹与焊接变形。

4）质量稳定，力学性能比普通氩弧焊高。

3. 交流氩弧焊

交流氩弧焊不仅是电流性质不同，而且适用范围也不同。交流氩弧焊焊接对象是铝、及铝镁合金。交流氩弧焊因有"阴极雾化"作用，高速正离子能打碎铝镁合金表面的氧化物 Al_2O_3，露出未氧化的金属，实现正常的焊接。

交流氩弧焊机的控制程序的基本要求与直流氩弧焊是一致的，只是没有衰减电流，弧坑靠操作弥补，在电源设计原理上也有些不同之处。交流在输出回路上，要求隔直，也就是说没有直流成分，否则焊接质量不可靠；直流电源要求设有交流成分，否则同样焊接质量不可靠。不论交流还是直流，焊接设备的组成如图 4-24 所示。

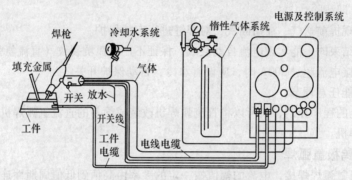

图 4-24 氩弧焊设备示意图

4.6.2 CO_2 气体保护焊

1. CO_2 气体保护焊机理

CO_2 气体保护焊是利用 CO_2 气体作为保护气体的焊接。它以焊丝作为熔化电极，靠焊丝和工件之间产生的电弧熔化工件与熔化后的焊丝形成熔池，熔池冷却后形成焊缝。焊丝靠送丝机构来实现，CO_2 气体保护焊焊接过程如图 4-25 所示。

CO_2 气体经喷嘴喷出，包围电弧和熔池，起隔离空气和保护焊接熔池，防止空气中有害气体对高热金属氧化和侵害的作用。CO_2 气体在电弧高温的作用下分解为 CO 和 O，使钢中的碳、锰、硅及其他合金金属烧损，难以保证焊缝的力学性能。因此，应采用含有一定量的脱氧剂焊丝或采用带有脱氧剂成分的药芯焊丝。通常采用含锰、硅量较高的焊丝或含铝、

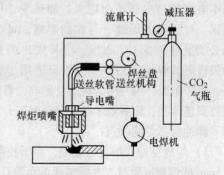

图 4-25 CO_2 气体保护焊焊接装置示意图

钛等较活泼合金元素的焊丝，在焊接中进行有效脱氧，清除 CO_2 对熔池的不良影响，防止氢气体的侵害，阻止氢气孔、氮气孔、CO 气孔在焊缝中的形成。

2. CO_2 气体保护焊的特点

1）成本低。因用廉价的 CO_2 代替了焊剂，焊接成本只有埋弧焊的 40% 左右，耗电量比焊条电弧焊低 2/3 左右。

2）生产率高。CO_2 保护焊采用自动化或机械自动化送丝，电流密度大，热量集中，焊接速度快，而且灵活方便，适用于全位置焊接。

3）焊缝质量好。它与氩弧焊一样，电弧是在气流压缩下燃烧，热量集中，热影响区小、变形小、裂纹倾向小。CO_2 保护焊是低氢型焊接方法，焊缝含氢量较低，抗锈能力强，不易产生冷裂纹。

4）CO_2 气体保护焊属于明弧焊，焊接过程易监视和控制电弧和熔池，因此成形美观。

5）CO_2 气体保护焊适用范围广，大量用于造船、机车车辆、汽车、农业机械等。

6）不足之处，CO_2 气体保护焊熔滴短路过渡，引起飞溅。当焊接参数、焊接电流、电弧电压、电感值选择不当时也会引起飞溅。

3. 对焊接电源的要求

1）对电源外特性的要求：在采用等速送丝时，应具有平或缓降的特性；采用不等速送丝应采用下降外特性。

2）对电源动特性的要求：自由过渡焊接时对动特性没有什么要求。当短路过渡时，要求具有良好的动态品质。其含义指两个方面，一是要有足够的短路电流增长速度，短路峰值 I_{max} 和焊接电压增长速度，二是当焊丝成分和直径不同时，短路电流增长速度能在一定范围进行调节。

3）焊接电流和焊接电压在一定范围能调节。

焊接采用的是直流焊接电源反接法，熔滴过渡平稳，飞溅少，成形美观；如果是逆变式焊接电源，效果更佳。正接法，因工件熔化速度快，电弧很不稳定，所以很少采用。

4.7 等离子弧焊与切割

等离子弧焊是利用等离子弧作为焊接热源的熔化焊方法。等离子弧焊是在钨极氩弧焊的基础上发展起来的。钨极氩弧焊的电弧称为自由电弧，而等离子弧是受约束电弧，使弧柱中的气体完全电离，产生的热量比自由电弧的更大，能量密度更集中，温度更高。

4.7.1 等离子弧的形成

等离子弧的形成如图 4-26 所示。

等离子电弧是一种受约束的电弧，它是借助于三种压缩效应形成的。

（1）机械压缩效应　在工件和电极之间加一个高压，经高频振荡使气体电离后形成电弧。当电弧通过小孔径喷嘴（孔径为 0.6～2.5mm）喷出时，弧柱被强迫压缩，称之为机械压缩效应，如图 4-27a 所示。

（2）热压缩效应　热压缩效应也称为流体压缩效应。流体压缩来自三个方面：首先是保护气体从侧向进入到电极室，气流沿着内孔表面流动，产生旋转，使电弧向中心压缩，如图 4-27b 所示；其次是高压离子电流沿轴进入，高速送入的气流被喷嘴收敛后沿喷嘴表面形成冷气层，对电弧进行进一步压缩，如图 4-27c 所示；第三是冷却水强烈冷却，电弧得到进一步压缩，使离子流向中心集中，这种压缩称之为热压缩效应，如图 4-27d 所示。

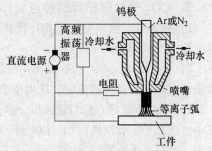

图 4-26　等离子弧的形成

（3）电磁压缩效应　这种压缩效应来自于弧柱自身的磁场。带电离子流在弧柱中心运动，可视为一束平行载流导线中流向相同的电流。它们产生的电磁力是相互吸引的，使电弧再一步压缩，这种压缩称为电磁压缩效应。

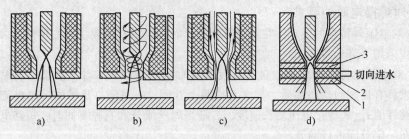

图 4-27　等离子弧的热压缩方式

a）单纯采用壁压缩　b）旋转气流冷却和稳弧　c）大气流压缩　d）水流旋转压缩

1、3—铜喷嘴　2—稳定室

有了以上三种压缩效应，将电弧压缩得像针一样细。电流密度很大，离子弧更挺直，穿透力更强。带电质点速度最高可达 300m/s。普通钨极氩弧焊的温度为 10000～24000K，能量密度小于 $10^4 W/cm^2$。等离子弧的温度可达 24000～50000K，能量密度可达 $10^5～10^6 W/cm^2$。氩弧焊加热工件的热量来源于阳极斑点产生的热量，而等离子弧焊加热工件的热量，主要来源于弧柱。

4.7.2　等离子切割

1. 非转移型等离子弧

当电极为负，喷嘴接正，在高频高压作用下产生电弧，并被气流拉出喷嘴，这就是非转移型等离子弧。非转移型电弧，又称为离子焰，其温度和能量密度都很低，弧散发性大，切口大，不平整。

2. 转移型电弧

当工件接正，非转移电弧碰到接电极的工件时，立即形成转移电弧，开始焊接或切割。

3. 等离子切割与氧气切割比较

1）等离子切割的实质是熔化过程。因等离子的温度很高（10000～50000K），任何金属遇到都会立即熔化、气化，然后被高压气吹掉形成切口，分离开金属。氧气切割的实质是氧化过程。表面金属加热至紫红色，依靠喷嘴喷出的高压氧氧化，形成熔点很低的氧化物立即熔化并被高压氧吹掉，氧化成液态的熔渣被吹走的同时，熔化的氧化物又加热一层金属连续氧化、熔化、吹走形成切口，板料被分离开，这就是氧气切割下料。

2）切的对象不同。氧气切割只能切割碳钢和铸铁材料，不能切割非铁金属、不锈钢、耐热钢等。等离子切割可以切割任何金属。其原因是不锈钢表面有一层氧化膜 Cr_2O_3，铝金属表面有一层 Al_2O_3，氧化物的熔化温度均在2050℃以上，氧气切割根本达不到这样的温度，而等离子温度在10000℃以上，目前没有一种金属的熔点在10000℃，所以它可以切割任何金属。

3）等离子切割穿透力很强，50mm 的钢不用先打孔，只要 1～2s 就能穿透切割。

4）等离子切割成本高，设备较贵，但切口平整质量好，目前市场出售的空气等离子切割机，价格并不贵，而且切割效果良好。氧气切割价格低廉，但质量不如等离子切割，应用受限制。

5）等离子切割用于切割黄铜时，最好在室外切割，等离子切割温度高，大量的锌被氧化后飘浮在空中形成烟雾，否则被人吸收会影响身体健康。

等离子焊接设备组成如图 4-28 所示。

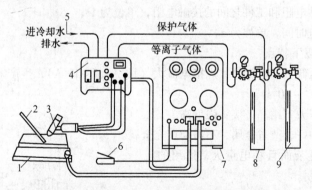

图 4-28　等离子弧焊接设备

1—工件　2—填充焊丝　3—焊炬　4—控制系统　5—冷却系统
6—启动开关　7—焊接电源　8、9—供气系统

4.7.3　等离子弧焊

等离子弧焊有以下优点：

1）等离子弧焊能量密度大，弧柱温度高，穿透力强。焊 10～12mm 厚的钢材不用

开坡口，一次焊透，借助小孔效应，能实现单面焊双面成形。等离子弧焊焊速快、热影响区小、变形小、焊薄板，尤为显著。

2）等离子弧焊电弧稳定性好，挺直刚性好。当焊接电流为 10A 时，喷嘴离工件距离可达 6.4mm，弧柱仍然挺直；而氩弧焊弧长为 0.6mm 才能保持挺直。等离子弧焊接电流为 0.1A 时，能保持稳定燃烧，仍能保持良好的挺直度，故等离子弧焊可焊很薄的板材。

等离子弧焊，为了提高保护效果，在保护中加入 3% 的氢气，保护效果更佳，但不能超过 5%，否则它会自燃，会起到相反的作用。

近年来等离子切割大量用于切割碳钢板，因它切割速度快、切口平整、变形小。特别是空气等离子切割，价格不贵，型号众多，应用非常广泛。

4.8 电阻焊

4.8.1 普通电阻焊

电阻焊是利用通过工件接触表面及邻近区产生的电阻热，把工件加热到塑性或局部熔化状态，断电，同时加压形成接头的焊接方法。

电阻焊产生的热量可利用焦耳—楞次定律计算：

$$Q = I^2 Rt$$

式中 Q——电阻焊时所产生的电阻热，单位为 J；

I——焊接电流，单位为 A；

R——工件电阻和工件之间的接触电阻，单位为 Ω；

t——通电时间，单位为 s。

电阻焊具有以下特点：

1）焊接电压低（$U \le 12V$），焊接电流大（$10^3 A < I < 10^5 A$），生产效率高，每点的焊接时间为（$10^{-2} \sim 10^2 s$）。

2）接头在压力下结晶，接头强度高。

3）劳动条件好，节省金属，不需加填充金属。

4）设备较复杂而且耗电量大，适用的接头形式受到限制。

1. 定位焊

定位焊是将工件装配成搭接接头，在两柱状极之间，利用电阻热熔化母材，在压力结晶形成致密焊点的方法。如图 4-29 所示，定位焊电极材料一般是黄铜、铬青铜。

焊缝的形成：完成一个点的焊接后，将工件（或电极）移到另一点进行焊接。如果

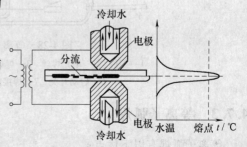

图 4-29 定位焊示意图

是密集点焊，每点的重叠为 1/3。

分流现象：当焊接下一点时，有部分电流会流经已焊好的焊点，减少通过焊接核心点的电流，会影响焊点质量，因此焊接电流适当要大些。

1）焊接参数的选择：影响点焊质量的参数主要有焊接电流、通电时间、电极压力和工件表面清理及电极的修整等。

根据焊接时间的长短和电流大小，通常把定位焊规范分为硬规范和软规范。硬规范的通电时间短，焊接电流大，特点是生产率高，工件变形小，电极磨损慢，但设备功率要求大，适合导热性好的金属。软规范正好相反，通电时间长，电流较小，生产率低，设备的功率小，适合焊接淬硬倾向大的金属。

2）焊点质量的检测：选择和焊件同等厚度的板料，进行试焊 3～4 点，再用钢丝钳将两件分开，如果断处在焊点中间，说明焊点强度不够高，假焊，应当增加焊接电流。如果焊点撕开，将从母材撕开成一个洞，说明电流、电极电压合格。如果两件的焊点压坑很深，说明电极压力过大，电流大；如果没有明显的压坑，说明电流小、压力小，重新调节焊接参数。

3）电极修整：电极表面不平将严重影响焊接质量。表面烧损过重，定位焊时飞溅很大，不仅焊接质量不好，还会引起烫伤。如果是焊接 0.3～0.5mm 的焊件对电极表面要求较严，要随时检查修整。一般用锉刀端平进行修整，严重不平整可用车削修整表面。

4）定位焊主要用于 4mm 以下的薄板、冲压件及线材的焊接，因此广泛用于汽车、车厢、飞机（尾喷管）等薄壁结

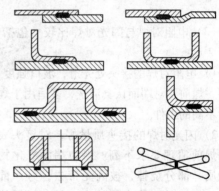

图 4-30　定位焊接头形式

构、轻工、生活用品的焊接。定位焊的接头形式以搭接为主，图 4-30 所示为几种典型的定位焊接头形式。

2. 缝焊

缝焊过程与定位焊相似，如图 4-31 所示。它只是用旋转的圆盘状滚动电极代替柱状电极。焊接时，盘状电极压紧工件并转动，带动工件向前移动。配合连续或断续送电，即形成连续的焊缝。如果要求密闭性好的焊缝，焊点重叠必须在 30% 以上。缝焊分流现象更严重点，因此焊接电流是定位焊时的 1.5～2 倍，要求大功率焊机，适用于焊接 3mm 以下的薄板结构。

3. 对焊

对焊是利用工件在两接触面上产生的电阻热来加热工件表面，断电施压，将两工件连接起来。如图 4-32 所示。按照操作方法不同，分为电阻对焊和闪光对焊。

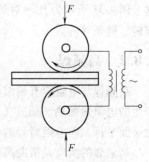

图 4-31　缝焊示意图

（1）电阻对焊　将工件在铜质钳口中夹紧，成对接接头，施加预压力，使两件截面紧密接触，然后通电加热，将工件接触面加热到塑性状态，约为 1000～1250℃，再突然增大压力，进行预锻，并断电形成牢固接头，如图 4-32a 所示。

（2）闪光对焊　将两工件夹在钳口内形成对接接头（工件并未接触），通电并使工件微接触。由于工件表面并非想象的平整，首先接触的点，电流很大，被迅速加热形成"熔桥"，甚至成蒸气，在蒸气力和压力的作用下，液态金属发生爆炸，以形成火花从接触处飞出形成"闪光"。此时工件保持匀速送进，保持一定的闪光时间，待工件端面全部熔化（闪光匀速连续）时，加压、顶锻，并同时断电，工件在压力下产生塑性变形而焊合，如图 4-32b 所示。

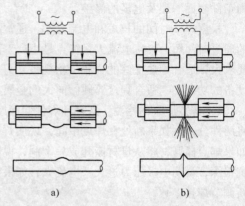

图 4-32　电阻对焊示意图
a）电阻对焊　b）闪光对焊

（3）电阻对焊与闪光对焊比较　包括以下 2 点：

1）电阻对焊的接头处光滑，坡口强度不高，焊前要对端面认真清洗，多适用于焊接截面简单，直径（或边长）小于 20mm 和强度不高的工件。

2）闪光对焊的接头质量好，对接头表面的焊前清理要求不高。因为端面氧化物和杂质一部分烧掉，被闪光带去，另一部分被加压时随液体金属挤出，所以不需特别清理。可以焊接材质相同或不相同、质量要求高的焊件。闪光焊在建筑行业广泛用于钢筋的焊接，生产效率高，还节约钢材。被焊工件直径可小到 0.01mm 的金属丝，到截面为 20000mm^2 金属棒和金属型

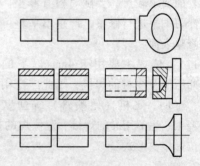

图 4-33　对焊接头形式

材。图 4-33 所示为几种对焊接头形式，闪光对焊主要用于刀具、管子、钢筋、钢轨、锚链、链条等的焊接。

4.8.2　高频焊

高频焊与电阻焊有相似而不相同的地方。高频焊是利用流经工件表面的高频电流所产生的电阻热加热、加压（或不加压）形成焊接接头的一种焊接方法。高频电流与接触平面平行，而电阻对焊的电流性质不是高频电流，且电流流向与接触面垂直。

高频焊的实质是借助高频电流的趋肤效应（向导体表面通以频率为 f 的交流电流时，导体断面上出现的电流分布不均，电流密度由导体表面向中心逐渐减少，电流的大

部分仅沿着导体表面层流动的一种现象）可使高频电能集中于工件的表面层，而利用邻近效应（当高频电流在两导体中彼此反向流动或在一个往复导体中流动时，电流集中流动于导体邻近侧的一种特殊的物理现

象），又可控制高频电流流动的位置和范围，如图4-34所示。

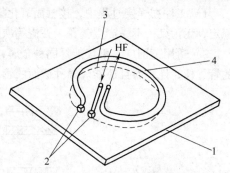

图4-34　高频电流的邻近效应
HF—高频电源　1—工件　2—触头接触位置
3—电流路线　4—邻近导体

高频焊较多用于焊接水管，故也称之为高频焊管，厂名也称高频焊管厂。焊接方法有管坯纵缝电阻焊，感应焊，辗压焊，如图4-35所示。

高频焊有以下特点：

1）焊接速度高，而不产生跳焊。焊速可达150～200m/min，生产率高，适用于大批量生产。

2）焊缝热影响区小，不易氧化，焊缝具有良好的组织和性能。

3）高频焊对焊前清理要求不高，可以不清理氧化物。

4）不足之处在于设备有高压、高频回路，对身体有危害，同时维修费用高。

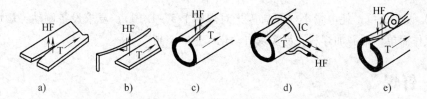

图4-35　型材和管材的高频焊接
a）板条对接接头　b）板条T型接头　c）管坯纵缝对接（电阻焊）
d）管坯纵缝对接（感应焊）　e）管坯纵缝对接（碾压焊）

4.8.3　摩擦焊

摩擦焊就是利用工件接触端面作相对旋转运动中所产生的热量，突然停止转动，加压、顶锻而进行焊接的方法。

图4-36所示为摩擦焊示意图。施焊程序是先将两工件装夹在焊机上加压，使工件紧密接触。然后工件做旋转运动，使工件接触面相对摩擦产生热量，将工件端面加热到高温塑性状态，此时利用制动装置使工件突然停止转动，并利用液压缸，对接触面施加轴向大压力，使焊件产生塑性变形而连接起来。其实摩擦焊与电阻对焊的原理差不多，不同的是，电阻对焊是利用接触电阻产生电阻热来加热焊件至高塑性状态，而摩擦焊是利用摩擦热来加热焊件至高塑性状态。不过摩擦焊的接头质量较电阻对

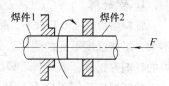

图4-36　摩擦焊示意图

焊高，并且省电。

摩擦焊的特点：

1）工件在焊接过程中，接触面氧化物与杂质被清除，接头组织致密，质量好而且稳定，无污染，不易产生气孔、夹渣等缺陷。

2）适用范围广，不仅能焊同种金属，而且还可以焊异种金属，不仅能焊同种截面的管、棒、件，而且还能焊异种截面的管、棒、件，如图4-37所示。

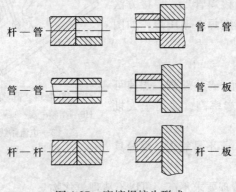

图 4-37　摩擦焊接头形式

3）设备简单，耗电量小（只有闪光对焊的 1/5～1/10），要求设备制动灵敏度高，同时操作简单，不需加焊料，易实现自动化，生产率高。

4.9　钎焊

钎焊是利用熔点比焊件低的钎料作填充金属，与焊件一起加热，利用焊件和钎料相互扩散，冷却后将工件连接起来的焊接方法。

钎焊的实质是焊件不熔化。

钎焊过程中，一般都要使用钎剂，其作用是清除污物和钎料与焊件表面的氧化物，提高钎料的湿润性，使钎料借助毛细作用在焊件接头中铺展，便于钎料被吸入间隙。通过钎料向焊件扩散，焊件向钎料溶解的相互作用，冷却、凝固后形成钎焊接头，并保护钎焊过程不被氧化形成光滑接头。

根据钎料熔点和焊接强度不同，钎焊分为软钎焊和硬钎焊。

1. 软钎焊

钎料熔点在 450℃ 以下，接头强度一般不大于 70MPa。这种钎焊只适用于接头受力不大，工作温度不高的焊件。最常见的钎料是锡铅合金钎料，通常称为锡焊。适用于锡焊的钎剂有松香、氧化锌、磷酸等。

软钎焊广泛用于受力不大、常温下工作的仪表、电子元件物件。根据批量的大小钎焊的种类可分为：

（1）电烙钎焊 加热是靠电烙铁加热，钎剂常用松香或用松香焊丝，一般适用于单件、小批生产和修复等手工钎焊。

（2）浸渍钎焊 加热方法靠超声波加热炉，将钎料加热熔化。清洗用氯化锌溶液喷洒，吹干后再浸入熔化好的钎料溶液中，浸入时间为 2～3s，适用于小批量生产。

（3）波峰焊 属全自动钎焊。把插好的印制电路板置于自动线上，当焊件从钎料熔池上面走过时，与熔池中两个锡波峰接触，达到焊接目的。波峰焊生产率高、质量好，适用于大批量生产，但设备昂贵。

2. 硬钎焊

硬钎焊钎料熔点在 450℃ 以上，焊缝接头的抗拉强度超过 200MPa。用于硬钎焊的钎料有铜基、银基、镍基钎料。

铜钎料常用于钎焊刀具、碳钢、铸铁和纯铜，焊缝成形良好、美观。

银基钎料常用于不锈钢的钎焊。因不锈钢表面有一层 Cr_2O_3，钎焊时必须用机械或化学方法清除。机械方式用软砂轮或手工砂纸打磨。化学方法最好用磷酸溶液。焊剂用氯化锌溶液或磷酸。钎料用含银量为 45% Ag 为最好，它熔化温度不太高，流动性是三种（25% Ag、45% Ag、70% Ag）银基钎料中最好的，而且成本比含 70% 的 Ag 低。钎焊质量与加热方法有关。较大工件的钎焊件是靠氧-乙炔焰加热，火焰为轻微碳化焰，火焰要不断在工件上移动，决不能在一处，长期加热达到钎焊温度，温度过高会形不成良好的钎接接头。钎焊环形焊缝时，加热工件要轻微转动。火焰要由外焰逐步移至内焰，为了防止被焊件氧化，钎焊过程决不能用内焰加热，并不能长期在一点加热，长期加热会使焊件氧化严重，影响焊接质量。为了防止钎焊件氧化，先将焊剂调成糊状，均匀涂在焊缝上。看到焊剂熔化即可加入少量的钎料，将火焰稍微离开一点，钎料会自动流入焊缝，钎料不够再少加一点，这样焊接出来的焊缝光滑平整。加料时间很关键，绝对不能让焊件发火红，一旦见焊件发红则再也无法焊好，这是不锈钢硬钎焊的关键所在。

根据加热方法不同，硬钎焊分为：

（1）火焰钎焊 常用氧-乙炔火焰加热进行铜、银钎料钎焊刀具、工具、不锈钢、碳钢等结构。

（2）电阻、电感高频钎焊 利用接触电阻或高频加热工件与焊件钎料。钎焊质量好、效率高、成本稍高。

（3）高温炉钎焊 将被焊工件和钎料、钎剂装配固定好，钎料钎剂置于箱式炉中进行钎焊。如果要求被焊工件（如不锈钢、耐热钢）不氧化，可用真空炉钎焊，也可以把被焊工件置于气体保护盒中，通以流动的氩气进行钎焊。用此方法曾经成功地钎焊了环形蜂窝结构密封环。

钎焊与熔化焊相比有如下特点：

1）工件加热温度低，母材并未熔化，因而组织和力学性能变化小，变形小。接头平整光滑、尺寸精确。

2）钎焊可焊焊接性差异很大的异种金属，同时对厚度差别较大的也没有严格要求。

3）能对多条复杂结构进行钎焊，但一定要根据钎料的熔化温度排序，先焊熔化温度高的钎料，后焊熔化温度低的钎料。

4）钎焊一般不用于受力大的钢结构件、动载零件。钎焊主要用于制造精密仪器、电器部件及异种金属构件和复杂薄壁结构，如夹层结构，蜂窝结构等。

5）钎焊的接头形式以搭接为主，不适用于焊接对接结构，常用接头形式如图 4-38 所示。

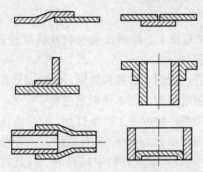

图 4-38　钎焊接头形式

4.10　高能束焊

随着科学技术的发展，一般的焊接技术已不能满足新材料、高质量的焊接要求。例如，原子能、导弹、核潜艇、航空航天用了锆、钛、钼、钽等及其合金，并对焊接质量提出了更高的要求。一般的气体保护焊已不能适应新材料的焊接要求了，必须开发研制新的焊接设备和焊接工艺才能解决上述部门对产品的焊接质量要求。

4.10.1　真空电子束焊

真空电子束焊是 20 世纪 50 年代研制成功的焊接方法，是利用加速和聚焦的电子束轰击置于真空室内工作台上的工件。电子枪是由加热灯丝、阳极及聚焦装置等组成，如图 4-39 所示。其原理是，当阳极被灯丝加热到 2600K 时，能发出大量的电子，这些电子在阴极与阳极（工件）之间的高压作用下，经电磁透镜聚焦成电子束，并以极大的速度（可达 160000km/s）轰击工件表面，电子能转变为热能加热工件，其能量密度为 $10^6 \sim 10^8 \mathrm{W/cm^2}$，比普通电弧焊大 1000 倍，使工件金属迅速熔化，甚至可气化。根据熔化程度，适当移动工件，就可得到符合要求的焊缝。

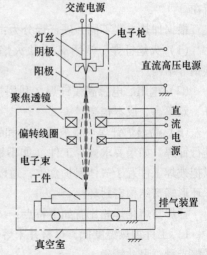

图 4-39　真空电子束焊接示意图

真空电子束焊的特点如下：

1）电子束能量密度很大，熔深大，焊缝窄，焊缝宽深比可达 1∶50。焊件热影响区小，变形小，焊接质量高，速度快。

2）在真空中施焊，保证了焊件不被氧化、氮化和电极不被污染，焊缝表面平整、无弧坑、无气孔和夹渣。

3）焊件不开坡口，焊缝不加填充材料。但要求装配紧，不留间隙。

4）真空电子束焊适应性很强，焊接参数可在较大的范围调节，不但可以焊接薄件，也可以焊接单道焊缝达 100mm 厚的钢板，也可以焊接微电子电路组件、真空膜盒及钢箔蜂窝结构，原子能燃料元件和大型导弹壳体。对熔点高、导热性强等性能相差很大的异种金属也能焊接，达到优质焊缝。

5）真空电子束焊也有不足之处，设备复杂、造价成本高，对设备的使用和维护技术要求高；同时焊件尺寸受真空室限制，对工件的清理、装配要求严格。

4.10.2　激光焊

激光焊是利用聚焦后的激光束作为能源，轰击焊件所产生的热量进行焊接的方法。激光焊的本质是激光与非透明物质相互作用的过程。微观上是一个量子过程，宏观上表现为反射、吸收、熔化、气化等现象。

激光焊的特点是物质受激面产生波长均一、方向一致和强度很高的光束。激光与普通光（如太阳光、电灯光、烛光、荧光等）不同，它具有单色性好、方向性好、能量密度高（$10^5 \sim 10^{31}$ W/cm^2）等特点，它可以成功用于金属或非金属的焊接、切削、打孔。

用于焊接的激光器有气体和固体两种。气体是 CO_2，固体是红宝石、钕玻璃等。

激光焊接示意图如图 4-40 所示。利用激光器所发出的激光束经聚焦后，其能量密度大于 10^5 W/cm^2，聚焦到工件的焊缝上，光能转变为热能，使金属很快熔化，形成焊接接头。

激光焊分为脉冲激光焊和连续脉冲激光焊两种。激光不仅用于焊接，还能用于透明体内部雕刻，在军事上有激光炮、激光枪等。

目前用于焊接的气体激光焊机有 RS850 型 CO_2 激光器，输出波长为 10.6mm，功率为 5kW，输出功率的稳定性为 3%（长时间），输出光模式多样，光束散发角 ≤1.5°m/rad，整机电源容量为 68kVA。固态激光焊机有 YAG 激光焊机。

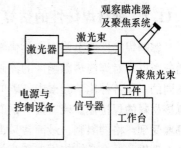

图 4-40　激光焊接示意图

激光焊的特点如下：

1）激光辐射的能量释放极其迅速，焊接一点只需几毫秒。不但生产率高，而且被焊材料不易氧化，不需保护，可以在大气层中焊接。

2）激光焊的能量密度很高，焊接热影响区小，工件不变形，特别适用于热导率高的材料。

3）激光焊不受焊接位置限制，可对空间任何地方进行焊接。

4）激光焊对被焊金属无限制，异种金属、非金属、金属与非金属进行焊接都能得到高质量焊缝。

5）不足之处在于焊接厚度受到一定的限制，并且对操作技术和维护技术要求高。

4.11 常用金属材料的焊接性

4.11.1 金属的焊接性

所谓焊接性是指在一定工艺条件下，获得优质焊缝的难易程度。

金属的焊接性包括两个方面：一是工艺焊接性，主要指焊接接头产生工艺缺陷的倾向，如焊接裂纹（热裂纹、冷裂纹）；二是指焊接接头在使用过程中的可靠性，如力学性能及耐热耐蚀性能等。

金属材料的焊接性能不是一成不变的，是相对的。同一种金属材料采用不同的焊接方法、焊接材料及焊接工艺，其焊接性有很大的差别。例如：没有发明氩弧焊前，钛与钛合金的焊接性差，但是由于有了氩弧焊，焊接钛及钛合金就不再是难事了；有了交流氩弧焊，铝及铝合金焊接也能顺利进行；有了等离子束焊、真空电子束焊、激光焊，使钼、钨、钽、锆等的焊接也成为可能。

随着新的焊接技术、焊接设备的出现，工业上应用的绝大多数金属材料都可以焊接，只是焊接时的难易程度不同而已。金属材料的焊接性可通过估算和试验方法来确定。评价新材料的焊接性是产品设计、施工准备及正确合理制订焊接工艺文件的重要依据。

4.11.2 钢材焊接性的估算方法

影响焊接性的主要因素是化学成分。不同的化学元素，对焊缝组织的性能，夹杂物的分布以及对焊接热影响区的淬硬程度等的影响是不同的，对焊接产生裂纹的倾向也是不同的。在各种化学元素中，碳的影响是最为明显的，对其他元素可折合成碳当量来估算该材料的焊接性。硫、磷对钢的焊接性影响也很大，各种钢材在冶炼时，硫、磷含量都要受到严格的限制，最高含量都要小于 0.045%。

碳钢及低合金结构钢的碳当量经验公式为

$$C_{eq} = w(C) + w(Mn)/6 + [w(Cr) + w(Mo) + w(V)]/5 + [w(Ni) + w(Cu)]/15$$

1）当 $w(C) < 0.4\%$ 时，钢材的塑性好，热影响区淬硬倾向不明显，焊接性良好。一般工艺条件下，不易产生裂纹。如果厚度大或在低温下焊接时应考虑预热。

2）当 $w(C) = 0.4\% \sim 0.6\%$ 时，钢的塑性明显下降，淬硬倾向明显增大，焊接性也相对较差。焊前要预热，焊后要缓冷，要采取一定的焊接工艺措施才能防止裂纹。

3）当 $w(C) > 0.6\%$ 时，钢材的塑性很低，淬硬倾向明显很强，焊接性很差。如果要焊接，焊前预热温度要高，特别要注意焊后缓冷速度，焊接时要采用必要的工艺措施，防止裂纹，焊后要适当进行热处理，才能保证焊接质量。

应当指出，利用经验公式估算出的焊接性是粗略的。因为钢的焊接性还受焊接结构的刚度、接头形式、焊后应力条件、环境温度等诸多因素的影响。如焊件材料厚度加大，结构复杂，刚度必然增大，焊后应力也加大，焊缝中心部位处于立向拉应力状态，表现出焊接性下降。因此除初步估算该材料的焊接性外，还要根据实际情况进行同等条件下的焊接试验或焊接接头使用焊接性的试验，为制订正确合理的工艺规范提供可靠依据。

4.12 碳钢及合金钢的焊接

4.12.1 碳钢的焊接

1. 低碳钢的焊接

低碳钢的 $w(C) \leqslant 0.25\%$，没有淬硬倾向，对焊接过程不敏感，焊接性好，焊接前一般不需要预热，也不需要缓冷。但是对于焊接厚度 $\geqslant 50mm$ 的低碳钢或在寒冷低于焊接温度较大的焊件，需要适当预热到 $100 \sim 200℃$。

低碳钢可以用各种焊接方法进行焊接，应用最广泛的是焊条电弧焊、埋弧焊、电阻焊、对焊、高频焊及 CO_2 气体保护焊。

低碳钢焊条电弧焊时选用焊条有：E4313（J421）、E4303（J422）、E4320（J424）；焊接动载荷结构、复杂结构或厚板结构，常选用 E4326（J426）、E4315（J427）或 E5016（J506）。

埋弧焊选用 H08A 焊丝并配以 HJ431 焊剂，CO_2 气体保护焊用 H08Mn2SiA，碳素结构钢埋弧焊用 H08A 或 H08mA 配用 HJ430 或 HJ431 焊剂。

2. 中高碳钢的焊接

中碳钢的 $w(C)$ 为 $0.25\% \sim 0.6\%$。随着碳含量的增加，塑性降低，淬硬倾向明显，焊接性变差，裂纹倾向增大，也易产生气孔。

中碳钢的焊接特点：

1）焊缝金属易产生气孔和热裂纹。中碳钢焊接时，因为工件中碳的含量与硫、磷杂质含量远远高于焊芯，母材熔化碳进入熔池，使焊缝金属碳含量增加，塑性降低，硫、磷进入熔池与氧化铁形成低熔共晶，焊缝及熔合区在相变前因收缩产生内应力而产生裂纹。由于碳含量多，碳与氧形成的 CO 气孔增加。

2）热影响区易产生冷裂缝。中碳钢属于淬火钢，热影响区内金属加热超过淬火温度会形成马氏体，马氏体的性能是硬、脆、塑性差而内应力大。当焊件刚性较大或工艺不恰当或在氢的作用下，很容易产生冷裂纹。冷裂纹是焊件生产中影响最大的缺陷，甚至会造成灾难性事故。冷裂纹分为延迟裂纹、淬硬脆化裂纹、低塑性脆化裂纹。所谓延迟裂纹，它不在焊后立即产生，而在孕育期产生；淬硬脆化裂纹及淬火裂纹，是马氏体引起的；低塑性脆化裂纹是因焊接收缩应力超过母材本身的塑性储备而产生的裂纹。

35 钢和 45 钢多用于制造重要的机器零件，一般都有一定的厚度，焊接长度不大，故常采用焊条电弧焊，焊前预热 150~250℃，焊后也进行相应的热处理。

高碳钢的焊接特点与中碳钢基本相似；只是焊接性比中碳钢焊接性更差。焊接时预热温度更高些和更严格的工艺措施。生产中高碳钢很少焊接，一般只限于补焊。

4.12.2 低合金钢的焊接

此类钢的 $w(C)$ 在 0.12%~0.2% 之间，由于化学成分不同，不同钢号的焊接性差别也很大。在生产中常采用扎制型材或锻件毛坯，焊接结构较少。低级别的合金钢含碳低，合金元素少，具有良好的焊接性。高级别的合金钢，合金元素多，焊接性差，焊接时需要采取一定的工艺措施。

低合金结构钢具有如下的焊接特点：

1）热影响区易产生淬火组织，淬硬程度与钢材的化学成分和强度级别有关。300MPa 的淬硬倾向少，焊接性好，强度超过 350MPa 级的钢，过热区易产生马氏体淬硬组织。

2）焊接接头易产生裂纹。随钢材强度级别的提高，冷裂纹的倾向增大。影响冷裂纹的因素有三个方面：一是焊缝及热影响区的含氢量；二是热影响区的淬硬程度；三是焊接接头的应力大小。由于合金钢的硫、磷含量低，而且一般合金钢中都有一定的含锰量，锰是良好的脱氧元素，故产生热裂纹的倾向小。

3）焊接工艺：低合金钢强度级别较低，焊接与低碳钢的焊接基本一样，不需要特别的工艺措施。对于在低温环境或刚度大、厚度大的结构件上进行小焊脚、短焊缝焊接时，为防止出现淬硬组织，需要适当增大焊接电流，减慢焊接速度，适当预热，应采用低氢型抗裂焊条（如 E5016）焊接。对于锅炉、受压容器等重要物件，厚度大于 20mm时，焊后必须进行退火处理，消除内应力。对于高级别低合金钢件的焊接时，焊接前一定要预热到 250℃ 左右。焊接时控制焊接参数，控制冷却速度，不宜过快，当不能立即进行热处理时，焊后将工件加热到 200~350℃，保温 2-6h 进行消氢处理，加速氢扩散逸出以防由氢引起冷裂纹（延迟裂纹）。

4.13 铸铁的补焊

铸铁的碳含量高，杂质较多，组织不均匀，塑性很低，焊接性很差。所以设计和制造焊接结构件时，不应采用铸铁。铸铁的焊接特点：

1）熔合区易产生白口组织。补焊时局部加热，冷却速度快，容易形成白口组织，其硬度很高，焊后加工很困难，可以说无法进行机械加工。

2）易产生裂纹。铸铁塑性很差，强度低。焊接应力大时，在焊缝及热影响区内均会产生热裂纹和冷裂纹，甚至会使整体断裂，当采用非铸铁组织焊条时更容易产生热裂纹。

3）易产生气孔。铸铁碳含量很高，$w(C) > 2.11\%$，焊接时易产生 CO 和 CO_2 气体，由于补焊冷却速度很快，溶于熔池中的 CO 和 CO_2 气体来不及逸出而形成气孔。

4）铸铁流动性好，不宜立焊，只适宜平焊。

补焊方法一般分为以下几大类：

（1）热焊法　热焊是将工件整体或局部加热到 600～700℃，补焊后缓冷，目的是防止产生白口组织和裂纹，焊后质量较好，可进行机械加工。其缺点是成本高，效率低，劳动条件差，一般用于补焊形状复杂，焊后需机械加工的重要铸件，如床头箱、气缸等。

预热可用火焰加热，也可以用于焊后缓冷。填充金属用来特制的铸铁棒条，焊剂用 CJ201。补焊也可以用铸铁焊条进行补焊。

（2）冷焊法　焊前工件不预热，或只加热到 400℃ 以下。主要依靠焊条中的化学成分来调整焊缝中的化学成分，防止产生白口铸铁组织和避免裂纹。冷焊方便，生产率高，灵活，成本低，劳动条件较好，但切削加工困难。多用于补焊要求不高的铸件及不允许高温预热变形的铸件。工业上，采用小电流、短弧、窄焊缝、短焊道，不大于 50mm，并锤击焊缝，帮助变形降低应力，防止裂纹。

（3）钎焊　用铜基钎料进行焊接。

（4）氩弧焊　氩弧焊用于补焊要求质量高，焊后加工的铸铁件，其方法是：①开坡口至裂纹根部；②清理坡口表面的杂质，焊口周围的油漆；③焊条采用 Z308 镍基铸铁焊条去药皮，打磨出金属光泽。用此方法曾经多次成功地补焊过铸铁件，焊接效果较好。

4.14　铜合金及铝合金的焊接

4.14.1　铜及铜合金的焊接

1）铜及铜合金的焊接比低碳钢的焊接困难得多。因铜及铜合金的导热性高，线膨胀系数大，在高温下很容易氧化，生成氧化亚铜（CuO）与铜形成低熔共晶，分布在晶界上形成薄弱环节，焊缝冷却收缩时产生内应力，致使焊接过程中极易引起开裂。

2）不易焊透。导热性很高，母材来不及熔化，填充金属与母材不能很好结合，易产生焊不透。

3）易产生气孔。铜的吸气性很强，特别是容易吸收氢气，凝固时，气体来不及析出而形成气孔。

4）铜的电阻极小，不适于电阻焊。

5）铜合金（黄铜）不适于焊接温度高的焊接方法，更不适于等离子切割，因黄铜中的锌高温时极易烧蚀蒸发成氧化锌，锌的烧损不但改变了接头的化学成分，降低了接头的性能，而且所生成的氧化锌烟雾污染环境，并引起焊工中毒。特别用等离子切割形成的"烟雾"更大，在室内切割可以笼罩整个车间，引起其他工人中毒。黄铜的下料最好采用机械方法。同样黄铜也不适于钨极氩弧焊，焊后焊缝表面覆盖一层氧化锌（白色），也会引起中毒，最好采用自动焊，并戴上口罩。可以用气焊、钎焊等焊接方法。纯铜和青铜可以用氩弧焊。

铝青铜焊接时所形成的 Al_2O_3 增大了熔池的黏度，影响气体和熔渣排出，易产生夹渣和气孔。

4.14.2　铝及铝合金的焊接

铝及铝合金的焊接也比较困难，其焊接特点如下：

1）铝与氧的亲和力很强，极易氧化生成致密的 Al_2O_3，熔点高达 2050℃，覆盖在表面阻碍合金熔合，易形成夹渣。

2）铝熔点只有 680℃左右，加上 Al_2O_3 覆盖，肉眼很难观察到熔池，所以气焊很困难。

3）铝的热导率很大，焊接需大功率和能量集中的热源。同时铝的热膨胀系数极大，焊接应力大，易产生裂纹和变形。

4）液态铝吸气能力强，特别是氢气，焊接易产生氢气孔。

5）铝在高温时，强度低、塑性差，焊接中由于不能支撑熔池金属，易使成形焊缝塌陷，成形不美观。因此常用垫板进行焊接。

目前铝合金的焊接方法有气焊、定位焊、钎焊和交流氩弧焊，而交流氩弧焊焊接质量是最好的。因为交流氩弧焊有"阴极雾化"作用，打碎了 Al_2O_3 氧化膜，露出未氧化的金属，能顺利地进行焊接。氩气纯度要求 99.9%。对于要求不高的铝及铝合金的焊接也可以用气焊。

4.15　焊接结构设计

设计焊接结构时，既要考虑到产品的使用性，又要考虑产品的结构工艺性，还要考虑制造单位的质量管理水平，检测技能等。只有这样才能设计出容易生产，质量优良，成本低廉的焊接结构。

4.15.1　焊接结构的材料选择

1）在满足焊接结构工作性能的前提下，尽可能选用焊接性好的材料。焊接性好的材料有低碳钢和低合金结构钢。在设计中，尽量选用低合金结构钢，特别是强度高的低合金结构钢，价格并不高，而且焊接性又好，在设计中尽可能采用。对于焊接性较差的材料，在设计中尽可能不用。若必须采用时，应在设计和生产中采取必要的焊接措施。

2）异种金属的焊接，必须注意它们的焊接性差异。一般要求接头强度不低于被焊钢材中强度较低者，并应在设计中提出焊接工艺要求，按焊接性差的钢采取工艺措施，如预热、焊后缓冷等。各种常用金属材料的焊接性见表 4-7。

3）设计焊接结构时，应多采用型材，减少焊缝数量，降低结构质量及成本，同时还增加了焊接结构的强度和刚性，如工字钢、槽钢、角钢等。对于形状复杂的部分构件，可采用铸钢件、锻件或冲压件。图 4-41 所示为合理选材的结构例子。

表 4-7　常用金属材料的焊接性

焊接方法 焊接材料	气焊	焊条 电弧焊	埋弧焊	CO_2 气体 保护焊	氩弧焊	真空 电子束焊	定位焊、 缝焊	对焊	摩擦焊	钎焊
低碳钢	A	A	A	A	A	A	A	A	A	A
中碳钢	A	A	B	B	A	A	B	A	A	A
低合金结构钢	B	A	A	A	A	A	A	A	A	A
不锈钢	A	A	A	A	A	A	A	A	A	A
耐热钢	B	A	B	C	A	A	B	C	D	A
铸钢	A	A	A	A	A	A	（一）	B	B	B
铸铁	B	B	C	C	B	（一）	（一）	D	D	B
铜及铜合金	B	B	C	C	A	A	D	D	A	A
铝及铝合金	B	C	C	D	A	A	D	B	B	C
钛及钛合金	D	D	D	D	A	A	B~C	C	D	B

注：A 表示焊接性良好；B 表示焊接性较好；C 表示焊接性较差；D 表示焊接性不好；（一）表示很少采用。

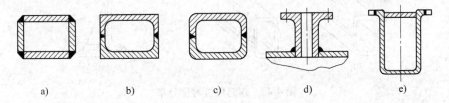

图 4-41　合理选材与减少焊缝

a）用四块钢板焊成　b）用两根槽钢焊成　c）用两块钢板弯曲后焊成

d）容器上的铸钢件法兰　e）冲压后焊接的小型容器

4.15.2　焊接接头的工艺设计

合理地布置焊缝位置是焊接结构设计的关键，与焊接产品质量和提高生产效率、降低成本及减轻劳动强度密切相关。

1）焊缝布置尽可能分散。焊缝密集交叉会造成金属在同一点反复加热，会加大热影响区，并且焊接内应力加大，使焊缝热影响区组织恶化。一般原则是两条焊缝间距要求大于板厚的三倍，如图 4-42 所示。

2）焊缝位置应对称分布，如图 4-43a、b 所示的构件，焊缝位置偏离截面中心，并对同一侧焊缝收缩会造成大的变形。图 4-43c、d、e 所示的位置对称，明显减少了焊接变形。

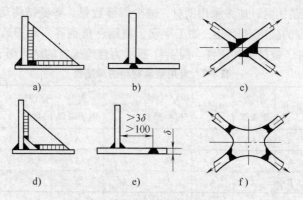

图 4-42　焊缝布置情况
a)、b)、c) 不合理　d)、e)、f) 合理

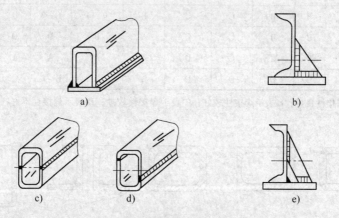

图 4-43　焊缝位置对称分布
a)、b) 不合理　c)、d)、e) 合理

3）焊缝应尽量避开最大应力断面的集中位置。对受力较大，结构又复杂的焊接构件在最大应力端面和应力集中位置不应该布置焊缝。图 4-44a 所示为不合理，不应在受力最大处布置焊缝；图 4-44d 所示为合理。图 4-44b 所示为不合理，不应在应力集中地方布置焊缝；图 4-44e 所示为合理，避免了应力集中处。这就是为什么有容器的封头都有直壁部分的道理。图 4-44c 所示为不合理，两件厚度相差太大，焊件参数不好选择；图 4-44b 所示为合理，好选择焊接参数。一般的设计原则是：厚减薄或薄增厚的设计原则。

4）焊缝应尽量避开机械加工面，图 4-45a、b 所示为不合理，图 4-45c、d 所示较为合理。有些焊缝要焊后进行机械加工，这样既能保证装配顺利进行又能保证装配精度。对于真空装置，一些零件必须选择焊后加工，保证真空度持久。如不加工，焊缝中气孔不易发现，成了"死真空"，增加了抽真空时间，而且难以持久保持真空度。

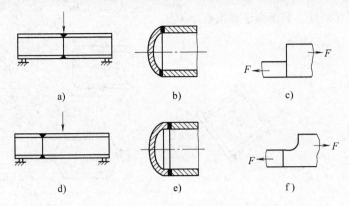

图 4-44　焊缝避开最大应力断面与应力集中位置的设计

a)、b)、c) 不合理　d)、e)、f) 合理

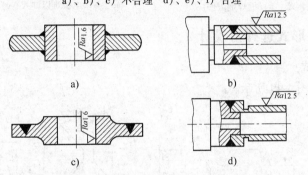

图 4-45　焊缝远离机械加工表面设计

a)、b) 不合理　c)、d) 合理

5）焊缝位置便于操作。焊缝的布置要为操作者方便施工考虑，这就是所谓的"开敞性"，如图 4-46 所示。埋弧焊要考虑熔池和焊剂的保持位置如图 4-47 所示；定位焊时要考虑电极的伸入方便及伸入臂的刚性，如图 4-48 所示。焊缝尽可能置于平焊位置，避免仰焊，减少立焊。焊接最好先装配点固、矫正后再施焊，以便减小变形。为了保证

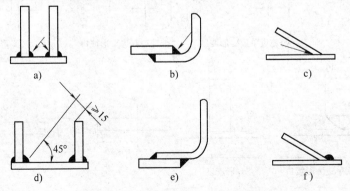

图 4-46　焊缝位置便于电弧焊的设计

a)、b)、c) 不合理　d)、e)、f) 合理

焊接质量，焊接顺序、装配顺序都很重要。

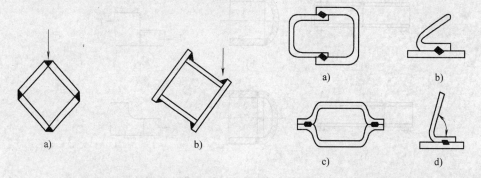

图 4-47　焊缝位置便于埋弧焊的设计
a）放焊剂困难　b）放焊剂方便

图 4-48　焊缝位置便于点焊及缝焊的设计
a）、b）电极难以伸入　c）、d）操作方便

4.15.3　接头形式选择与设计

1. 接头形式

接头形式如图 4-49 所示。

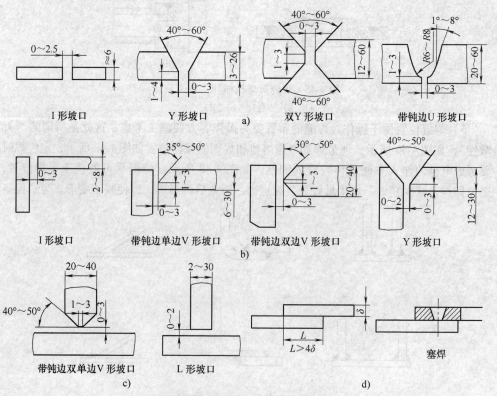

图 4-49　不同接头形式和坡口形式
a）对接接头　b）角接接头　c）丁字接头　d）搭接接头

（1）对接接头 受力比较均匀，是最常用的一种形式，用于重要的焊接结构。

（2）搭接接头 因两焊件不在同一平面上，受力会产生弯矩，金属消耗量大，一般不用。但它对装配精度要求不高，对于某些受力不大的构件可采用，还可以省工时。如桁架、房架等空间结构都用搭接。

（3）丁字接头与角接接头 两焊件成直角或一定的角度时，必须采用的一种接头形式。

2. 坡口形式与设计

坡口形式是按 GB/T 985.1—2008《气焊、焊条电弧焊、气体保护焊和高能束焊的推荐坡口》进行设计的。

对于板厚为 1 ~ 6mm，焊条电弧焊一般不开坡口（即 I 形坡口）直接焊成。当板厚增加时，为了保证焊透，根据工件厚度预开各种形式的坡口，坡口有 Y 型和 V 型。单边坡口，焊接易发生变形，矫正也很困难，这时可以开双面坡口。

坡口的基本要素有：

1）对接角度用 α 表示，α 一般在 40° ~ 60°，角接的 α 为 35° ~ 50°。

2）钝边用 h 表示，h 一般为 1 ~ 3mm。

3）间隙用 e 表示，e 一般为 0 ~ 3mm，不开坡口时用 I 表示，一般为 0 ~ 2.5mm。

3. 接头过渡形式

厚度不等金属材料的焊接，若需获得优质的焊接接头，必须使两板的厚度大致相等，否则易产生焊不透、烧穿等缺陷。表 4-8 所示为不同厚度金属材料允许的厚度差。图 4-50 所示为不同厚度对接的过渡形式。图 4-51 所示为不同厚度角接过渡形式。

表 4-8 不同厚度金属材料对接允许的厚度差

较薄板的厚度/mm	2 ~ 5	6 ~ 8	9 ~ 11	≥12
允许厚度差/mm	1	2	3	4

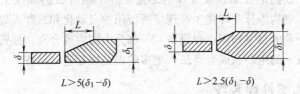

$L > 5(\delta_1 - \delta)$ $L > 2.5(\delta_1 - \delta)$

图 4-50 不同厚度金属材料对接的过渡形式

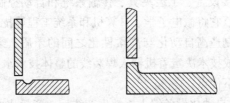

图 4-51 不同厚度金属材料角接的过渡形式

4. 其他焊接方法的接头与坡口形式

埋弧焊：因焊接电流大，熔深大，厚度小于12mm则不开坡口，进行单面焊双面成形。当厚度小于24mm时，也可不开坡口双面焊；当厚度更大时，必须开坡口，坡口尺寸和形式按 GB/T 985.2—2008《埋弧焊的推荐坡口》执行。

真空电子束焊：宽深比可达1∶50，一般也不开坡口。

激光焊：一般焊薄壁，也不开坡口。

氧焊：因火焰温度低，很少焊厚件，T型接头搭边也不开坡口，一般多采用对接接头、角接接头和卷边接头，也不开坡口。

4.16　焊接机器人技术的应用

4.16.1　焊接机器人国内外发展水平

随着科学技术的不断发展，高效、高速、智能化焊接成为现代焊接技术的发展方向。焊接机器人在提高焊接质量、降低焊接成本、实现自动化焊接方面扮演着重要角色。目前焊接机器人国内发展水平与国外还有一定的差距。①国外进口焊接电源大都允许操作者输入焊接材料、厚度、坡口形式等焊接工艺条件，以免费或以选配的方式提供了焊接专家系统，可自动生成焊接工艺。而国内焊接电源厂家难以提供成熟可靠的焊接工艺支持，在焊接工艺的研究和积累还十分有限，大部分高端市场份额仍然被进口焊机占据。②国外焊接设备大都提供了现场总线接口，而且可控参数丰富。而国内的自动化焊接系统各个自动化焊接部件信息量的传递十分有限，普遍处于继电器开关量编组控制的水平，难以实现复杂的焊接工艺协调控制。③在欧美、日本等技术发达国家，自动化、机器人焊接设备的应用非常普遍，特别是在批量化、大规模和有害作业环境中使用率更高，已形成了成熟的技术、设备和与之配套并不断升级的焊接工艺。在我国，汽车、石化、电力、钢构等行业焊接生产现场所使用的自动化和机器人焊接设备，少部分为国内焊接装备企业的自主知识产权设备，一部分由国内或合资、独资企业提供的、关键部件采用国外技术的组装和成套产品，更多的则是成套进口设备。

4.16.2　机器人柔性焊装线

柔性焊装线是由焊接设备、工装夹具、传输系统和自动控制等部分组成的技术复杂、高度自动化的系统，它将微电子学、计算机和系统工程等技术有机地结合起来，理想和圆满地解决了机械制造高自动化与高柔性化之间的矛盾。柔性焊装线的自动化装备、控制方式、系统集成技术决定着机器人焊装线的整体技术水平。

柔性焊装线具体如下优点：

1）设备利用率高。自动化设备编入柔性生产线后，产量比此类设备在分散单机作业时的产量提高数倍。

2）在制品减少80%左右，提高了整线的生产效率。

3）生产能力相对稳定。焊装系统由一台或多台装备组合而成，发生故障时，功能性子系统有降级运转的能力，物料传送系统也有自行绕过故障单元的能力。

4）产品质量高。在焊接白车身过程中减少了人为因素以及其他不稳定因素，焊接形式稳定，焊接质量高。

5）焊接设备运行灵活。有些柔性焊装线的上件、焊接和维护工作可在第一班完成，第二、第三班可在无人照看下正常生产。在理想的柔性焊装线中，其监控系统还能处理物流的堵塞疏通等运行过程中不可预料的问题。

6）产品应变能力大。工装夹具、焊接设备和物料运输装置具有可调性，且系统平面布置合理，便于增减设备，满足市场需要。焊装线的整体柔性程度由各组成部分的柔性程度所决定，其中焊接设备的柔性程度是决定焊装线柔性程度的关键。焊接机器人是本体独立、动作自由度多、程序变更灵活、自动化程度高、柔性程度极高的焊接设备，具有多用途功能、重复精度高、焊接质量高、抓取重量大、运动速度快、动作稳定可靠等特点，焊接机器人是焊接设备柔性化的最佳选择。机器人柔性焊装线就是采用焊接机器人作为焊接设备的柔性焊装线，是否采用焊接机器人是焊装线柔性程度的重要标志之一。

1. 焊接机器人技术

从目前国内外研究现状来看，焊接机器人技术研究主要集中在焊缝跟踪技术、离线编程与路径规划技术、多机器人协调控制技术、专用弧焊电源技术、焊接机器人系统仿真技术、机器人用焊接工艺方法、遥控焊接技术等方面。焊接机器人焊接如图4-52 所示。

（1）焊缝跟踪技术　焊接机器人施焊过程中，由于环境因素的影响，如强弧光辐射、高温、烟尘、飞溅、坡口状况、加工误差、夹具装夹精度、表面状态和工件热变形等，实际焊接条件的变化往往会导致焊炬偏离焊缝，从而造成焊接质量下降甚至失败。焊缝跟踪技术的研究就是根据焊接条件的变化要求

图 4-52　焊接机器人焊接

弧焊机器人能够实时检测出焊缝的偏差，并调整焊接路径和焊接参数，保证焊接质量的可靠性。焊缝跟踪技术的研究以传感器技术与控制理论方法为主，其中传感技术的研究又以电弧传感器和光学传感器为主。电弧传感器是从焊接电弧自身直接提取焊缝位置偏差信号，实时性好，焊炬运动灵活，符合焊接过程低成本自动化的要求，适用于熔化极焊接场合。电弧传感的基本原理是利用焊炬与工件距离的变化而引起的焊接参数变化，来探测焊炬高度和左右偏差。电弧传感器一般分为三类：并列双丝电弧传感器、摆动电弧传感器、旋转式扫描电弧传感器，其中旋转式电弧传感器比前两者的偏差检测灵敏度高，控制性能较好。光学传感器的种类很多，主要包括红外、光电、激光、视觉、光谱和光纤式，光学传感器的研究又以视觉传感器为主，视觉传感器所获得的信息量大，结

合计算机视觉和图像处理的最新技术，大大增强了弧焊机器人的外部适应能力。激光跟踪传感具有优越的性能，成为最有前途、发展最快的焊接传感器。另一方面，由于近代模糊数学和神经网络的出现以及应用到焊接这个复杂的非线性系统中，使得焊缝跟踪进入了智能焊缝跟踪的新时代。

（2）离线编程与路径规划技术　机器人离线编程系统是机器人编程语言的拓广，它利用计算机图形学的成果，建立起机器人及其工作环境的模型，利用一些规划算法，通过对图形的控制和操作，在不使用实际机器人的情况下进行轨迹规划，进而产生机器人程序。自动编程技术的核心是焊接任务、焊接参数、焊接路径和轨迹的规划技术。针对弧焊应用，自动编程技术可以表述为在编程各阶段中，能够辅助编程者完成独立的、具有一定实施目的和结果的编程任务的技术，具有智能化程度高、编程质量和效率高等特点。离线编程技术的理想目标是实现全自动编程，即只需输入工件的模型，离线编程系统中的专家系统会自动制订相应的工艺过程，并最终生成整个加工过程的机器人程序。目前，还不能实现全自动编程，自动编程技术是当前研究的重点。

（3）多机器人协调控制技术　多机器人系统是指为完成某一任务由若干个机器人通过合作与协调组合成一体的系统。它包含两方面的内容，即多机器人合作与多机器人协调。当给定多机器人系统某项任务时，首先面临的问题是如何组织多个机器人去完成任务，如何将总体任务分配给各个成员机器人，即机器人之间怎样进行有效地合作。当以某种机制确定了各自任务与关系后，问题变为如何保持机器人间的运动协调一致，即多机器人协调。对于由紧耦合子任务组成的复杂任务而言，协调问题尤其突出。智能体技术是解决这一问题的最有力的工具，多智能体系统是研究在一定的网络环境中，各个分散的、相对独立的智能子系统之间通过合作，共同完成一个或多个控制作业任务的技术。多机器人焊接的协调控制是目前的一个研究热点问题。

（4）专用弧焊电源技术　在焊接机器人系统中，电器性能良好的专用弧焊电源直接影响焊接机器人的使用性能。目前，弧焊机器人一般采用熔化极气体保护焊（MIG焊、MAG焊、CO_2焊）或非熔化极气体保护焊（TIG、等离子弧焊）方法，熔化极气体保护焊焊接电源主要使用晶闸管电源与逆变电源。近年来，弧焊逆变器的技术已趋于成熟，机器人用的专用弧焊逆变电源大多为单片微机控制的晶体管式弧焊逆变器，并配以精细的波形控制和模糊控制技术，工作频率为 20～50kHz，最高的可达 200kHz，焊接系统具有十分优良的动特性，非常适合机器人自动化和智能化焊接。还有一些特殊功能的电源，如适合铝及铝合金 TIG 焊的方波交流电源、带有专家系统的焊接电源等。目前有一种采用模糊控制方法的焊接电源，可以更好保证焊缝熔宽和熔深的基本一致，不仅焊缝表面美观，而且还能减少焊接缺陷。弧焊电源不断向数字化方向发展，其特点是焊接参数稳定，受网络电压波动、温升、元器件老化等因素的影响很小，具有较高的重复性，焊接质量稳定、成形良好。另外，利用 DSP 的快速响应，可以通过主控制系统的指令精确控制逆变电源的输出，使之具有输出多种电流波形和弧压高速稳定调节的功能，适应多种焊接方法对电源的要求。

（5）焊接机器人系统仿真技术　机器人在研制、设计和试验过程中，经常需要对其进行运动学、动力学性能分析以及轨迹规划设计，而机器人又是多自由度、多连杆空间机构，其运动学和动力学问题十分复杂，计算难度很大。若将机械手作为仿真对象，运用计算机图形技术、CAD 技术和机器人学理论在计算机中形成几何图形，并动画显示，然后对机器人的机构设计、运动学正反解分析、操作臂控制以及实际工作环境中的障碍避让和碰撞干涉等诸多问题进行模拟仿真，就可以解决研发过程中出现的问题。

（6）机器人用焊接工艺方法　目前，弧焊机器人普遍采用气体保护焊方法，主要是熔化极气体保护焊，其次是钨极氩气保护焊，等离子弧焊、切割及机器人激光焊数量有限，比例较低。发达国家的弧焊机器人已普遍采用高速、高效气体保护焊接工艺，如双丝气体保护焊、T. I. M. E 焊、热丝 TIG 焊、热丝等离子焊等先进的工艺方法，不仅有效地保证了优良的焊接接头，还使焊接速度和熔敷效率提高数倍至几十倍。

（7）遥控焊接技术　遥控焊接是指人在离开现场的安全环境中对焊接设备和焊接过程进行远程监视和控制，从而完成完整的焊接工作。在核电站设备的维修、海洋工程建设以及未来的空间站建设中都要用到焊接，这些环境中的焊接工作不适合人类亲临现场，而目前的技术水平还不可能实现完全的自主焊接，因此需要采用遥控焊接技术。目前美国、欧洲、日本等国对遥控焊接进行了深入的研究，国内哈尔滨工业大学也正在进行这方面的研究。

2. 夹具系统

对于白车身而言，本体线的装焊工艺主要由预装配、定位焊和补焊三部分组成，其中定位焊工序最为关键，基本都在本体夹具内完成。焊装生产线中的本体夹具决定了白车身的质量、生产线的柔性度及生产节拍，非常重要。焊装夹具是焊装工装的重要组成部分，是焊装件的定位和夹紧工具。它在焊接过程中确保车身形状、尺寸、精度符合产品图样技术要求，同时焊装夹具的自动化程度还是影响汽车生产批量的关键因素。在生产过程中，焊装夹具除了完成本工序的零件组焊、定位外，还承担检验和校正上道工序焊合件的焊接质量的任务，因此它的设计制造影响着整个焊接工艺水平、汽车生产能力及产品质量。焊装夹具一般由支架、夹紧元件（手动夹紧器或气缸）、压板及定位板组成，有的还带有定位销。在焊装夹具的自动控制过程中，只要气缸动作，夹具就完成夹紧或松开动作，这样就可以利用 PLC 的输出点发出信号，控制电磁阀，完成夹具的夹紧与松开。

目前，国内所采用的本体夹具主要有平移式、铰链翻转式、立柱式三种形式。

（1）平移式夹具　图 4-53 所示为平移式夹具，其动作顺序为：输送线将预装白车身送入总焊工位定位→夹紧固定→输送线抬起→将固定成形的车身水平送入后续的工序补焊。此类夹具定位精度和可靠性高，可适用于不同长度、宽度以及高中低顶的白车身大批量混流生产，柔性度高。

（2）铰链翻转式夹具　图 4-54 所示的铰链翻转式夹具和平移式夹具的工作原理类似，区别是左右侧围总成的定位组件的打开方式不同：平移式夹具沿垂直于线体输送方向水平移动，而铰链翻转式夹具则是绕铰链轴旋转打开，这样便于线体输送、装配及定位夹紧。

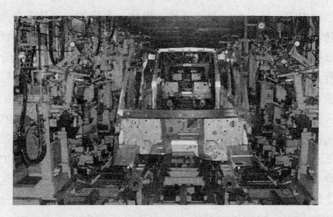

图 4-53　平移式夹具

图 4-54　铰链翻转式夹具

（3）立柱式夹具　图 4-55 所示的立柱式夹具结构简单、成本低、维修方便而且操作时接近性好，但其定位精度较低，不适用于自动化程度较高的大批量生产和采用焊接机器人的生产线。

图 4-55　立柱式夹具

3. 输送系统

物流输送系统是焊装线设备的重要组成部分，负责白车身零部件的上件及整车的输送等，其主要结构形式有：步进式输送、夹具移动输送、滑橇输送、往复输送和自行或手动吊具输送等。

1）步进式输送。该类系统的基本原理：工件的水平输送通过调频电动机或伺服电动机驱动齿轮、齿条机构做往复运行实现，顶升、落下装置采用电动机带动曲柄旋转180°，从而实现输送线本体顶升、落下。这种形式的结构简单合理、稳定性好、辅助时间较短且重复定位精度较高，基本满足定位焊、弧焊机器人的使用条件，适用于生产能力为 5 ~ 10 万辆/年的生产线。目前，国内很多汽车厂采用了该形式的焊装线，如全顺V348 的侧围即采用了这种形式。

2）夹具移动输送。该生产线被韩系汽车厂大量采用，基本原理为：定位夹具与输送为一体，定位夹具在生产线上运动，从第一站到最后一站，然后从循环的回路返回到第一站，车型的切换就是在第一站根据生产排成选择所需的定位夹具，输送到第一站等待物料。该线柔性强、传输快且定位精，满足定位焊、弧焊机器人的使用条件，但是投资巨大，北京现代轿车二厂采用了这种形式。

3）滑橇输送。该焊装线通过采用往复杆或辊床输送滑橇来实现工件水平输送，可分为两种形式：往复杆输送滑橇式和辊床输送滑橇式。工件上、下运动一般由固定工位的气动或液压顶升装置实现。滑橇上装有定位装置，重复定位精度较高，一般为 ±0.3mm，基本满足定位焊、弧焊机器人的使用条件。目前，此类输送线在国内的轿车厂应用较多。

4）往复输送机。该生产线水平输送工件是通过电动机驱动往复输送机在钢轨上运行，工件顶升、落下采用气缸顶升装置实现，使用该种输送方式的生产线也不少，如全顺 V348 焊接主线和南京福特的马自达主线等。

5）自行或手动吊具输送。该生产线水平输送工件是通过折叠吊具在两工位间来回吊运工件，要求工位间有吊具的空间。主要优点有结构简单，夹具定位设计不会受传输运动装置影响，投资较少；但是输送线节奏慢，空中运输有安全隐患。采用这种方式的输送线不多，全顺 VE83 以及土耳其的全顺工厂骨架线采用的是此种方式。

4. 焊装线的电气控制技术

大型机器人焊装线包括种类繁多的设备：夹具系统、焊装机器人系统、输送系统、人机交互设备、车间级监控系统等。因此所需要的控制 I/O 点数量巨大，多达上万个 I/O 信号，并且由于整条焊装线长达百余米，设备之间距离大，为了保证系统可靠性和可维护性，一般采用基于现场总线的分布式 I/O 控制方案。通过这种方式可以大大节约控制系统硬件成本，提高系统的可靠性和可维护性，使控制硬件模块化，控制任务划分更加清晰。机器人焊装线自动化程度高，设备运行具有较高的安全要求，传统的安全回路设计方法会导致安全回路布线复杂、系统柔性低、可维护性差。此方案采用了基于安全总线的安全回路设计，简化了现场布线，增加了系统的柔性，同时提高了安全系统的可靠性。

复 习 题

1. 什么是焊接电弧？各区的温度是多少？

2. 什么是焊条，它由哪几部分组成？试分析焊芯和药皮的作用。

3. 焊条牌号由哪几部分组成，字母和数字的含义是什么？

4. 焊缝的组织是什么？焊缝性能为什么不低于母材性能？

5. 何谓焊接热影响区？低碳钢焊接时，热影响区有哪几部分？各热影响区的性能如何？

6. 焊缝无损检测有哪些工艺方法？荧光无损检测要注意什么？

7. 埋弧焊为什么质量较高？它有何优缺点？

8. 常用气体保护焊分几种？各适用于焊接什么金属材料？

9. 氩弧焊和 CO_2 气体保护焊的特点是什么？对自动氩弧焊设备的控制有什么基本要求？

10. 等离子弧与一般电弧有什么不同？等离子切割与氧气切割的基本原理有什么不同？

11. 电阻焊有哪些方法？其中电阻对焊与高频焊有何不同之处？

12. 电阻对焊与闪光对焊的质量有何不同？为什么？

13. 钎焊实质是什么？钎焊有哪些方法？大量生产的印制电路板和蜂窝结构用什么方法焊接？

14. 高能束焊有哪些方法？各使用范围有何不同？

15. 什么是金属材料的焊接性？它包括几个方面？如何初步估算金属材料的焊接性？

16. 分析低碳钢和低合金钢的焊接性如何？

17. 铸铁焊接的特点是什么？铸铁补焊有哪些方法？

18. 分析下列板材制作圆筒形低压力容器的焊接性如何？并选择焊接方法。

1）Q235 钢板，厚 20mm，批量生产。

2）20 钢板，厚 2mm，批量生产。

3）45 钢板，厚 6mm，单件生产。

4）纯铜板，厚 4mm，单件生产。

5）铝合金板，厚 20mm，单件生产。

6）镍铬不锈钢板，厚 10mm，小批量生产。

19. 焊接结构选择材料的原则是什么？

20. 焊接接头的形式和坡口形式有哪些？

21. 焊缝的布置原则是什么？真空装置的焊接应注意什么？

第 5 章　金属切削加工

金属切削加工是用刀具从金属材料（毛坯）上切去多余的金属层，从而获得几何形状、尺寸精度和表面质量都符合要求的机器零件的加工方法。

切削加工可分为机械加工和钳工两部分。机械加工的主要方法有车削、钻削、镗削、铣削、刨削、磨削等，所用的机床分别有车床、钻床、镗床、铣床、刨床、磨床等。

钳工一般是在钳工工作台上手持工具进行切削加工，其主要方法有划线、錾削、锯削、锉削、刮削、钻孔、扩孔、铰孔、攻螺纹、套螺纹、机械装配和设备维修等。虽然钳工中的某些工作已实现机械化，但是在机器装配和维修等工艺过程中，钳工比机械加工更为灵活、方便和经济，并容易保证产品的质量，所以钳工是切削加工中不可缺少的一部分。

5.1　切削运动及切削用量

任何一种机电产品都是由许多零件组成的，每一个零件的几何形状虽不同，但分析起来主要由三种典型表面构成，即内、外圆柱面，平面，成形面等。

1. 零件表面的形成

如图 5-1 所示为零件不同表面加工时的切削运动。

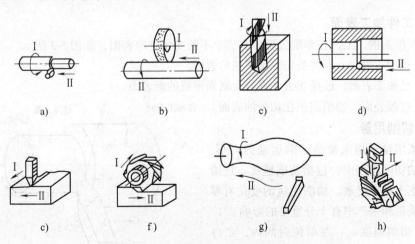

图 5-1　零件不同表面加工时的切削运动
a）车外圆面　b）磨外圆面　c）钻孔　d）车床上镗孔
e）刨平面　f）铣平面　g）车成形面　h）铣成形面

2. 切削运动

刀具与工件之间的相对运动称为切削运动。按其功能的不同，切削运动分为主运动和进给运动。

1）主运动：在切削运动中，运动速度最高、消耗动力最大、是实现切削的最基本的运动。

2）进给运动：与主运动配合，可以保持切削的连续进行，以形成零件的几何表面。

如图 5-2 所示为常见切削方法的切削运动。

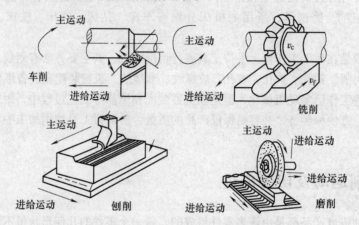

图 5-2　常见切削方法的切削运动

从图 5-2 可知，切削运动有旋转的、直线的、曲线的、连续的和间歇的等运动形式。

3. 工件加工表面

以车削为例，工件在车削过程中有三个不断变化着的表面，如图 5-3 所示。

1）待加工表面，即将被切除金属层的表面。

2）已加工表面，已经切去一部分金属而形成的新表面。

3）过渡表面，切削刃正在切削的表面。

4. 切削用量

切削用量是用来衡量切削运动的大小。在一般的切削过程中，包括切削速度、进给量和背吃刀量三要素。切削用量的变化对零件加工质量和生产率有十分重要的影响。

1）切削速度 v_c：在单位时间内，工件与刀具沿主运动方向相对移动的距离。

以车削加工为例（主运动为旋转运动），如图 5-4 所示：

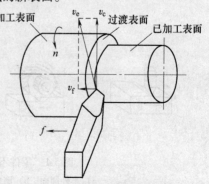

图 5-3　车外圆时的加工表面

$$v_c = \frac{\pi dn}{1000} \text{（m/s 或 m/min）}$$

式中　d——工件（或刀具）直径，单位为 mm；

　　　n——工件（或刀具）转速，单位为 r/s 或 r/min。

刨削加工为例（主运动为往复直线运动），如图 5-5 所示：

$$v_c = \frac{2Ln_r}{1000} \text{（m/s 或 m/min）}$$

式中　L——往复行程长度，单位为 mm；

　　　n_r——主运动每秒或每分钟的往复次数，单位为 st/s 或 st/min。

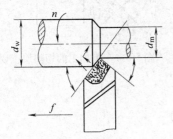

图 5-4　车削加工　　　　　　　　　图 5-5　刨削运动

2）进给量 f：在主运动的一个循环（或单位时间）内，工件转一转（车削），刀具相对工件在进给方向上的移动距离，单位为 mm/r。牛头刨床：刀具每走一个行程，在进给方向上相对于工件的位移，单位为 mm/st。

对于多齿刀具加工时，进给运动的瞬时速度称为进给速度，用 v_f 表示，单位为 mm/s 或 mm/min。刀具每转或每行程中每齿相对工件在进给运动方向上的位移量称为每齿进给量，以 f_z 表示，单位为 mm/z。

f_z、f、v_f 之间的关系为

$$v_f = fn = f_z zn \text{（mm/s 或 mm/min）}$$

式中　n——刀具或工件的转速，单位为 r/s 或 r/min；

　　　z——刀具的齿数。

3）背吃刀量 a_p：切削加工时，待加工表面与已加工表面间的垂直距离（mm），也就是垂直于进给运动方向上主切削刃切入工件的深度。

车外圆时 a_p 可用下式计算：

$$a_p = \frac{d_w - d_m}{2} \text{（mm）}$$

式中　d_w——工件待加工表面直径，单位为 mm；

　　　d_m——工件已加工表面直径，单位为 mm。

5. 切削层的几何参数

切削层：工件上被刀具切削刃切除的那一层材料，它是在垂直于切削速度的平面内测量的。

（1）切削层公称厚度　在基面内测量的切削刃两瞬时位置过渡表面的距离，单位为 mm。

（2）切削层公称宽度　在基面内沿过渡表面测量的切削尺寸，单位为 mm。

（3）切削层公称横截面积　在基面测量，单位为 mm^2。

由定义可知，

$$A_D = b_D h_D (mm^2)$$

在车削加工中，当残留面积很小时可以认为：

$$A_D \approx f a_p (mm^2)$$

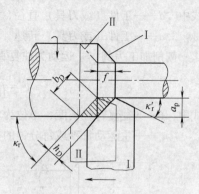

图 5-6　车削加工的切削层三要素

这时也可以认为：

$$b_D = a_p / \sin\kappa_r (mm^2)$$

$$h_D = f \sin\kappa_r (mm^2)$$

车削加工的切削层三要素如图 5-6 所示。

5.2　刀具材料及刀具结构

在切削加工中，影响加工效率的三个主要因素是机床、刀具、工件，其中刀具直接担负切削任务。本节主要讲述刀具材料的性能特点和常用刀具材料，以及车刀切削部分的构成和其对切削过程的影响。

5.2.1　刀具材料

在切削加工时，刀具材料要在高温条件下承受较大的切削力、摩擦、冲击、振动。为了保证零件的加工精度和刀具寿命，刀具材料必须具有特殊的综合性能。

1. 对刀具材料的基本要求

1）较高的硬度（大于 60HRC 以上）。

2）足够的强度和韧性（承受切削力，冲击、振动、不变形等）。

3）较好的耐磨性（抵抗磨损，耐用）。

4）较高的耐热性（在高温下保持较高的硬度，又称为红硬性）。

5）较好的工艺性（便于制造成各种复杂成形刀具）。

6）成本低，来源广。

2. 常用的刀具材料

1）碳素工具钢是碳的质量分数为 0.65% ~ 1.35% 的优质碳素钢，常用钢号有 T7A、T8A、T10A、T12A 等。其特点是：工艺性能良好，经适当热处理，硬度可达 60 ~ 64HRC，有较高的耐磨性，价格低廉。但热硬性差，在 200 ~ 300℃ 时硬度开始降低，故允许的切削速度较低（5~10m/min）。其主要用于制造手用刀具、低速及小进给量的机用刀具，如丝锥、锉刀、锯条等。

2）合金工具钢：9SiCr、CrWMn。其特点是：合金工具钢是在碳素工具钢中加入适当的合金元素铬（Cr）、硅（Si）、钨（W）、锰（Mn）、钒（V）等炼制而成的（合金元素总含量不超过5%），提高了淬透性和回火稳定性，从而提高了刀具材料的韧性、耐磨性和耐热性。其耐热性达325~400℃，所以切削速度（10~15m/min）比碳素工具钢提高了。其主要用于制造细长的或截面积大、刃形复杂的刀具，如铰刀、丝锥和板牙等。

3）高速钢：W18Cr4V、W6Mo5Cr4V2。与碳素工具钢、合金工具钢相比，高速钢的热硬性很高，在切削温度高达500~650℃时，仍能保持60HRC的高硬度，因此允许切削速度可提高1~2倍（25~30m/min）。同时，高速钢还具有较高的耐磨性以及较高的强度和韧性。高速钢仍是世界各国制造复杂、精密和成形刀具的基本材料，是应用最广泛的刀具材料之一，如车刀、滚刀、麻花钻、铣刀等。

高性能高速钢是在普通高速钢成分中再添加一些C、V、Co（钴）、Al（铝）等合金元素，进一步提高耐热性和耐磨性。这类高速钢刀具的寿命为普通高速钢的1.5~3倍。其主要用于加工不锈钢、耐热钢、钛合金及高强度钢等难加工材料。

4）硬质合金：粗加工用YG6、YG8、YT5；精加工用YT15、YT30。能耐1000℃高温，耐磨性好。硬质合金是将一些难熔的、高硬度的合金碳化物微米数量级粉末与金属粘结剂按粉末冶金工艺制成的刀具材料。常用的合金碳化物有WC、TiC、TaC、NbC等，常用的粘结剂有Co、Mo、Ni等。硬质合金具有高硬度、高熔点和化学稳定性好等特点。因此，硬质合金的硬度、耐磨性、耐热性均超过高速钢，其缺点是抗弯强度低，冲击韧性差；由于硬质合金的常温硬度很高，很难采用切削加工方法制造出复杂的形状结构，故可加工性差。硬质合金的性能取决于化学成分、碳化物粉末粗细及其烧结工艺。

5）陶瓷：Al_2O_3、$Al_2O_3\text{-}TiC$、Si_3N_4；用做车刀（高速）。特点：热硬性好，耐磨抗弯性差，易碎。陶瓷材料是以氧化铝为主要成分在高温下烧结而成的。优点是有很高的硬度和耐磨性；有很好的耐热性，在1200℃高温下仍能进行切削；有很好的化学稳定性和较低的摩擦因数，抗扩散和抗粘结能力强。缺点是强度低、韧性差，抗弯强度仅为硬质合金的1/3~1/2；热导率低，仅为硬质合金的1/5~1/2。其主要用于钢、铸铁及塑性大的材料（如纯铜）的半精加工和精加工，对于冷硬铸铁、淬硬钢等高硬度材料加工特别有效；但不适于机械冲击和热冲击大的加工场合。

6）立方氮化硼：CBN；如车刀、铣刀（中高速）。特点：热硬性强，可耐1500℃高温，与铁亲和力小。

7）人造金刚石：如车刀、铣刀、砂轮等。特点：热硬性好。

5.2.2　常用刀具种类

常用刀具种类如图5-7所示。

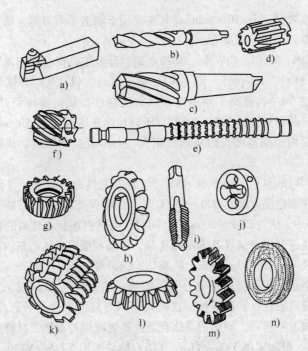

图 5-7　常用刀具的种类

a）车刀　b）麻花钻　c）扩孔钻　d）铰刀　e）圆孔拉刀　f）圆柱铣刀　g）面铣刀
h）成形铣刀　i）丝锥　j）板牙　k）滚齿刀　l）插齿刀　m）剃齿刀　n）砂轮

5.2.3　刀具的角度

刀具种类繁多，形状复杂，但却有共同特征，都具有楔形的切削部分。车刀是最简单的刀具，其他刀具则可认为是车刀的演变和组合。以车刀为例，学习刀具切削部分的几何参数。

1. 车刀切削部分的组成

车刀由刀杆和刀头两部分组成。车刀的切削部分，即刀头可分为三个面、两条刃和一个尖，如图 5-8 所示。

1）前刀面：切屑沿其流出的刀面。

2）主后刀面：与工件加工面相对的刀面。

3）副后刀面：与工件已加工面相对的刀面。

4）主切削刃：前刀面与主后刀面的交线，它完成主要切削工作。

5）副切削刃：前刀面与副后刀面的交线，它配合主刀刃最终形成已加工表面。

6）刀尖（过渡刃）：主切削刃与副切削

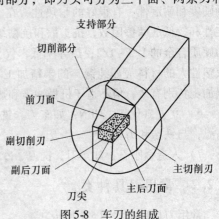

图 5-8　车刀的组成

刃的交点。

2. 车刀切削部分的主要角度

刀具要从工件上进行切削，就必须有一定切削角度。用于定义刀具设计、制造、刃磨和测量时的几何参数的参考系称为刀具的静止参考系；用于规定刀具进行切削加工时几何参数的参考系称为刀具的工作参考系。

（1）刀具的静止参考系　刀具的静止参考系如图5-9所示，包括：

1）基面 p_r：通过切削刃某选定点，与主运动假定方向相垂直的平面。

2）切削平面 p_s：通过切削刃某选定点，与切削刃相切且垂直于基面的平面。

3）正交平面 p_o：通过切削刃某选定点，同时垂直于基面与切削平面的平面。

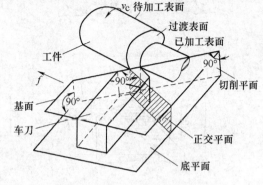

图 5-9　刀具的静止参考系

（2）车刀的主要角度　在车刀的静止参考系中的主要角度如图 5-10 所示。

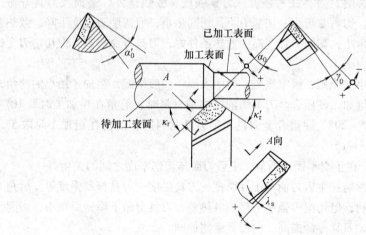

图 5-10　车刀静止参考系中的角度

1）主偏角 κ_r：在基面中测量，主切削平面与假定工作平面的夹角。

2）副偏角 κ_r'：在基面上测量，副切削平面与假定工作平面的夹角。

主偏角的大小影响切削层形状，切削力的分布，散热条件，刀具寿命和表面粗糙度，如图 5-11 所示；副偏角的大小影响副切削刃，副后刀面与已加工表面之间的摩擦，以及加工面的表面粗糙度 Ra 值。

一般车刀常用的主偏角有 45°、60°、75°、90°等；副偏角为 5°~15°，粗加工时取较大值。

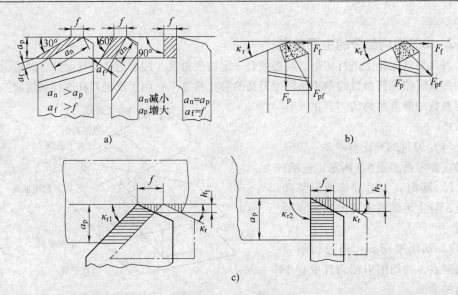

图 5-11　主偏角的影响

a) 主偏角对切削层的影响　b) 主偏角对切削分力的影响　c) 主偏角对残留面积的影响

3）前角 γ_o：在正交平面中测量，前刀面与基面之间的夹角，$\gamma_o < 0$、$= 0$、> 0。

前角大小的影响：刀具锋利强度、刀具强度、散热条件、磨损及刀具寿命。前角大，切削刃锋利，切屑变形小，切削力小，切削热小，但切削刃强度下降，散热差，刀具寿命下降；前角小，切削刃强度高，散热条件好，刀具寿命提高，但切削刃变钝，切屑变形大，切削力大。

确定前角大小的原则：锐字当先，锐中求固。一般情况，粗加工用小的前角，精加工用大的前角。例如，硬质合金刀具切削结构钢材料时，前角在粗加工时取 $10° \sim 18°$，在精加工时取 $13° \sim 20°$。硬质合金刀具切削铸铁材料时，前角在粗加工时取 $5° \sim 10°$，在精加工时取 $10° \sim 15°$。

4）后角 α_o：在正交平面中测量，主后刀面与切削平面之间的夹角。

后角大小的影响：主后刀面与工件摩擦、刀具强度、刀具锋利强度等。后角大，摩擦小，切削刃锋利，但切削刃强度下降，散热差，刀具寿命下降；后角小，切削刃强度高，散热条件好，刀具寿命提高，但刀具摩擦加剧。

因此，一般加工硬材料或粗加工时取较小的后角；加工较软材料或精加工时取较大的后角。一般情况，粗加工时取 $6° \sim 8°$；精加工时取 $8° \sim 12°$。

5）刃倾角 λ_s：在切削平面中测量，主刀刃与基面间的夹角。

刃倾角的作用主要是影响排屑的方向，如图 5-12 所示。在切削较硬材料或有冲击情况时，可采用较小的主偏角和负的刃倾角，而不必明显地减小前角。当加工精度要求高的细长轴时，为了减小振动，须选用较大的主偏角；为避免划伤已加工表面，须选用较小的刃倾角，并相应减小前角。

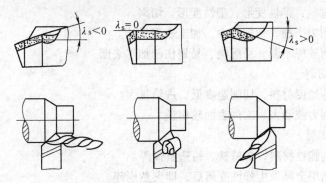

图 5-12　刀倾角对排屑的影响

5.3　切削过程及影响因素

5.3.1　切屑的形成过程及切屑的种类

1. 切屑的形成过程

金属切削过程的实质是一种挤压与摩擦过程。在切削过程中，被切金属层在前刀面的推动作用下产生剪应力，当剪应力达到并超过工作材料的屈服极限时，被切金属层将沿着某一方向产生剪切滑移变形而逐渐累积在前刀面上，随着切削运动的进行，这层累积物将连续不断地沿前刀面流出，从而形成了被切除的切屑，如图 5-13 所示。

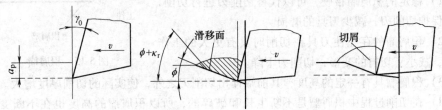

图 5-13　切屑的形成过程

2. 切屑的种类

常见的切屑种类如图 5-14 所示。

图 5-14　切屑的种类

a）带状切屑　b）节状切屑　c）崩碎切屑

（1）带状切屑

条件：被切金属塑性好，大前角、切削速度高、进给量小。

切屑形成过程：弹性变形、塑性变形、切离。

优点：切削力平稳、切削热少、加工表面光洁。

缺点：切屑连绵不断，易缠绕、易划伤已加工表面。

（2）节状切屑

条件：中等硬度材料，切削速度低、进给量大。

特点：切削力波动大、工件表面较粗糙。

（3）崩碎切屑

条件：切削脆性材料，如铸铁、铸造黄铜等。

特点：切削层金属发生弹性变形后，即突然崩碎。

缺点：切削热和切削力集中在刀具的主切削刃和刀尖处，刀尖易磨损、易产生振动，表面质量不高。

5.3.2 积屑瘤

在一定的切削速度下切削塑性材料时，常发现在刀具的前刀面上靠近刀尖的部位粘附着一小块很硬的金属，称为积屑瘤，如图5-15所示。

1. 积屑瘤的形成

一般认为，积屑瘤是由于切屑与前刀面在切削过程中剧烈摩擦产生冷焊而形成的。

2. 积屑瘤对切削过程的影响

1）稳定的积屑瘤很硬，可以代替切削刃进行切削，从而保护切削刃，减少刀具的磨损。

2）积屑瘤的存在使刀具在切削时具有更大的工作前角，减小了切屑的变形，切削力下降。

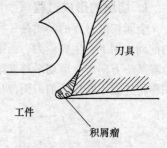

图5-15 积屑瘤

3）积屑瘤具有一定的高度，其前端伸出切削刃之外，使实际的切削厚度增大。

4）在切削过程中积屑瘤是不断生长和破碎的，所以积屑瘤的高度也在不断变化，导致了实际切削厚度的不断变化，引起局部过切，使零件的表面粗糙度增大。同时部分积屑瘤的碎片会嵌入已加工表面，影响零件表面质量。

5）不稳定的积屑瘤不断地生长、破碎和脱落，积屑瘤脱落时会剥离前刀面上的刀具材料，造成刀具的磨损加剧。

3. 影响积屑瘤形成的主要因素

主要因素是切削温度和摩擦。

当切削速度很低时（小于4.8m/min），摩擦、切削温度低，不易形成切屑瘤。

当切削速度中等时（4.8～48m/min之间），摩擦、易形成切屑瘤。

当切削速度很高时（大于60m/min），切屑底层金属呈微熔化状态，摩擦因数小，不易形成积屑瘤。

4. 控制积屑瘤的方法

粗加工时，希望出现积屑瘤保护刀具；精加工时，不希望出现积屑瘤影响加工质量；因此需要对积屑瘤加以控制。

1）选择低速或高速加工，避开容易产生积屑瘤的切削速度区间。例如，高速钢刀具采用低速宽刀加工，硬质合金刀具采用高速精加工。

2）采用冷却性和润滑性好的切削液，减小刀具前刀面的表面粗糙度等。

3）增大刀具前角，减小前刀面上的正压力。

4）采用预备热处理，适当提高工件材料硬度、降低塑性，减小工件材料的加工硬化倾向。

5.3.3　切削力和切削功率

1. 切削力的构成与分解

（1）切削力的构成　切削加工时刀具使切削层形成切屑需克服的阻力称为切削力，它由克服弹塑性变形力和摩擦力构成。切削时刀具需克服来自工件和切屑两方面的力，即工件材料被切过程中所发生的弹性变形和塑性变形的抗力，以及切屑对刀具前刀面的摩擦力和加工表面对刀具后刀面的摩擦力，如图 5-16 所示。

（2）切削力的分解　总切削力 F 可分解为 x、y、z 三个分力，如图 5-17 所示。

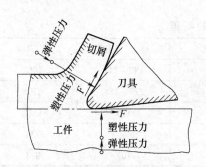

图 5-16　切削力的构成

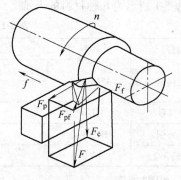

图 5-17　切削力的分解

1）切削力 F_c：垂直于基面，与切削方向一致，又叫切向力（F_z）。

切削力 F_c 占总切削力 F 的 $80\% \sim 90\%$，消耗的功占到 95% 以上，是计算机床动力和主传动系统零件（如主轴箱内的齿轮和轴）强度和刚度的主要依据。

2）进给力 F_f：作用于走刀机构，与进给方向平行，又叫轴向力（F_x）。

一般只消耗 $1\% \sim 5\%$ 的功，是设计或校核走刀机构强度的主要依据。

3）背向力 F_p：与吃刀方向相反，又叫径向力（F_y）。

作用在工件上，易使工件弯曲变形，不做功。

总切削力 F 与三个分力的关系为：

$$F = \sqrt{F_c^2 + F_f^2 + F_p^2}$$

（3）影响切削力的因素

1）工件材料的影响。强度和硬度高，则切削力大；塑性和韧性高，则切削力小；

2）切削用量的影响。背吃刀量 a_p 的影响最大，背吃刀量增加 1 倍，切削力也增加 1 倍；进给量 f 的影响次之，进给量增加 1 倍，切削力只增加 0.85 倍；切削速度的影响是通过积屑瘤使切削力发生变化，总的趋势是随着切削速度的增加，切削力有所减小。

3）刀具角度的影响。前角增大，切削力减小；主偏角增加，切削力降低。

此外，刀具磨损、刀具材料及冷却润滑条件也对切削力有影响。

2. 切削力的估算

生产中常用单位切削力 k_c 来估算切削力 F_c 大小，即单位切削面积（mm²）所需的切削力，即

$$F_c = k_c A_D = k_c b_D h_D$$

式中　k_c——切削层单位面积切削力，单位为 MPa；

　　　A_D——切削层公称面积，单位为 mm²；

　　　b_D——切削层公称宽度，单位为 mm；

　　　h_D——切削层公称厚度，单位为 mm。

表 5-1 所示为几种材料的 k_c 值。

表 5-1　几种材料的 k_c 值

材料	牌号	制造、热处理状态	硬度　HBW	k_c/MPa
结构钢	45(40Cr)	热轧或正火	187～212	1962
		调质	229～285	2305
灰铸铁	HT200	退火	170	1118
铅黄铜	HPb59-1	热轧	78	736
硬铝合金	LY12	淬火和时效	107	834

3. 切削功率

切削功率（P_c）应该是三个切削分力消耗率的总和，但 F_p 不做功，F_f 消耗功率小，所以一般只考虑切削力 F_c 消耗的功率，即

$$P_c = 10^{-3} F_c v_c (\text{kW})$$

式中　F_c——切削力，单位为 N；

　　　v_c——切削速度，单位为 m/s。

机床电动机的功率（P_E）可用下式计算：

$$P_E = P_c / \eta (\text{kW})$$

式中　η——机床的传动效率，一般取 0.75～0.85。

5.3.4　切削热和切削温度

1. 切削热的产生与传出

切削热的来源主要有两个方面，一个是切削层金属在刀具的作用下发生弹性变形和

塑性变形所消耗的变形功，这是切削热的主要来源；另一个是切屑与前刀面、工件与后刀面之间的摩擦所消耗的摩擦功。与此相对应，切削热产生在三个区域，即剪切面、切屑与前刀面接触区、工件与后刀面接触区。图 5-18 所示为切削热的产生区域。

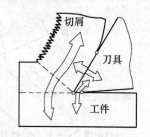

图 5-18　切削热的产生区域

切削热传递出去的途径主要是切屑、工件、刀具和周围介质（如空气、切削液等），影响热传导的主要因素是工件和刀具材料的热导率以及周围介质的状况。表 5-2 所示为切削热的传出。

切屑与刀具的接触时间也会影响切削温度。不同的切削加工方法，切削热传递出的比例也各不相同。

表 5-2　切削热的传出

传导途径	干车削	钻削
切屑	50% ~86%	28%
工件	3% ~9%	52%
刀具	10% ~40%	15%
周围介质	1%	5%

2. 切削温度及影响因素

（1）切削温度的分布特点　刀具前刀面温度较高，其次是切屑底层，工件表面温度最低，各点处温度不等，最高温度在前刀面上距切削刃一定距离处，如图 5-19 所示。

（2）影响切削温度的因素　包括以下 3 点：

1）切削用量：v_c 影响最大，f 其次，a_p 最小。

2）工件材料：强度、硬度大、切削热大，则切削温度升高，材料的导热性好，则切削温度降低。

3）刀具材料及角度：刀具材料的导热性好，则切削温度降低，刀具前角大，主偏角变小，则切削温度降低。

5.3.5　刀具磨损及寿命

1. 刀具磨损形式与过程

（1）刀具磨损的形式　包括以下 3 点：

1）前刀面磨损，切削塑性材料时产生连续切屑与前刀面发生剧烈摩擦而引起月牙洼磨损。

2）后刀面磨损，无论切削塑性或脆性材料，后刀面总会磨损。

3）前后刀面同时磨损或边界磨损，切削塑性金属时经常发生。

图 5-20 所示为刀具的磨损形式。

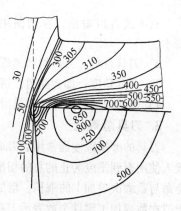

图 5-19　切削温度的分布

（2）刀具磨损过程 刀具磨损过程如图 5-21 所示。

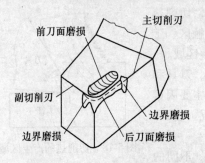

图 5-20 刀具的磨损形式 　　　　图 5-21 刀具磨损过程

1）初期磨损阶段 *AB* 段：该阶段磨损曲线的斜率较大，这意味着刀具磨损很快。

2）正常磨损阶段 *BC* 段：经过初期磨损后，刀具的后刀面上被磨出一条狭窄的棱面，压强减小。同时刀具的表面已经被磨平，磨损量的增加减缓并稳定下来，刀具进入正常磨损阶段。

3）急剧磨损阶段 *CD* 段：刀具经过正常磨损阶段后，切削刃明显变钝，引起切削力、切削温度迅速增大。这时进入急剧磨损阶段，这一阶段磨损曲线斜率很大，表现为刀具磨损速度很快。

刀具刃磨最佳时机：应选在正常磨损后期，急剧磨损之前最好。这样，既能保证加工质量，又能节约刀具材料。

2. 影响刀具磨损的因素

1）切削用量对刀具寿命的影响：

两次磨刀中间实际工作时间称为刀具寿命，用 T 来表示。

用硬质合金车刀车削中碳钢时，刀具寿命 T 的经验公式：

$$T = \frac{C_T}{v_c^5 f^{2.25} a_p^{0.75}}$$

从上式可以看出，在切削用量中，切削速度影响最大，进给量次之，背吃刀量最小。

2）刀具材料：刀具材料越耐磨，导热性好的刀具，则刀具磨损量越小。

3）刀具角度：加大前角，切削力小，减少磨损。

4）加切削液：起冷却和润滑作用，减少刀具磨损。

3. 刀具总寿命

刀具的磨损限度通常用后刀面的磨损程度作为标准。刀具总寿命是指一把新刀具从投入使用直到报废为止的总的切削时间，其中包括多次重磨，因此刀具总寿命等于刀具寿命与重磨次数加 1 的乘积。粗加工时，多以切削时间表示刀具寿命。精加工时，常以走刀次数或加工零件个数表示刀具寿命。

5.4　车削

在车床上对工件进行切削加工，主要用于加工回转体零件，如加工内外圆柱面和圆锥面、切槽、切断、滚花、车螺纹、车成形面、钻孔、车孔、铰孔等。为了满足上述的加工要求，车床的类型有：卧式车床、六角车床、立式车床和数控车床等。图 5-22 所示为车削加工的各种表面。

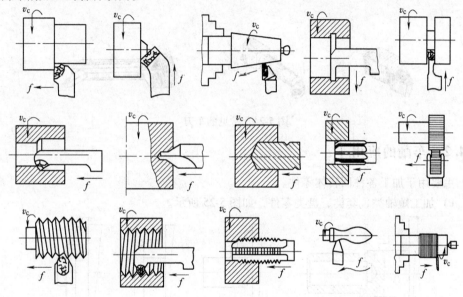

图 5-22　车削加工的表面

5.4.1　车削加工的特点

1）工件绕同一固定轴线旋转，易于保证工件各表面的位置精度。车削时，工件绕某一固定轴线旋转，各个表面具有同一回转轴线，故易于保证加工面间的同轴度要求，如图 5-23 所示。

2）车削过程比较平稳。除了切削断续表面之外，一般情况下车削过程是连续的。并且当车刀几何形状、背吃刀量和进给量一定时，切削层公称横截面积是不变的。因此，车削时切削力基本不变，车削过程比较平稳。又由于车削的主运动为工件的回转，避免了惯性力和冲击的影响，所以车削允许采用较大的切削用量进行高速强力切削，有利于提高生产效率。

3）非铁金属零件精加工。某些非铁金属在采用砂轮磨削时，软的切屑容易堵塞砂轮，从而难以获得光滑的表面。因此，非铁金属零件表面要

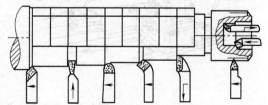

图 5-23　车削保证同轴度要求

求高时，要采用车削来加工，就目前来讲，车削是非铁金属精加工的唯一办法。

4）刀具简单。车刀是最简单的刀具，制造、刃磨和安装很方便，便于根据具体加工要求，选用合理的角度。图 5-24 所示为常见的车刀。

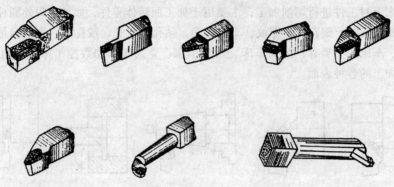

图 5-24　常见的车刀

5.4.2　车削的应用

主要用于加工各种回转体零件。

1）加工短轴类、套类、盘类零件，如图 5-25 所示。

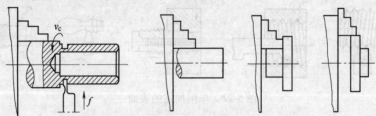

图 5-25　车削加工短轴类、套类、盘类零件

2）加工长轴类零件，如图 5-26 所示。

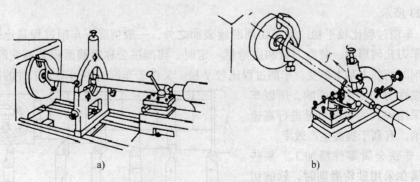

a)　　　　　　　　　　　　　　　b)

图 5-26　车削加工长轴类零件

a）用中心架加工长轴　b）用跟刀架加工细长轴

3）加工不规则零件，如图 5-27 所示。

图 5-27　车削加工不规则零件

5.4.3　车削加工的精度

车削加工可分为粗车、半精车和精车。

（1）粗车　加工精度：IT11 ~ IT12，表面粗糙度值 Ra：12.5 ~ 25μm。

（2）半精车　加工精度：IT9 ~ IT10，表面粗糙度值 Ra：3.2 ~ 6.3μm。

（3）精车　加工精度：IT7 ~ IT8，表面粗糙度值 Ra：0.8 ~ 1.6μm。

（4）精车非铁金属　加工精度：IT7 ~ IT8，表面粗糙度值 Ra：0.4 ~ 0.8μm。

（5）精细车非铁金属　加工精度：IT5 ~ IT6，表面粗糙度值 Ra：0.1 ~ 0.4μm。

5.5　钻削和镗削

孔是组成零件的基本表面之一，钻孔是孔加工的一种基本方法。孔加工方法有钻孔和镗孔。钻孔一般在钻床上进行，也可以在车床和铣床上加工。镗孔一般在镗床进行，也可以在车床和铣床上加工。

常用钻床有台式钻床、立式钻床和摇臂钻床。台式钻床用于加工直径不超过 ϕ12mm 的小孔；立式钻床常用于最大加工直径为 ϕ25mm、ϕ35mm、ϕ50mm 等几种孔径；摇臂钻床常用于加工直径不大于 ϕ50mm、或有多孔的大中型工件，如箱体类多孔零件，多用镗床加工。

5.5.1　钻削的工艺特点

钻孔与车外圆相比，工作条件要差得多。钻削的主要特点如下。

1. 容易产生"引偏"

所谓引偏是指在加工时由于钻头的弯曲引起的孔径的扩大、孔径不圆或孔的轴线歪斜等。其主要原因是钻孔的刀具麻花钻的结构引起的，如图 5-28 所示。钻头工作部分细而长，又有两个较深的螺旋排屑槽，因此，钻头刚度、强度差，切削力过大时容易弯曲。中心横刃处呈很大的负角，产生很大的轴向力。有两个对称的切削刃，这两个切削刃很难磨成对称，容易产生较大的附加力，产生偏斜。

在实际加工中，往往采取以下措施来减少"引偏"：

1）先用小顶角钻头预钻锥形定心坑，然后用所需钻头钻孔，如图 5-29 所示。

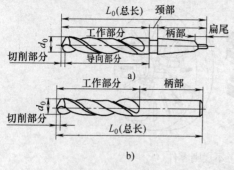

图 5-28　麻花钻的结构

a）锥柄麻花钻　b）直柄麻花钻

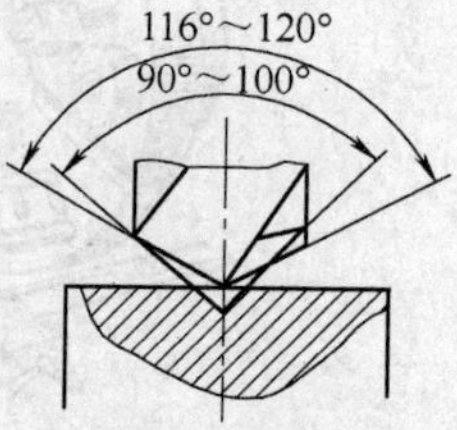

图 5-29　预钻定心坑

2）用钻套作为钻头导向，如图 5-30 所示。

3）刃磨时尽量使钻头的两个主切削刃对称，如图 5-31 所示。

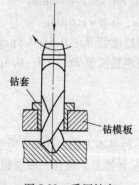

图 5-30　采用钻套

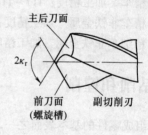

图 5-31　对称刃磨

2. 排屑困难

钻孔时，由于切削较宽，容屑槽尺寸有限，因而在排屑过程中往往与孔壁发生较大的摩擦、挤压、拉毛和划伤已加工表面，影响表面质量。

在钻削塑性材料或尺寸较大的孔时，为了便于排屑，可在两主切削刃的后刀面上交错磨出分屑槽，也可在前刀面上轧制出分屑槽，使切屑分割成窄条，便于排屑，如图 5-32 所示。

3. 切削热不易传出

由于钻削是一种半封闭式的切削，钻削时所产生的热量，虽然也由切屑、工件、刀具和周围介质传出，但它们之间的比例却和车削大不相同。如用标准麻花钻不加切削液钻钢件时，工件吸收的热量占 52%、刀具吸收的占 15%、切屑吸收的占 28%、周围介质吸收的占 5%，因此在钻孔时，经常把钻头提起，可以帮

图 5-32　分屑槽

助排屑和散热。

5.5.2　钻削的应用

1）加工精度较低，小于 IT10，表面粗糙度值 Ra 在 12.5μm 以上，生产率也较低。

2）一般用于精度要求不同的螺钉孔、油孔，以及内螺纹攻螺纹前的底孔加工。对于精度要求较高的孔，钻削加工只能作为预加工孔，然后用扩孔和铰孔进行半精加工和精加工。

3）在成批大量生产中，为了保证加工精度、提高生产率、降低加工成本，广泛采用钻模、多轴钻或组合机床进行孔加工。

5.5.3　扩孔与铰孔

1. 扩孔

扩孔是用扩孔钻（见图 5-33）对已有的孔进行扩大加工，如图 5-34 所示。

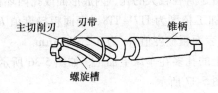

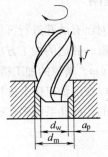

图 5-33　扩孔钻　　　　　　　　图 5-34　扩孔

扩孔加工的特点：

1）扩孔钻没有横刃，避免了横刃引起的不良影响。

2）扩孔钻有切削部分和导向部分，孔的轴线位置不易偏离。

3）切削深度较钻孔时小，切屑窄，排屑容易，不易划伤加工表面。

4）排屑槽浅，扩孔钻的刚度和强度较钻头大。

5）刀齿多（3~4 个），导向性好，切削平稳，生产率高。

因此，一般孔径 >30mm 的大孔，往往采用先钻孔（直径为孔径的 0.5~0.7 倍），再扩孔，效率更高。

扩孔加工精度较钻孔提高 1~2 倍，相当于半精加工，精度可达 IT9~IT10，表面粗糙度值 Ra 为 3.2~6.3μm。

扩孔常作为孔的半精加工，当孔的精度和表面粗糙度要求再高时，则要采用铰孔。

2. 铰孔

铰孔是普遍应用的孔的精加工方法，一般加工精度可达 IT6~IT7，精铰精度可达 IT5，表面粗糙度值 Ra 为 0.4~1.6μm，最高可达 0.2~1.6μm。

铰孔的主要特点如下：

1）铰刀的刀齿多，如图5-35所示。

2）铰刀有切削部分和修光部分，其作用是校准孔径、修光孔壁，使得表面质量好。其中直柄铰刀为手工用铰刀，其工作部分较长便于导向，以保证加工孔的圆柱度；锥柄铰刀为机用铰刀，如图5-35所示。

3）铰孔加工余量小，粗铰为0.15~0.35mm，精铰为0.05~0.15mm，切削力较小；切削速度低，切削热少。

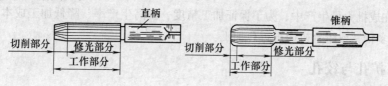

图5-35 铰刀

5.5.4 镗削

用镗刀对已有的孔进行再加工称为镗孔。对于直径较大的孔、内成形面或孔内环槽等，镗削是唯一合适的加工方法。镗孔的一般加工精度为IT7~IT8，表面粗糙度值 Ra 为0.8~1.6μm，精镗的加工精度为IT6~IT7，表面粗糙度值 Ra 为0.2~0.8μm。

镗孔可以在多种机床上进行。回转体零件上的孔多在车床上加工，如图5-36所示。箱体零件上的孔或孔系则多在镗床上加工，如图5-37所示。

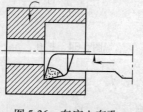

图5-36 车床上车孔

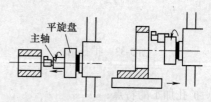

图5-37 镗床上镗孔

镗孔用镗刀，而镗刀则有单刃镗刀和多刃镗刀。

1. 单刃镗刀镗孔

单刃镗刀（见图5-38）的刀头结构与车刀类似，其特点如下：

1）单刃镗刀结构简单，使用方便，适用性广，灵活性大。

2）可以校正原有孔轴线的位置偏差。

3）切削量小，只有一个切削刃参加切削，且刀杆刚度、强度低，所以生产率较扩孔铰孔低。

由于以上特点，单刃镗刀镗孔适用

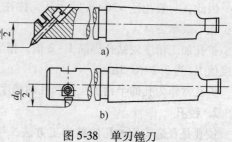

图5-38 单刃镗刀

a）斜装 b）正装

于单件、小批量生产。

2. 多刃镗刀镗孔

多刃镗刀常用的是一种可调浮动镗刀片，如图 5-39 所示。

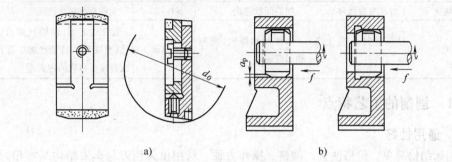

a)   b)

图 5-39 可调浮动镗刀片及其工作情况

a）可调浮动镗刀片 b）浮动镗刀工作情况

浮动镗刀片镗孔的特点如下：

1）镗孔时镗刀片在垂直于镗杆轴线方向上自由滑动，两个切削刃可自动平衡其位置，可消除镗杆偏斜和安装误差，因此加工精度高，但不能纠正孔的位置精度。

2）两个切削刃同时切削，生产率较高。

3）刀具成本较高。

由于以上特点，浮动镗刀片镗孔主要用于批量生产、精加工箱体类零件上面直径较大的孔。

5.6 刨削和拉削

刨削加工是加工零件平面和沟槽的主要加工方法。常见的刨床有牛头刨床、龙门刨床和插床等。图 5-40 所示为牛头刨床。几种刨床的比较见表 5-3。

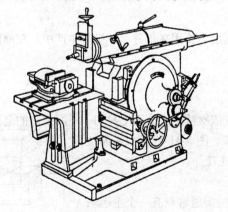

图 5-40 牛头刨床

表 5-3 几种刨床的比较

刨床种类	主 运 动	进给运动	刨削长度	应 用
牛头刨床	刨刀往复直线移动	工件间歇移动	<1m	中小件的单件小批量生产
龙门刨床	工件往复直线移动	刨刀间歇移动	>1～20m	大件及批量生产
插床	刀具往复垂直上下移动	工件间歇纵向、横向和回转运动	<1m	加工内表面(键槽)，多边形孔(直线孔)，特别是加工盲孔或有障碍台肩的内表面

5.6.1 刨削的工艺特点

1. 通用性好

刨床结构简单，价格便宜，调整、操作方便。所用单刃刨刀与车刀结构基本相同，形状简单，制造、刃磨和安装方便。

2. 生产效率低

刨削加工是单刃单行程加工，切削速度低；刨刀返回行程不进行切削，增加辅助时间；刨刀切入切出时产生冲击、振动、换向频繁，限制了切削速度的提高。

但对于狭长表面的加工以及在龙门刨床进行的多件或多刀加工时，刨削的生产率较高。

5.6.2 刨削的加工精度

刨削加工一般精度可达 IT7～IT8，表面粗糙度值 Ra 为 1.6μm。其中：

1）粗刨的加工精度为 IT11～IT12，表面粗糙度值 Ra 为 12.5～25μm。

2）半精刨的加工精度为 IT9～IT10，表面粗糙度值 Ra 为 3.2～6.3μm。

3）精刨的加工精度为 IT7～IT8，表面粗糙度值 Ra 为 1.6～3.2μm。

4）宽刀精刨（龙门刨床上进行）的平面度公差为 0.02mm/1000mm，表面粗糙度值 Ra 为 0.4～0.8μm。

5.6.3 刨削的应用

由于刨削的特点，刨削主要用在单件、小批量生产中，在维修车间和模具车间应用较多。

5.6.4 拉削

利用多齿拉刀，逐齿依次从工件表面上拉切下一层很薄的金属层称为拉削加工。拉削加工用的机床称为拉床。图 5-41 所示为平面拉削，图 5-42 所示为圆孔拉刀。

拉削加工的特点如下：

1）拉床结构简单。拉削通常只有一个主运动（拉刀直线运动），进给运动由拉刀刀齿的齿升量

图 5-41 平面拉削

来完成，因此拉床结构简单，操作方便。

2）加工精度与表面质量高。一般拉床采用液压系统，传动平稳；拉削速度较低，一般为 0.04～0.2m/s（约为 2.5～12m/min），不会产生积屑瘤，切削厚度很小，一般精切齿的切削厚度为 0.005～0.015mm，因此拉削精度可达 IT6～IT7、表面粗糙度值 Ra 为 0.8～2.5μm。

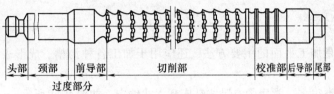

图 5-42　圆孔拉刀

3）生产率高。由于拉刀是多齿刀具，同时参加工作的刀齿多，切削刃总长度大，一次行程能完成粗、半精及精加工，因此生产率很高。

4）拉刀寿命长。由于拉削速度较低，拉刀磨损慢，因此拉刀寿命较高，同时，拉刀刀齿磨钝后，还可磨几次。因此，有较长的寿命。

5）其加工范围广、拉削力大，如图 5-43 所示。

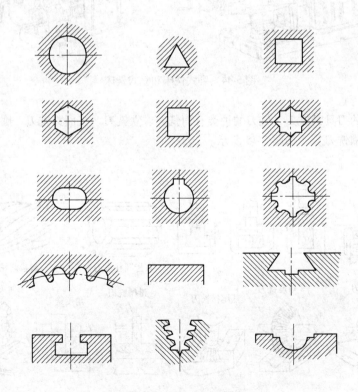

图 5-43　拉削加工的表面

　　由于以上的特点，拉削加工主要用于成批、大量生产中加工复合型面，如发动机的汽缸体；以及单件小批量生产中加工某些精度较高、形状特殊的成形表面，用其他方法加工困难时，可采用拉削加工，但对于盲孔、深孔、阶梯孔及有障碍的外表面，则不能加工。

5.7　铣削

　　铣削加工是加工平面的主要方法，还应用于加工各种沟槽、成形表面和螺纹、齿轮等。

　　铣床的种类很多，常用的有卧式铣床和立式铣床，如图 5-44 所示。

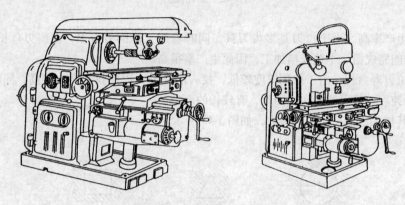

图 5-44　卧式铣床和立式铣床

　　铣削用的刀具是铣刀，铣刀的种类有面铣刀、立铣刀、三面刃铣刀、圆柱铣刀、角度铣刀、键槽铣刀等，如图 5-45 所示。

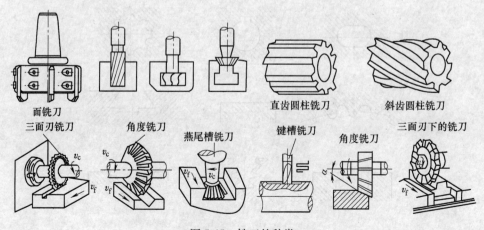

图 5-45　铣刀的种类

5.7.1 铣削的工艺特点

1. 生产率高

铣刀属于多齿刀具，几个刀齿同时参与加工，切削刃长。铣削主运动是刀具旋转，属于高速切削。

2. 刀齿散热条件好

刀齿在离开工件切削表面一段时间里，得到一定的冷却作用（不像车刀刀刃一直参与切削）。

3. 容易产生冲击与振动

刀齿切入切出时产生振动和冲击，切削过程中，由于各个刀齿在不同位置的切削层厚度不同，切削力是变化的，切削过程不平稳，产生振动，使得刀具磨损比较严重。

5.7.2 铣削的加工精度

铣削的加工精度见表5-4。

表5-4 铣削的加工精度

铣削方式	加工精度	表面粗糙度值 $Ra/\mu m$
粗铣	IT11 ~ IT12	12.5 ~ 25
半精铣	IT9 ~ IT10	3.2 ~ 6.3
精铣	IT7 ~ IT8	1.6 ~ 3.2

5.7.3 铣削的方式

平面的铣削方式有周铣和端铣两种方式，如图5-46所示。

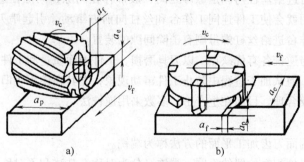

图5-46 周铣与端铣

a）周铣 b）端铣

1. 周铣法

用圆柱铣刀的圆周刀齿加工平面称为周铣法，周铣又可分为顺铣和逆铣两种，如图5-47所示。在切削部位刀齿的旋转方向与工件进给方向相同时称为顺铣；在切削部位刀齿的旋转方向与工件进给方向相反时称为逆铣。

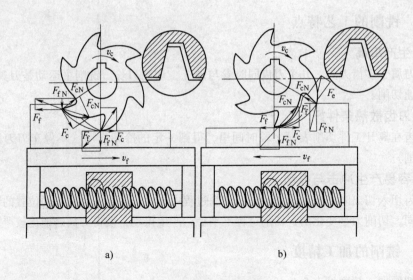

图 5-47 逆铣与顺铣

a）逆铣 b）顺铣

逆铣时，铣刀切入工件时的刀具旋转方向与工件的进给方向相反。刀齿的切削厚度从零逐渐增大。当接触角大于一定数值时，容易使工件的装夹松动而引起振动，但铣削过程比较平稳。

顺铣时，铣刀切入工件时的刀具旋转方向与工件的进给方向相同。刀齿的切削厚度切入时最大，而后逐渐减小，顺铣切削分力向下，有压紧工件作用，适合薄壁工件的加工。另外，顺铣时进给丝杠与固定螺母之间一般都存在间隙，间隙在进给方向的前方，由于水平分力作用就会使工件连同工作台和丝杠向前方窜动，引起啃刀。如采用顺铣，必须要求铣床工作台进给丝杠螺母副有消除间隙的装置。

因此，顺铣与逆铣各有优缺点。以刀具磨损、工件表面质量和工件夹紧的稳定性考虑采用顺铣为宜。但从加工过程中防止工件窜动现象，尤其在使用较旧机床进行粗加工时，选用逆铣比较合理。目前在生产中，多数采用逆铣法。

2. 端铣法

用面铣刀的端面刀齿加工平面的方法称为端铣。

根据铣刀与工件相对位置的不同，端铣又分为对称端铣法和不对称端铣法。刀齿切入厚度小于切出厚度时称为不对称逆铣法，适宜铣削碳钢和合金结构钢，减少冲击，使硬质合金刀寿命提高 1 倍以上。刀齿切入厚度大于切出厚度时称为不对称顺铣法，适宜加工不锈钢和高合金钢，可减小硬质合金的剥落损失，切削速度可提高 40% ~ 60%。如图 5-48 所示。

端铣法可以通过调整铣刀和工件的相对位置，调节刀齿切入和切出时的切削层厚度，从而达到改善铣削过程的目的。

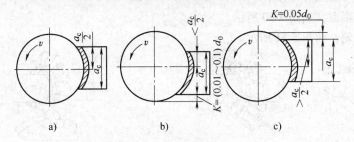

图 5-48　端铣的方式

a）对称端铣　b）不对称逆铣　c）不对称顺铣

3. 端铣与周铣的比较

端铣与周铣的比较见表 5-5。

表 5-5　端铣与周铣的比较

比较项目	端　铣	周　铣
刀具系统刚度	面铣刀直接安装在主轴端部,悬伸长度小,刚度好	圆柱铣刀安装在细长刀轴上,刚度差
刀具材料和结构	通常装硬质合金刀片的焊接式	高速钢制造,整体式,刀具形状复杂
刀具磨损	切入切出时切削层厚度不为零,无挤压、滑行等摩擦现象	逆铣时切削层厚度从零到最大,刀齿与工件有挤压、滑行现象,刀具磨损严重
加工精度	端铣同时工作的刀齿数与切削宽度有关,与切削层厚度无关,有较多刀齿同时工作,切削过程较平稳,还可以利用修光刀齿修光已加工表面,表面质量较好	周铣同时参加工作刀齿数与切削的加工余量有关(一般有 1～2 个刀齿),且切削层厚度从零到最大变化,切入切出时产生挤压、滑行,影响表面质量

综上,由于端铣法刀具系统刚度大,多数采用硬质合金刀具,磨损状况较周铣法好,切削过程较平稳,可采用高速切削,以提高生产率,目前在平面铣削中,大多采用端铣法。但周铣法适用性较广,可采用多种成形刀具铣削各种沟槽、齿轮和成形表面等,生产中也常用。

5.7.4　铣削的应用

1）铣平面。

2）铣槽。V 形槽、T 形槽、燕尾槽、直槽、圆弧槽等,如图 5-49 所示。

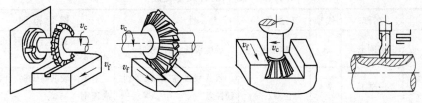

图 5-49　铣槽

3）铣成形面，如图 5-50 所示。

4）铣齿轮，如图 5-51 所示。

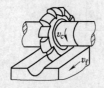  

图 5-50　铣成形面　　　　　　　　　　　　图 5-51　铣齿轮

5.8　磨削

用砂轮或其他磨具加工工件称为磨削加工。磨床主要有平面磨床、外圆磨床、内圆磨床、工具磨床等。

5.8.1　砂轮

砂轮是由磨料加结合剂，经压坯、干燥、烧结的方法而制成的多孔物体，如图 5-52 所示。其中：磨料起切削作用；结合剂把磨料结合起来，使之具有一定的形状、硬度和强度；结合剂没有填满磨料之间的全部空间，因而有气孔存在。

1. 砂轮的组成要素

砂轮的组成要素有磨料、粒度、结合剂、硬度、组织以及形状和尺寸等。

（1）磨料　磨料是具有高硬度、高耐磨性和高耐热性的细小颗粒。主要磨料有氧化物系列（如刚玉类"Al_2O_3"）、碳化物系列（SiC）和超硬磨料三大类。

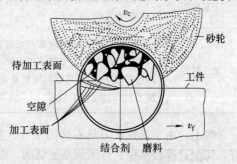

图 5-52　砂轮的构成

磨料承担磨削任务，必须具有很高的硬度、耐热性、一定的韧性，以及在切削过程中能受力破碎形成锋利刃口等性能。刚玉类（Al_2O_3）磨料适用于韧性材料磨削；碳化物系列（SiC）适用于脆性材料和硬质合金刀具的磨削。

磨料的种类与特性见表 5-6。

表 5-6　磨料的种类与特性

系别	名称	代号	颜色	性　能	适 用 范 围
氧化物	棕刚玉	A	棕褐色	硬度较低,韧性较好	磨削碳素钢、合金钢、可锻铸铁与青铜
	白刚玉	WA	白色	较 A 硬度高,磨粒锋利,韧性差	磨削淬硬的高碳钢、合金钢、高速钢
	铬刚玉	PA	玫瑰红色	韧性比 WA 好	磨削薄壁零件、成形零件

（续）

系别	名称	代号	颜色	性　能	适用范围
碳化物	黑碳化硅	C	黑色带光泽	比刚玉类硬度高,导热性好,但韧性差	磨削铸铁、黄铜、耐火材料及其他非金属材料
	绿碳化硅	GC	绿色带光泽	较 C 硬度高,导热性好,韧性较差	磨削硬质合金、宝石、光学玻璃
	碳化硼	BC	—	—	研磨硬质合金
超硬磨料	人造金刚石	D	白、淡绿、黑色	硬度最高、耐热性较好	研磨硬质合金、光学玻璃、宝石、陶瓷等高硬度材料
	立方氮化硅	CBN	棕黑色	硬度仅次于 D,韧性较 D 好	磨削高性能高速钢、不锈钢、耐热钢及其他难加工材料

（2）粒度　粒度是用来表示磨料颗粒大小的程度。一般情况下，粗磨时选用磨料颗粒大的砂轮，精磨时选用磨料颗粒较小的砂轮。砂轮速度高，与工件的接触面大（如端面磨削）时，应选用粗颗粒的砂轮；磨削软面的金属材料时，应选较粗颗粒的砂轮，硬脆的金属材料应选细颗粒的砂轮。砂轮是一种多孔性的材料，孔隙可以容纳切屑、贮存磨削液。表 5-7 为各种粒度的磨料及应用范围。

表 5-7　各种粒度的磨料及应用范围

类别	粒　度　号	适　用　范　围
磨粒	8#　10#　12#　14#　16#　20#　22#　24#	荒磨
	30#　36#　40#　46#	一般磨削,加工表面粗糙度值 Ra 可达 $0.8\mu m$
	54#　60#　70#　80#　90#　100#	半精磨、精磨和成形磨削,加工表面粗糙度值 Ra 可达 $0.8 \sim 0.16\mu m$
	120#　150#　180#　220#　240#	精磨、精密磨、超精磨、成形磨、刀具刃磨、珩磨
微粉	W63　W50　W40　W28	精磨、精密磨、超精磨、珩磨、螺纹磨
	W20　W14　W10　W7　W5　W3.5　W2.5　W1.5　W1.0　W0.5	超精密磨、镜面磨、精研,加工表面粗糙度值 Ra 可达 $0.05 \sim 0.012\mu m$

（3）结合剂　有陶瓷结合剂、树脂结合剂、橡胶结合剂等。结合剂的种类将影响砂轮的强度、韧性、耐热性、成形性和自锐性等。

陶瓷结合剂适用于外圆、内圆、平面和各种成形表面磨削；树脂结合剂和橡胶结合剂适用于制成各种切割用的薄片砂轮。

由于磨料、结合剂和制造工艺不同，砂轮性能差别很大，对磨削效果、生产率和经济性有很大影响。

表 5-8 所示为结合剂的种类及用途。

表5-8 结合剂的种类及用途

名称	代号	特性	适用范围
陶瓷	V	耐热、耐油和耐酸碱的侵蚀,强度较高,较脆	除薄片砂轮外,能制成各种砂轮
树脂	B	强度高,富有弹性,具有一定抛光作用,耐热性差,不耐酸碱	荒磨砂轮,磨窄槽,切断用砂轮,高速砂轮,镜面磨砂轮
橡胶	R	强度高,弹性更好,抛光作用好,耐热性差,不耐油和酸,易堵塞	磨削轴承沟道砂轮,无心磨导轮,切割薄片砂轮,抛光砂轮
青铜	M	强度最高,导电性好,磨耗少,自锐性差	适用于金刚石砂轮

(4) 硬度 砂轮的硬度是指砂轮表面上的磨粒在外力作用下脱落的难易程度。加工硬金属时,选用软砂轮;加工软金属时,选用硬砂轮。

表5-9所示为硬度的种类。

表5-9 硬度的种类

等级	超软			软			中软		中		中硬		硬			超硬
代号	D	E	F	G	H	J	K	L	M	N	P	Q	R	S	T	Y
选择	磨削淬硬钢选用L~N,磨削淬火合金钢选用H~K,高表面质量磨削时选用K~L,刃磨硬质合金刀具选用H~J															

(5) 组织 砂轮结构的紧密或疏松程度称为砂轮的组织,它反映磨粒、结合剂和气孔三者之间的比例关系。

表5-10所示为砂轮的组织。

表5-10 砂轮的组织

组织号	0	1	2	3	4	5	6	7	8	9	10	11	12	13	14
磨粒率(%)	62	60	58	56	54	52	50	48	46	44	42	40	38	36	34
分类	紧密				中等				疏松						
用途	成形磨削,精密磨削				磨削淬火钢,刀具刃磨				磨削韧性大而硬度不高的材料					磨削热敏性大的材料	

(6) 砂轮的形状、尺寸 表5-11为常用砂轮的形状、代号。

表5-11 常见砂轮的形状、代号

型号	示意图	特征值的标记
1	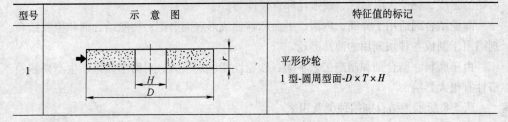	平形砂轮 1型-圆周型面-$D \times T \times H$

（续）

型号	示　意　图	特征值的标记
2		粘结或夹紧用筒形砂轮 2 型-$D \times T \times W$
3		单斜边砂轮 3 型-$D/J \times T \times H$
4		双斜边砂轮 4 型-$D \times T \times H$
5		单面凹砂轮 5 型-圆周型面-$D \times T \times H$-$P \times F$
6		杯形砂轮 6 型-$D \times T \times H$-$W \times E$
7		双面凹一号砂轮 7 型-圆周型面-$D \times T \times H$-$P \times F/G$
8		双面凹二号砂轮 8 型-$D \times T \times H$-$W \times J \times F/G$

2. 砂轮的标志

为便于对砂轮管理和选用，通常将砂轮的形状、尺寸和特性标注在砂轮端面上。

其顺序为：形状、尺寸（外径×厚度×内径）、磨料、粒度号、硬度、组织号、结合剂、允许的最高工作圆周线速度。例如：砂轮 1-300 × 30 × 75-WA60L6V-35m/s GB 2485。

5.8.2 磨削过程

磨削加工的本质是一种切削加工，砂轮可以看做是具有极多微小刀齿的刀具。磨粒的磨削过程实际上是切削、刻划、滑擦三种作用的综合。图 5-53 所示为磨削的过程。

磨削的过程分为三个阶段：

1）第一阶段——滑擦：开始砂轮表面磨粒从工件表面滑擦而过、产生弹性变形，此时无切削工作。

2）第二阶段——刻划：磨粒切入工件表面的表层，刻划出沟痕，并形成隆起，此时也无切削动作。

3）第三阶段——切削：切削层厚度增大到某一临界值时，开始切下切屑。

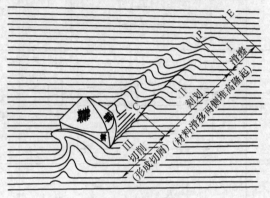

图 5-53　磨削的过程

磨削过程中，磨粒在高速、高压和高温的作用下，将逐渐磨损而变钝。变钝的磨粒切削能力下降，磨削力增加。当磨削力超过磨粒的强度时，磨粒就会产生破碎，从而产生新的锋利的棱角，代替原有的变钝的磨粒进行磨削；当磨削力超过砂轮结合剂的结合力时，变钝的磨粒就会从砂轮上脱落，露出一层新的锋利的磨粒，继续进行磨削。砂轮这种自动推陈出新、保持自身锋利的性能，称为"自锐性"。

由于砂轮这种自锐性，一方面破碎磨粒会堵塞孔隙，另一方面随机脱落的磨粒引起砂轮尺寸精度下降，所以，经过一段磨削加工的砂轮需要重新修整，以保证其加工精度。

5.8.3 磨削的工艺特点

1. 加工精度高、表面粗糙度值小

磨削加工属于精加工、尺寸精度高，表面粗糙度值小。一般磨削精度可达 IT6 ~ IT7，表面粗糙度值 Ra 为 0.2 ~ 0.8μm。当用小粒度磨削时，表面粗糙度值 Ra 可达 0.008 ~ 0.1μm。其主要原因是：

1）磨床制造精度高，特别是主轴的回转精度高，刚性好，稳定性好。

2）有微量的进给机构，进给量可以很微小。表 5-12 所示为不同机床微量进给机构的刻度值。

表 5-12　不同机床微量进给机构的刻度值　　　　　（单位：mm）

机床名称	立式铣床	车床	平面磨床	外圆磨床	精密外圆磨床	内圆磨床
刻度值	0.05	0.02	0.01	0.005	0.002	0.002

3）切削速度很高，外圆磨：$v_c = 30 \sim 50 \text{m/s}$，高速磨：$v_c > 50 \text{m/s}$。

4）砂轮磨削时，相当于无数微小的刀齿同时参与磨削，磨粒刃口圆弧半径 r_n 较小（如 F46 白刚玉磨粒 $r_n \approx 0.006 \sim 0.012 \text{mm}$，而一般车刀的 $r_n \approx 0.012 \sim 0.032 \text{mm}$），每个磨粒的切削深度和进给量都很小，因此，加工表面的残留面积极微小。

2. 砂轮有自锐性

磨削过程中，砂轮具有自锐作用，使得磨粒能够以较锋利的刃口对工件进行切削，有利于进行强力连续磨削，以提高磨削加工的生产率。

3. 背向力 F_p 较大

磨削过程中，由于切削深度很小，砂轮与工件表面接触面大，使背向力（径向分力）F_p 比磨削力 F_c 大，一般 $F_p = (1.5 \sim 3) F_c$。而且工件材料塑性越小，F_p/F_c 比值越大。表 5-13 所示为磨削与车削加工不同材料时 F_p/F_c 的比值。

表 5-13　磨削与车削加工不同材料时 F_p/F_c 的比值

加工方式	工件材料	普通钢	淬硬钢	铸钢
磨削	F_p/F_c	1.6 ~ 1.9	1.9 ~ 2.6	2.7 ~ 3.2
车削	F_p/F_c	0.1 ~ 0.2		

由于背向力大，在此力方向上机床、夹具、工件、刀具组成的工艺系统刚度要求高，如果较差会造成工艺系统变形，影响工件加工精度。图 5-54 所示为背向力引起的加工误差。

一般在最后几次走刀时，要少吃刀或不吃刀，以便逐步消除由于变形而产生的加工误差。但会降低生产率。

4. 磨削温度高

磨削温度高的原因如下：

1）切削速度高，较一般加工高出 10 ~ 20 倍，切削热多。

2）磨削过程中，砂轮与工件表面接触面大，且挤压、滑擦、摩擦严重，切削热多。

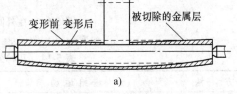
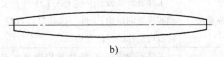

图 5-54　背向力引起的加工误差
a）变形原理　b）变形结果

3）砂轮本身传热性能很差，短时间内切削热传不出去。

磨削过程中切削温度很高，高达 800 ~ 1000℃，而磨削点的温度高达 1400℃。因此，磨削中应大量采用磨削液。磨削液除起冷却、润滑作用外，还可以冲刷砂轮，保证磨削的正常运行，提高砂轮寿命和工件的加工质量。磨削加工用的磨削液一般为苏打水、乳化液等。磨削铸铁、青铜等脆性材料时，一般不加磨削液。

5.8.4　磨削的应用和发展

磨削可以加工的工件材料的范围很广，既可以加工铸铁、碳钢、合金钢等一般结构材料，也能够加工高硬度的淬硬钢、硬质合金、陶瓷和玻璃等难切削的材料。但是，磨削不宜精加工塑性较大的非铁金属工件。

磨削可以加工外圆面、内孔、平面、成形面、螺纹面和齿轮齿形等各种表面，还常用于各种刀具的刃磨。

1. 外圆磨削

外圆磨削分为有心和无心两种。

一般在普通外圆磨床或万能外圆磨床上进行的是有心外圆磨削。根据磨削运动的不同，有心外圆磨削分为纵磨法、横磨法、综合磨法和深磨法，如图 5-55 所示。表 5-14 所示为几种外圆磨削的比较。

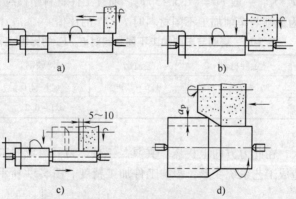

图 5-55　在外圆磨床上磨外圆

a）纵磨法　b）横磨法　c）综合磨法　d）深磨法

表 5-14　几种外圆磨削的比较

方　法	进　给　运　动	工　艺　特　点
纵磨法	工件旋转实现周向进给；工作台往复直线运动实现纵向进给；工件一次往复行程终了时，砂轮做周期性的径向进给	加工精度和表面质量高；适应面宽；生产效率较低；广泛用于单件小批量加工细长轴
横磨法	工件不做纵向移动；砂轮以慢速做连续的径向进给	表面质量较纵磨法差；生产率高；适于成批大量生产、不太宽的成形面且刚性较好的工件
综合磨法	现将工件分段进行横磨，留下 0.01 ~ 0.03mm 余量，然后用纵磨法进行精磨	综合了纵磨法和横磨法的优点
深磨法	采用较小的纵向进给量（1 ~ 2mm/r），较大的背吃刀量（0.3mm 左右），在一次行程中切除全部余量	砂轮前端修成锥面；须预留较大的切入和切出距离；生产率高；适于成批大量生产刚性较大的工件

2. 孔的磨削

孔的磨削在内圆磨床或万能外圆磨床上进行。与外圆磨削类似，内圆磨削也分为纵磨法和横磨法。因为砂轮轴小，刚度较差，横磨法仅仅适用于磨削短孔及内成形面，多数情况下采用的是纵磨法，如图 5-56 所示。

磨孔与铰孔或拉孔比较，有以下的特点：

1）可以磨削淬硬的工件孔。

2）不仅能保证孔本身的尺寸精度和表面质量，还可以提高孔的位置精度和轴线的直线度。

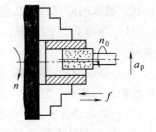

3）用同一个砂轮可以磨削不同直径的孔。

4）生产效率较低。

磨孔与外圆磨削相比则存在以下的问题：

1）表面粗糙度值较大。

2）生产效率较低。

图 5-56　内孔磨削

由于上面的原因，磨孔一般仅用于淬硬工件孔的精加工。磨孔的适应性较好，不仅可以磨通孔，还可以磨阶梯孔和盲孔等，因而在单件小批量生产中应用较多，特别是对于非标准尺寸的孔，其精加工用磨孔更为合适。

3. 平面磨削

与平面铣削类似，可以分为周边磨削和端面磨削两种方法。周边磨削是利用砂轮的外圆面进行磨削，如图 5-57 所示；端面磨削是利用砂轮的端面进行磨削，如图 5-58 所示。

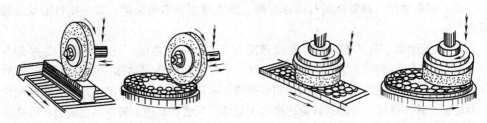

图 5-57　周边磨削　　　　　　　　图 5-58　端面磨削

周边磨削平面时，砂轮与工件的接触面积小，散热、冷却和排屑情况较好，加工质量较高。端面磨削平面时，磨头伸出长度短，刚度较好，允许采用较大的磨削用量，生产效率较高。但是，砂轮与工件的接触面积较大，发热量大，冷却较困难，加工质量较低。所以，周边磨削多用于加工质量要求较高的工件，而端面磨削适用于加工质量要求较低的工件，或代替铣削作为精磨前的粗加工。

4. 磨削的发展

目前磨削朝着两个方向发展：一是精度高、表面粗糙度值小的磨削；二是高效磨削。

（1）精度高、表面粗糙度值小的磨削　　一般精度：粗磨为 IT7 ~ IT8，$Ra = 0.4$ ~

0.8μm；精磨为 IT5 ~ IT6，$Ra = 0.2 ~ 0.4$μm。这种磨削有：精密磨削（$Ra = 0.05 ~ 0.1$μm），超精密磨削（$Ra = 0.012 ~ 0.025$μm），镜面磨削（$Ra < 0.008$μm）。

磨削加工的表面粗糙度是砂轮微观形貌的某种复印。因此，磨床主轴的回转精度及砂轮表面磨粒的微刃度和等高性是影响磨削精度和表面质量的主要因素。必然对砂轮的形状、磨床精度和磨削工艺规范提出了很高的要求。

1）选择合适的砂轮。所选择的砂轮经精细修整后，能形成大量的等高性好的微刃。

2）砂轮应精细修整。为了保证砂轮修整后有较高的微刃等高性，必须用金刚石笔对砂轮进行精整、细整。

3）磨床精度要求。要求磨床主轴的回转精度很高，轴的刚性要好，工作台无低速爬行。往复速差不超过 10%，磨削液要经过精细过滤。

4）选择合理的磨削用量。合理的磨削用量才能使微刃充分发挥切削和抛光作用。具体参考值见表 5-15。

表 5-15   精度高、表面粗糙度值小的磨削用量

磨削用量	精密磨削	超精磨削	镜面磨削
v_s/（m/s）	30	12 ~ 30	12 ~ 30
v_w/（m/s）	0.15 ~ 2	0.1 ~ 0.12	0.1 ~ 0.12
f_r/mm	0.0025 ~ 0.005	< 0.0025	< 0.0025
光磨次数	1 ~ 3	4 ~ 15	20 ~ 30

（2）高效磨削   高效磨削有高速磨削、强力磨削和砂带磨削，其主要目的就是提高生产率。

1）高速磨削。高速磨削是砂轮线速度高于 45m/s 的磨削，一般切削速度为 50 ~ 60m/s，其特点是磨粒的当量磨削厚度变薄，单位时间磨除量增加。但需要注意的是：砂轮主轴转速必须随线速度的提高而相应提高，砂轮传动系统功率必须足够，机床刚性必须足够，并注意减小振动；砂轮速度必须足够，保证在高速旋转下不会破裂；除应经过静平衡试验外，最好采用砂轮动平衡装置；砂轮必须有适当的防护罩；必须具有良好的冷却条件，有效的排屑装置，并注意防止磨削液飞溅。

2）强力磨削。强力磨削又叫大切深缓进给磨削，或深磨削、蠕动磨削，是继高速磨削发展起来的一种新工艺。它是以较大的切削深度（可达 30mm 或更多一些）和很低的工作台进给速度（3 ~ 300mm/min）磨削工件，经一次或数次走刀即可磨到所要求的尺寸形状精度。适于磨削高硬度高韧性的材料，如耐热合金、不锈钢、高速钢等的型面和沟槽。

高速磨削和强力磨削对磨床、砂轮以及冷却方式要求很高。

3）砂带磨削。砂带磨削设备比较简单，有砂带、接触轮、张紧轮、支承轮或工作台等组成，如图 5-59 所示。

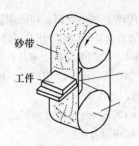 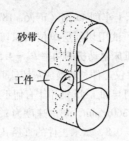 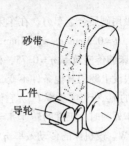

图 5-59　砂带磨削

砂带做回转主运动，工件由传送带带动做进给运动，具有生产效率高，加工质量好，能较方便地磨削复杂形面等优点。砂带磨削主要用于粗磨钢锭、钢板、磨削难加工材料和难加工型面，特别是磨削大尺寸薄板、长径比大的外圆和内孔（直径 25mm 以上）、薄壁件和复杂型面更为优越。

复　习　题

1. 何谓切削运动？什么是主运动和进给运动？分别指出磨床、车床、铣床、刨床、钻床的主运动和进给运动。

2. 什么是切削三要素和切削层参数？

3. 车外圆时，已知工件的转速为 $n = 320 \text{r/min}$，车刀的进给速度为 $v_f = 64 \text{mm/min}$，其他条件如图 5-60 所示。试求切削速度 v_c、进给量 f 与背吃刀量 a_p、切削层公称横截面积 A_D、切削层公称宽度 b_D 和厚度 h_D。（结果精确到小数点后面 3 位）

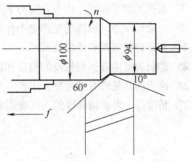

图 5-60　车外圆

4. 切削层公称横截面积与实际的切削层面积有何区别？它们之间的差值对工件已加工表面的表面粗糙度值有何影响？哪些因素影响其差值？

5. 简述车刀前角、后角、主偏角、副偏角和刃倾角的作用。

6. 何谓积屑瘤？它是如何形成的？对切削加工有何影响？

7. 何谓刀具寿命？并简述影响刀具寿命的因素。

8. 简述切削用量选择的原则。

9. 高速钢和硬质合金在性能上的主要区别是什么？各适合制造何种刀具。

10. 切削液的主要作用是什么？如何选择切削液？

11. 如图 5-61 所示两种情况下，其他条件相同，切削层公称截面积近似，试问哪种情况的切削力较大，哪种情况的刀具磨损较快？

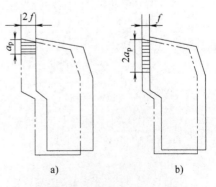

a)　　　　　　　b)

图 5-61　两种情况刀具

a) 情况 1　b) 情况 2

12. 设用硬质合金车刀，在车床上车削 45 钢（正火，187HBW）轴的外圆，切削用量为 $v_c =$ 100m/min，$f = 0.3$mm/r，$a_p = 4$mm，试用切削层单位面积切削力 k_c 计算切削力 F_c 和切削功率 P_m。若机床的传递效率 $\eta = 0.75$，机床电动机的功率 $P_E = 4.5$kW，试问电动机功率是否足够？

13. 假设上题的其他条件不变，仅工件材料换成灰铸铁 HT200（退火，170HBW），试计算这种情况下的 F_c 和切削功率 P_m。它们与加工 45 钢相比有何不同，为什么？

14. 车外圆时，工件的转速 $n = 360$r/min，切削速度为 $v_c = 150$m/min，此时测得的电动机功率 $P_E = 3$kW。设机床的传动效率 $\eta = 0.8$，试求工件的直径 d_w 和切削力 F_c。

15. 车床适合于加工何种表面？为什么。

16. 一般情况下，车削的切削过程为什么比刨削、铣削等平稳？对加工有何影响？

17. 与钻孔、扩孔、铰孔比较，镗孔有何特点。

18. 加工要求精度高、表面粗糙度值小的纯铜或铝合金轴的外圆时，应选用哪种加工方法，为什么？

19. 在车床上钻孔或在钻床上钻孔，由于钻头弯曲都会产生引偏，它们对所加工的孔有何不同影响？在随后的加工中，哪一种比较容易纠正，为什么？

20. 若用周铣法铣削带黑皮的铸件或锻件上的平面，为了减少刀具磨损，应采用顺铣还是逆铣，为什么？

21. 拉削加工的质量好、生产效率高，为什么在单件小批量生产中不宜采用？

22. 磨孔和磨平面时，由于背向力 F_p 的作用，可能产生什么样的形状误差，为什么？

23. 一般情况下，刨削的生产率为什么比铣削的低？

24. 普通砂轮有哪些组成要素？

25. 磨削为何能够达到较高的精度和较低的表面粗糙度值？

26. 磨平面常见的有哪几种方式？

27. 精度高、表面粗糙度值小的磨削对砂轮、机床和磨削用量有什么特殊要求？

第6章 精密加工和特种加工

6.1 精密加工

6.1.1 概述

按加工精度和加工表面质量的不同，通常可以把机械加工分为一般加工、精密加工和超精密加工。

一般加工是指加工精度在 $10\mu m$ 左右，相当于尺寸公差等级在 IT5 ~ IT6，表面粗糙度值 Ra 为 $0.2 ~ 0.8\mu m$ 的加工方法，如车、铣、刨、磨、铰等加工。适用于一般的机械制造行业。

精密加工是指加工精度在 $0.1 ~ 10\mu m$，尺寸公差等级在 IT5 以上，表面粗糙度值 Ra 在 $0.1\mu m$ 以下的加工方法，如金刚车、金刚镗等。适用于精密机床、精密测量仪器等制造行业中加工精密零件，在当前的制造工业中占有极其重要的地位。

超精密加工是指加工精度在 $0.01 ~ 0.1\mu m$ 内，表面粗糙度值 Ra 为 $0.001\mu m$ 的加工方法。超精密加工往往用于一些精密的装置和仪器零件及部件上，如高精密的圆柱气浮轴承、惯性导航仪中的静电陀螺球和超大规模集成电路的基片。

6.1.2 精密和超精密加工方法

1. 金刚石刀具超精密切削加工

（1）金刚车 金刚车削外圆是轴类零件常用的精加工方法之一，对于钢铁材料制成的零件常作为光整加工前的预加工工序；对于非铁金属及其合金零件，则往往是最终加工工序。这是因为一般韧性较大的非铁金属、非金属制成的零件，在磨削过程中磨屑易嵌入砂轮表面使其失去磨削能力，并使零件表面质量恶化，很难用磨削和研磨来进行精密加工，故采用精车。由于提高了车削速度，减少了切削深度及进给量，零件的被加工表面变形层随之变薄，这样就减少了车削过程的发热、积屑瘤、弹性变形及残留面积等，因此，可使软材料制成的零件得到很高的加工精度和较小的表面粗糙度值。

金刚车削是高速微量切削工艺，切削用量为：背吃刀量 $0.03 ~ 0.05mm$，进给量 $0.02 ~ 0.08mm/r$，切削速度 $160m/min$。可以使工件获得 IT5 ~ IT6 级加工精度及 $Ra = 0.16 ~ 0.63\mu m$ 的表面粗糙度值。

精密车床是实现金刚车的必备条件，要求车床有精密的回转运动和精密的直线运动。一般用做精密车削的车床，主轴的径向跳动要小于 $0.1\mu m$。

（2）金刚镗 金刚镗常用于加工非铁金属合金及铸铁制件的内孔。因为这些材料容易嵌塞砂轮，不适宜采用内圆磨削。随着人造金刚石聚晶和立方氮化硼、新型硬质合金等刀具材料的发展，现在也广泛用金刚镗来加工钢制零件。金刚镗特别适用于单件小批量生产的非标准孔、大直径孔、短孔及盲孔的加工。

金刚镗常在专门的金刚镗床上进行。正常条件下，金刚镗可达 IT6 ~ IT7 级精度和 $Ra \le 0.63\,\mu m$ 的表面粗糙度值。另外，金刚镗能修正前工序加工所造成的孔轴线歪曲和偏斜，以获得高的位置精度值。

2. 精密和超精密磨削加工

金刚石刀具不适应对钢、铁、玻璃及陶瓷等材料进行精密和超精密切削，因为对这些材料进行微量切削时剪切应力很大，切削刃口的高温将使刀刃很快发生机械磨损，金刚石刀具中的碳原子很容易扩散到钢铁类工件铁素体中而造成扩散磨损，所以加工此类工件宜采用精密和超精密磨削加工。

精密和超精密磨削对砂轮的要求很高，砂轮需要进行精细地修整，以便其具有很好的微刃性和等高性。超精密磨削采用人造金刚石、立方氮化硼等超硬磨料作为砂轮的材料。加工时磨削余量很小（0.002 ~ 0.005 μm），磨削过程中砂轮微刃对工件同时有滑挤、摩擦、抛光等作用，从而使工件获得很高的加工精度和很小的表面粗糙度值。

6.1.3　精密和超精密加工的特点和应用

与一般加工工艺相比，精密和超精密加工是为了达到高精度和高的表面质量，它不是一种孤立的加工方法和单纯的工艺问题，而是一个系统工程。它与加工方法、加工刀具和材料、加工设备、测量装置及工作环境等有密切的关系。

1）精密和超精密加工都是以精密元件为加工对象，与精密元件密切结合而发展起来的。如大规模集成电路芯片、合成蓝宝石轴承等精密元件。

2）精密和超精密加工不仅要求零件具有足够的强度和刚度，而且还要求从零件的加工工艺性上考虑选择材料。对工件本身的均匀性和性能的一致性有要求，不允许存在内部或外部的微观缺陷。有时对材料组织的纤维化也应有所要求。

3）要有严格的加工环境。要消除工艺系统内部和外部的振动干扰，大多要在恒温净化车间中工作，恒温 $\pm 0.1 ~ 0.01^{\circ}C$。

4）要精化加工设备，着力提高机床的运转精度，设计专门设备或精化现有设备，使加工设备达到更高精度。

5）要合理安排热处理工艺，采用时效、冰冷处理等工艺使工件精度稳定可靠。如经过冰冷处理，使淬火转变进行彻底，可获得稳定的尺寸精度。

6）精密测量是精密和超精密加工的必要条件，甚至成为关键。

6.2　精整加工与光整加工

随着生产和科学技术的迅猛发展，许多工业部门，特别是国防、航空航天、电子等部门，对产品零件的加工精度要求越来越高，对表面粗糙度值要求越来越小。常用的传统加工方法已不能满足需要，一些精整加工和光整加工方法因而得到迅速发展。

精整加工，一般是指在精加工基础上，切除极薄的一层材料层，以达到提高零件精度和减少表面粗糙度值为目的的加工方法。

6.2.1　精整加工工艺

1. 研磨

研磨可以作为外圆、内孔及平面的精整加工。研磨方法简单，对设备要求不高，因此是精整加工中应用最广泛的工艺方法。

（1）研磨加工原理　图 6-1a 所示为内圆表面的研磨，工件安装在车床自定心卡盘上低速旋转，手持研具往复运动并缓慢地向正反方向转动研具（手工研磨），在研具和工件间加入研磨剂；图 6-1b 所示为平面的研磨，研具在一定压力下进行复杂移动，在工件和研具间加入磨粒和研磨液。

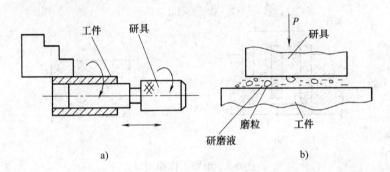

图 6-1　研磨
a）内圆表面的研磨　b）平面的研磨

研磨过程有三种作用：机械切削作用、物理切削作用（挤压作用）、化学作用（研磨液中加入的硬脂酸或油酸与工件表面起氧化作用）。

（2）研磨方法　研磨方法分为手工研磨与机械研磨两种。手工研磨适用于单件小批量生产，工人劳动强度较大，研磨质量与工人的技术熟练程度有关。

机械研磨适用于成批生产，生产效率较高，研磨质量较稳定。

研磨剂包括磨料、研磨液（煤油与机油混合）、辅助材料（硬脂酸、油酸及工业甘油）。钢质工件选用氧化铝磨料，脆性材料工件选用碳化硅磨料。

（3）研磨的特点

1）加工简单，不需要复杂的设备。研磨除可在专门的研磨机上进行外，还可以在经简单改装的车床、钻床等上进行，设备和研具比较简单，成本低。

2）可以达到高的尺寸精度、形状精度和小的表面粗糙度值，但不能提高工件各表面间的位置精度。若研具精度足够高，经精细研磨，加工后表面的尺寸误差和形状误差可以小到 $0.1 \sim 0.3 \mu m$，表面粗糙度值 Ra 可达 $0.025 \mu m$ 以下。

3）生产率较低，加工余量一般不超过 0.01~0.03mm。

4）研磨剂易于飞溅，污染环境。

2. 珩磨

珩磨是内圆表面及齿形的精整加工方法之一，珩磨多用于内圆表面的精整加工，如内燃机气缸套及连杆孔的精整加工。

（1）珩磨的加工原理 图 6-2a 所示为珩磨示意图。珩磨是低速、大面积接触的磨削加工，与磨削原理基本相同。珩磨的磨具是由多根油石组成的磨头。油石本身有三种运动：正反方向的旋转运动、往复直线运动及磨头向油石施加压力后的径向运动。由于油石的复杂运动，使内孔表面形成较复杂的交叉网纹磨削轨迹，如图 6-2b 所示，图中1、2、3、4 表示磨削轨迹形成顺序。简单的珩磨机床可用卧式车床或立式钻床改装而成。

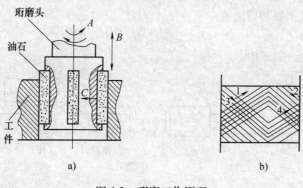

图 6-2 珩磨工作原理
a）珩磨示意图 b）磨削轨迹

（2）珩磨的特点

1）生产率较高。珩磨时多个油石同时工作，又是面接触，同时参加切削的磨粒较多，并且经常连续变化切削方向，能较长时间保持磨粒刃口锋利。珩磨余量比研磨大，一般珩磨铸铁时余量为 0.02~0.15mm，珩磨钢件时余量为 0.005~0.08mm。

2）精度高。珩磨可提高孔的表面质量、尺寸精度和形状精度，但不能提高孔的位置精度。这是由于珩磨头与机床主轴为浮动连接所致。因此，在珩磨前需要对孔进行精加工，才能保证其孔的位置精度。

3）珩磨表面耐磨损。由于加工表面有交叉网纹，利于油膜形成，润滑性能好，磨损慢。

4）珩磨头结构较复杂。

6.2.2 光整加工工艺

光整加工是指从金属表面不切除或切除极薄的材料层，以减少工件表面粗糙度值为目的的加工方法。

1. 超级光磨

（1）加工原理　超级光磨是外圆表面的光整加工方法，它是减小工件表面粗糙度值的有效方法之一。

如图 6-3 所示，超级光磨时使用油石，以较小的压力压向工件，加工中有三种运动：工件低速转动、磨头轴向进给运动和磨头的高速往复运动，同时还做轴向微小振动（一般振幅为 $1.6\mu m$，频率为 5～50Hz），从而对工件微观不平表面进行光磨，使之形成复杂的交叉网纹轨迹。

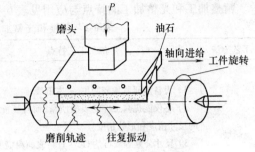

图 6-3　超级光磨

超级光磨分为四个工作阶段：强烈切削阶段、正常切削阶段、微弱切削抛光阶段和自动停止阶段。加工中一般使用煤油作为切削液。

（2）超级光磨的特点　包括以下 4 点：

1）设备简单，操作方便。超级光磨可以在专门的机床上进行，也可以在适当改装的通用机床（如卧式车床等）上，利用不太复杂的超级光磨磨头进行。一般情况下，超级光磨设备的自动化程度较高，操作简便，对工人的技术水平要求不高。

2）加工余量极小。由于油石与工件之间无刚性的运动联系，油石切除金属的能量较弱，只留有 3～10μm 的加工余量。

3）生产率较高。因为加工余量极小，加工过程所需要时间很短，一般约为 30～60s。

4）表面质量好。由于油石运动轨迹复杂，加工过程是由切削作用过渡到光整抛光，表面粗糙度值很小（Ra 小于 $0.012\mu m$），并且有复杂的交叉网纹，利于存储润滑油，加工后表面的耐磨性较好，但不能提高其尺寸精度和位置精度，零件所要求的精度必须由前道工序保证。

2. 抛光

抛光是利用高速旋转的涂有磨膏的抛光轮（用帆布、绸布、毛毡、橡胶或皮革制成的软轮），对工件表面进行光整加工的方法。抛光时，将工件压在高速旋转的抛光轮上，通过磨膏介质的化学作用使工件表面产生一层极薄的软膜，这时可用比工件材料软的磨料进行加工，且不会在工件表面上留下划痕。此外，由于抛光轮转速很高，剧烈的摩擦使工件表层出现高温，表层材料被挤压而发生塑性流动，可填平表面原来的微观不平，而获得很高的表面质量（呈镜面状）。图 6-4 所示为单轮双工位抛光机工作示意图。

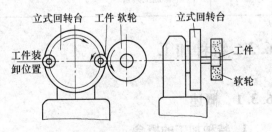

图 6-4　单轮双工位抛光机工作示意图

6.2.3 精整加工和光整加工的特点与应用

精整加工和光整加工的特点与应用见表6-1。

表 6-1 精整和光整加工的特点与应用

工艺方法	加工工艺特点	应用举例
研磨	1）设备和研具均较简单,成本低廉 2）不仅能提高工件的表面质量,而且还能提高工件的尺寸精度和形状精度 3）尺寸公差等级可达IT3～IT5,表面粗糙度值 Ra 可达 0.008～0.1μm,圆度误差可达 0.001～0.025μm 4）生产率较低,研磨余量不应超过 0.01～0.03mm	1）研磨可加工钢、铸铁、铜、铝、硬质合金、半导体、陶瓷、塑料等材料 2）可加工内外圆柱面、圆锥面、平面、螺纹和齿形等成形面 3）广泛应用于各种精密零件的最终加工,如精密量具、精密刀具、光学玻璃镜片以及精密配合表面
珩磨	1）生产率较高,珩磨余量一般为 0.02～0.15mm 2）珩磨能提高孔的表面质量、尺寸和形状精度,但不能提高位置精度 3）尺寸公差等级可达IT4～IT6,表面粗糙度值 Ra 可达 0.05～0.8μm,孔的圆度可达 5μm,圆柱度不超过 10μm 4）珩磨头结构复杂	1）不宜加工非铁金属 2）主要用于孔的光整加工,孔径范围为 $\phi15～\phi500$mm,孔的深径比可达 10 以上 3）广泛用于大批量生产中加工发动机的气缸、液压装置的液压缸及各种炮筒等
超级光磨	1）设备简单、操作方便、自动化程度高 2）加工余量极小,一般约为 3～10μm 3）表面质量好,表面粗糙度值 Ra 小于 0.012μm,但不能提高工件的尺寸、形状、位置精度 4）经超级光磨的表面耐磨性较好 5）生产率高	广泛用于加工外圆面、孔、平面、圆锥面和球面,常用来加工轴类零件、滚动轴承的滚道及平面等
抛光	1）设备、工具及加工方法都较简单,加工成本低 2）只能减小表面粗糙度值,一般可达 0.012～0.1μm,但不能提高尺寸精度和形状精度 3）劳动条件差 4）不留加工余量	可抛光任何曲面,主要用于零件表面的装饰加工和电镀后的加工

6.3 特种加工

6.3.1 概述

1. 特种加工的概念

第二次世界大战后,随着宇航、电子等尖端技术的飞速发展,新型工程材料不断地涌现和被采用，零件的材料日趋复杂，对零件的加工精度和表面质量要求也越来越高，传统的切削加工已经很难、甚至无法胜任这样的加工要求。为了解决这些加工难题，各种区别于传统切削方法的特种加工先后应运而生。

特种加工是相对传统的切削加工而言的，是一种利用电能、化学能、热能、声能、光能、电化学能及其复合加工技术，对金属或非金属材料进行加工的方法。目前国内外已采用或正在开发研制的特种加工方法有 30 余种，成为制造业中不可缺少的一个组成部分。

2. 特种加工方法的分类

特种加工的分类还没有明确的规定，一般按能量和作用原理可分为表 6-2 所示的几种类型。

表 6-2　常用特种加工分类方法

主要能量形式	加 工 方 法	表 示 符 号	对工件材料的适用性
电、热能	电火花加工	EDM	任何导电材料
	电火花线切割加工	WEDM	
	电子束加工	EBM	任何材料
	等离子弧加工	PAM(C)	
电、化学能	电解加工	ECM	
电、化学、机械能	电解磨削	ECG	任何导电材料
	电解珩磨	ECH	
电、机械能	离子束加工	IBM	
光、热能	激光加工	LBM	任何材料
声、机械能	超声加工	USM	任何硬脆材料
化学能	化学加工（铣削）	CHM	与化学溶剂作用的材料
光、化学能	光化学加工（PCM）	PCM	
液流、机械能	水射流切割（水刀）	WJC	任何材料
	磨料喷射加工	AJM	

不同的特种加工方法都有其特定的使用场合和规律，选择得好可以提高加工精度和生产率；选择不当，不但不能提高加工精度甚至不能加工或效益很差。因此，需根据加工对象的材料特性、加工对象的结构特点、加工的经济效益来合理选择。

6.3.2　电火花加工

电火花加工又称放电加工、电蚀加工，是一种利用脉冲放电产生的热能进行加工的方法。其加工过程为：使工具和工件之间不断产生脉冲性的火花放电，靠放电时局部、瞬时产生的高温把金属熔化、气化而蚀除材料。放电过程可见到火花，故称之为电火花加工。

1. 电火花加工的基本原理

电火花加工的原理是基于工具和工件（正、负电极）之间脉冲性火花放电时的电腐蚀现象来蚀除多余的金属，以达到对零件的尺寸、形状及表面质量的加工要求。图6-5所示为电火花加工原理示意图。脉冲电源8发出一连串脉冲电压，加到浸在具有一定绝缘性能的液体介质7（多用煤油）中的工具电极5和工件电极4上。由于电极的微观表面是凹凸不平的，两级间凸点处电场强度较大，其间的液体绝缘介质最先被击穿而电离成电子和正离子，形成放电通道。在电场力作用下，通道内电子高速奔向阳极，正离子高速奔向阴极，并相互碰撞，在通道内产生大量的热，形成火花放电。每次火花放电后，在工件表面上形成一个小凹坑，尽管这个小凹坑十分微小，但随着工具电极不断进给，脉冲放电不断进行，周而复始，无数个脉冲放电所腐蚀的小凹坑重叠在工件上，即可把工具电极的轮廓形状相当精确地"复印"在工件上，从而实现一定尺寸和形状的加工。

生产中广泛应用的电火花线切割（机）就是利用电火花加工原理进行工作的。

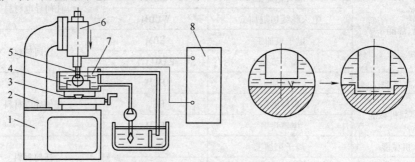

图 6-5　电火花加工原理图
1—床身　2—立柱　3—工作台　4—工件电极　5—工具电极（纯铜或石墨）
6—进给机构及间隙调整器　7—液体介质　8—脉冲电源

要达到上述加工目的，设备装置必需满足以下三个条件：

1）工具电极和工件被加工表面之间经常保持一定的放电间隙（通常约为几微米至几百微米）。间隙过大，极间电压不能击穿极间介质，因而不会产生火花放电。间隙过小，会形成短路，不能产生火花放电，而且会烧伤电极。

2）火花放电必须是瞬时的脉冲性放电，放电延续一段时间后，需停歇一段时间，放电延续时间一般为 $10^{-7} \sim 10^{-3}$ s。这样才能使放电所产生的热量来不及传导扩散到其余部分，把每一次的放电点分别局限在很小的范围内，否则，像持续电弧放电那样，使表面烧伤而无法用做尺寸加工。为此，电火花加工必须采用脉冲电源。

3）火花放电必须在有一定绝缘性能的液体介质中进行，如煤油、皂化液或去离子水等。液体介质又称工作液，它们必须具有较高的绝缘强度（$10^{3} \sim 10^{7} \Omega \cdot$ cm）以有利于产生脉冲性的火花放电，同时，液体介质还能把电火花加工中产生的金属碎屑、炭黑等电蚀产物从放电间隙中悬浮排除出去，并且对电极和工件表面有较好的冷却作用。

2. 电火花加工的特点

（1）电火花加工的优点

1）适用于难切削材料的加工。可以突破传统切削加工对刀具的限制，实现用软的工具加工硬韧的工件，甚至可以加工像聚晶金刚石、立方氮化硼一类超硬材料。目前电极材料多采用纯铜或石墨，因此工具电极较容易加工。

2）可以加工特殊及复杂形状的零件。由于加工中工具电极和工件不直接接触，没有机械加工的切削力，因此适宜加工低刚度工件及微细加工。又由于可以简单地将工具电极的形状复制到工件上，因此特别适用于复杂表面形状工件的加工，如复杂型腔模具加工等。数控技术电火花加工可以用简单形状的电极加工复杂形状零件。

3）主要用于加工金属导电材料。一定条件下也可以加工半导体和非导电材料。

4）加工表面微观形貌圆滑。工件的棱边、棱角处无飞边、塌边。

5）工艺灵活性大。本身有"正极性加工"（工件接电源正极）和"负极性加工"（工件接电源负极）之分，还可与其他工艺结合，形成复合加工，如与电解加工复合。

6）电火花加工的应用范围很广，可以用来加工型腔及各种孔，如锻模模膛、异型孔、喷丝孔等，还可以进行表面强化和打印记等。

（2）电火花加工的局限性

1）一般加工速度较慢。安排工艺时可采用机械加工去除大部分余量，然后再进行电火花加工以求提高生产率。新的研究成果表明，采用特殊水基不燃性工作液进行电火花加工，其生产率甚至高于切削加工。

2）存在电极损耗和二次放电。电极损耗多集中在尖角或底面，最近的机床产品已能将电极相对损耗比降至 0.1%，甚至更小。电蚀产物在排除过程中与工具电极距离太小时会引起二次放电，形成加工斜度，影响成形精度，二次放电甚至会使得加工无法继续。

6.3.3　电解加工

1. 电解加工的基本原理

图 6-6 所示为电解加工原理图。加工时，工件接直流电源正极，工具接电源负极。工具向工件缓慢进给，使两级之间保持较小的间隙（0.1～1mm），具有一定压力（0.5～2MPa）的电解液从间隙中高速（5～50m/s）流过，这时阳极工件的金属被逐渐电解腐蚀，电解产物被电解液带走。在加工刚开始时，阴极与阳极距离较近的地方通过的电流密度较大，电解液的流速也较高，阳极溶解速度也较快，工具相对工件不断进给，工件表面就不断被电解，电解产物不断被电解液冲走，直至工件表面形成与阴极工作面基本相似的形状为止。

2. 电解加工的特点及应用

电解加工具有如下特点：

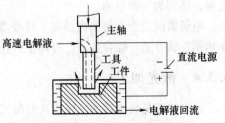

图 6-6　电解加工原理图

1）能以简单的进给运动一次加工出形状复杂的型面或型腔，如锻模、叶片等。

2）可加工高硬度、高强度和高韧性等难切削的金属材料，如淬火钢、高温合金、钛合金等。

3）加工中无机械切削力或切削热，适合于易变性或薄壁零件的加工。

4）加工后零件表面无残余应力和飞边，表面粗糙度值 Ra 为 $0.2 \sim 0.8 \mu m$。

5）工具阴极不损耗。

6）由于影响电解加工的因素较多，难以实现高精度的稳定加工。

7）电解液对机床有腐蚀作用，电解产物的处理和回收困难。

电解加工主要用于加工型孔、型腔、复杂型面、小而深的孔，以及套料、去飞边、刻印等方面。图 6-7 所示为电解加工的叶片型面。

由以上分析可知，电解加工和电火花加工在应用范围上有许多相似之处，所不同的是电解加工的生产率较高，加工精度较低，且机床费用较高。因此，电解加工适用于成批和大量生产，而电火花加工主要适用于单件小批量生产。

3. 电解磨削简介

图 6-8 所示为电解磨削加工原理的示意图，电解磨削是电解作用和机械磨削作用相结合的一种复合加工方法。

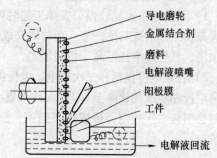

导电磨轮
金属结合剂
磨料
电解液喷嘴
阳极膜
工件
电解液回流

图 6-7　电解加工的叶片型面　　　　　图 6-8　电解磨削加工原理图

工件接直流电源阳极，导电磨轮接直流电源阴极，两者保持一定的接触压力，由磨轮表面凸出的磨料保持一定的电解间隙，并向间隙中供给电解液。接通电源，工件表面产生电解反应，除阳极溶解外还形成阳极膜，其硬度比工件低得多，极易被高速旋转的磨轮磨掉，使新的金属表面露出，继续产生电解反应。如此反复进行，就能不断地去除金属，达到加工的目的。

电解磨削适合于磨削高强度、高硬度、热敏性和磁性材料，如硬质合金、高速钢、不锈钢、钛合金、镍合金等，可用于内孔、外圆、平面、成形面等各种磨削加工中。

6.3.4　激光加工

激光加工是利用功率密度极高的激光束照射工件的加工部位，使其材料瞬间熔化或蒸发，并在冲击波作用下，将熔融物质喷射出去，从而对工件进行穿孔、蚀刻、切割；

或采用较小能量密度，使加工区域材料熔融粘合，对工件进行加工。

1. 激光加工的原理

激光是一种在激光器中受激辐射而产生的相干性光源，它除了有一般光的共性外，还有方向性好（几乎是一束平行光）、单色性好（光的频率单一）、能量高度集中、相干性好等特点。

方向性和单色性好使这种亮度高的激光在理论上可以被聚焦到尺寸与光的波长相近的小斑点上，在焦点处的能量密度达到 $10^7 \sim 10^{11} \mathrm{W/cm^2}$，温度达到一万度左右，从而使任何高硬度、高强度的材料在千分之一秒甚至更短的时间内急剧蒸发，只要是能在高温下熔化而不分解的材料，都可以在高温下瞬时熔化和气化，产生很强的冲击波，使熔化物质爆炸式地喷射去除。因此，激光聚焦点可对任何材料进行去除加工。其加工原理如图 6-9 所示。激光器由激光工作物质 2、激励能源 3 和全反射镜 1 与部分反射镜 4 构成的光谐振腔组

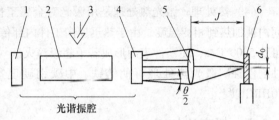

图 6-9　激光加工原理示意图

1—全反射镜　2—激光工作物质　3—激励能源
4—部分反射镜　5—透镜　6—工件
θ—激光束发射全角　d_0—激光焦点直径

成。当工作物质被光或放电电流等能源激发后，在一定的条件下可以使光得到放大，并由于光谐振腔的作用产生光的振荡，由部分反射镜输出激光，激光束通过透镜 5 聚焦到工件 6 的待加工表面，对工件进行加工。

2. 激光加工的特点

1）激光聚焦后的焦点直径，理论上可小至 $0.001\mathrm{mm}$ 以下，实用上可实现 $\phi0.01\mathrm{mm}$ 左右的小孔加工和窄缝切割，是理想的微细加工方法之一。

2）激光加工的功率密度很高，它几乎可以加工任何金属与非金属材料，如高熔点材料、耐热合金及陶瓷、宝石、金刚石等硬脆材料等均可加工。

3）是非接触加工，工件无受力变形。

4）激光打孔、切割的速度很高，加工部位周围的材料几乎不受热影响，工件热变形小。

5）可控性好，易于实现自动化。如激光器与三坐标数控机床配合能对各种形状复杂的型孔、型面进行加工。

3. 激光加工的适用范围

（1）激光打孔　激光打孔是利用激光焦点处的高温，使材料瞬时熔化、气化，气化物以超音速射出来后，它的反冲击力在工件内部形成一个向后的冲击波，将熔化物质喷射出去而成孔。激光打孔生产率高，特别是对高强度、高硬度难加工材料（如金刚石、宝石等）的打孔更具有现实意义。目前多用于金刚石拉丝模、钟表宝石轴承、化纤喷丝头等零件的小孔加工。

（2）激光切割　激光切割与打孔的原理相同，只需连续移动工件打一排小孔即可。

　　激光可以切割各种软和硬金属、陶瓷、玻璃、有机玻璃、布、纸、橡胶、木材等材料。切割效率高且切缝很窄，若与数控机床配合，可十分方便地切割出各种曲线形状。激光切割目前广泛用于切割各种形状复杂的零件、窄缝、栅网等，在大规模集成电路制作中，可用激光划片。

　　（3）激光焊接　激光焊接是在极短时间内使焊接部位达到熔点后，使两个部位的金属熔融在一起而焊上。激光焊接无需焊条且操作简单，焊缝窄，熔池深，热影响区小，强度高。由于焊接时间短工件变形量少，特别适于焊接薄壁零件。

　　（4）热处理　激光热处理是用激光对金属工件表面扫描，使工件表面在极短的时间内被加热到相变温度，由于热迅速向工件内部传导而冷却，且其冷却速度极快，一般可达 5000℃/s，使零件表面形成若干超级淬火区（白色层）。这种白色层不易被一般腐蚀剂侵蚀。激光热处理可使铸铁、中碳钢硬度达 60HRC 以上，可使高速钢硬度达 70HRC 以上。

6.3.5　超声波加工

　　超声波加工是利用产生超声振动的工具，带动工件和工具间的磨料悬浮液，冲击和抛磨工件的被加工部位，使其局部破坏而成粉末，以进行穿孔、切割和研磨等的加工方法。

　　其加工原理如图 6-10 所示，由超声波发生器 7 产生的超声频电振荡，通过超声换能器 5 转变成超声频机械振动，再经振幅扩大器 4 将其振幅扩大。加工时，工具 3 固定在振幅扩大器的端头，并以一定的静压力 P 压在工件 1 上，在工具与工件间不断注入悬浮液 2（磨料与水的混合液），工具在振幅扩大器驱动下做超声频振动，并捶击处于被加工表面上的磨料。磨料把工件加工区域的材料粉碎成很细的微粒，从工件表面脱落下来；磨料还以高速、高频研磨加工表面。被粉碎下来的材料由循环流动的悬浮液带走，磨料也不断被更新，工件不断进给，使加工持续，工件便复印上工具的形状，直到符合尺寸要求。

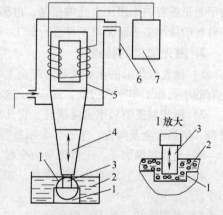

图 6-10　超声波加工原理图
1—工件　2—悬浮液　3—工具（一般为不淬火的 45 钢）　4—振幅扩大器　5—换能器
6—冷却水　7—超声波发生器

　　工具的振动频率通常选择在 16 ~ 30kHz，工具前端的全振幅一般为 10 ~ 15μm。磨料一般采用碳化硅、刚玉，但加工硬质合金用立方碳化硼，加工金刚石用金刚砂粉，加工液为普通水，工具的材料常用 45 钢。

　　超声波加工的特点及应用范围：

　　1）适用于加工各种硬脆金属材料和非金属材料，如硬质合金、淬火钢、金刚石、石英、宝石、陶瓷等，但生产率较低。

2）加工过程受力小，热影响小，可加工薄壁、薄片等易变形零件。

3）被加工表面无残余应力、无破坏层，加工精度高，尺寸精度可达 0.01 ~ 0.05mm，表面粗糙度值小，$Ra = 0.1 ~ 0.4\mu m$。

4）可以加工各种形状复杂的型孔、型腔和型面，还可以进行套料、切割和雕刻等。

在加工难加工材料时，常将超声振动与其他加工方法配合进行复合加工，如在车、铣、刨、钻、镗、磨和攻螺纹等切削中，使刀具产生超声频、小振幅的振动，可以改善切削条件。当前主要用于加工钛合金、耐热合金、不锈钢等难加工材料。

利用超声振荡所产生的空化作用还可以清洗机械零件，甚至能清洗衣服等。此外超声波还可以用来进行测距和无损检测等工作。

复 习 题

1. 加工钢、铁、玻璃及陶瓷材料时应采用何种精密和超精密加工方法，为什么？
2. 精密和超精密加工有哪些特点？
3. 阐述精整加工和光整加工的特点和应用。
4. 阐述电火花加工的工艺特点。
5. 阐述电解磨削的原理。
6. 阐述超声波加工的原理。举出几种超声波在工业或其他行业中应用的例子。

第7章 典型表面加工分析

工件表面的加工过程就是获得符合要求的零件表面的过程。由于零件的结构特点、材料性能和表面加工要求的不同，所采用的加工方法也不一样，即使是同一精度要求，所采用的加工方法也是多种多样的。组成零件的各种典型表面，如外圆面、内孔面、平面、成形面、螺纹面、齿轮齿面等，不仅具有一定的形状和尺寸，同时还要求达到一定的技术要求，如尺寸精度、形状精度、位置精度和表面质量等。在选择某一表面的加工方法时，应遵循如下基本原则：

1）所选择加工方法要与零件材料的可加工性及产品的生产类型相适应。

2）所选择加工方法的经济精度及表面粗糙度要与加工表面的要求相适应。

3）几种加工方法配合使用。应根据零件表面的具体要求，考虑各种加工方法的特点和应用，选用几种加工方法组合起来完成零件表面的加工。

4）表面加工要分阶段进行。一般分为粗加工、半精加工、精加工三个阶段。粗加工的目的是为了切除各加工表面上大部分加工余量，并完成精基准的加工。半精加工的目的是为各主要表面的精加工做好准备，达到一定的精度要求并留有精加工余量，再完成一些次要表面的加工。精加工的目的是获得符合精度要求和表面质量要求的表面。

本章将通过对常见典型表面加工方案的分析来说明各种加工方法的综合应用。

7.1 外圆加工

轴类、套筒类和盘类零件是具有外圆表面的典型零件。外圆表面常用的机械加工方法有车削、磨削和各种光整加工方法。车削加工是外圆表面最经济有效的加工方法，但就其经济精度来说，一般适用于外圆表面的粗加工和半精加工；磨削加工是外圆表面主要精加工方法，特别适用于各种高硬度和淬火后零件的精加工；光整加工是降低零件表面粗糙度值的加工方法，如滚压、抛光、超级光磨等。

由于各种加工方法所能达到的加工经济精度（所谓加工经济精度是指不增加人力、物力、设备，不延长加工时间所能达到的精度）、表面粗糙度、生产率和生产成本各不相同，因此必须根据具体情况，选用合理的加工方法，从而加工出满足零件图样要求的合格零件。表 7-1 所示为外圆表面各种加工方法和加工经济精度。图 7-1 所示为常见的外圆表面车削及所用刀具。

表 7-1　外圆表面各种加工方法和加工经济精度

序号	加 工 方 法	经济精度（公差等级）	表面粗糙度值 $Ra/\mu m$	适用范围
1	粗车	IT11 ~ IT13	12.5 ~ 50	适用于淬火钢以
2	粗车—半精车	IT8 ~ IT10	3.2 ~ 6.3	外的各种金属

（续）

序号	加 工 方 法	经济精度(公差等级)	表面粗糙度值 Ra/μm	适用范围
3	粗车—半精车—精车	IT7 ~ IT8	0.8 ~ 1.6	适用于淬火钢以外的各种金属
4	粗车—半精车—精车—滚压	IT7 ~ IT8	0.0255 ~ 0.2	
5	粗车—半精车—粗磨	IT7 ~ IT8	0.4 ~ 0.8	主要用于淬火钢,也可用于未淬火钢,但不适用于非铁金属
6	粗车—半精车—粗磨—精磨	IT6 ~ IT7	0.1 ~ 0.4	
7	粗车—半精车—精磨—精磨—轮式超精磨	IT5	0.012 ~ 0.1	
8	粗车—半精车—精车—精细车(金刚车)	IT7 ~ IT6	0.025 ~ 0.4	主要用于非铁金属
9	粗车—半精车—粗磨—精磨—镜面磨	IT5 以上	0.006 ~ 0.025	极高精度的外圆加工
10	粗车—半精车—粗磨—精磨—研磨	IT5 以上	0.012 ~ 0.1	

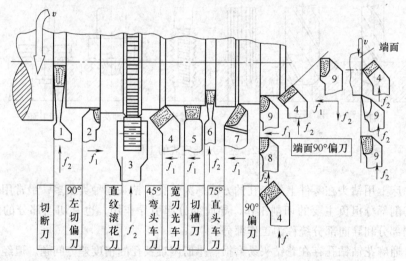

图 7-1　常见的外圆表面的车削及所用刀具（同一编号为相同刀具）

v—主运动　f_1—纵向进给　f_2—横行进给

7.2　内孔加工

零件上的孔多种多样，常见的有螺栓螺钉孔、油孔、套筒和齿轮上的轴向孔、法兰盘上的轴向孔、箱体上的轴承孔、深孔（即深径比大于 5，如车床主轴的轴向通孔）、圆锥孔等。

孔的技术要求大致可分为三个方面：

（1）本身精度　孔径和长度的尺寸精度；孔的形状精度，如圆度、圆柱度及轴线的直线度等。

（2）位置精度　孔与孔或孔与外圆面的同轴度；孔与孔或孔与其他表面之间的尺寸精度、平行度、垂直度及角度等。

（3）表面质量 表面粗糙度和表层物理力学性能要求等。

孔的加工方法主要有钻削、车削、镗削、拉削等。

7.2.1 钻削

用钻头或铰刀、锪刀等刀具在工件上加工孔的方法统称为钻削加工。它可在钻床上进行，也可在车床、铣床、镗床上进行。

钻床的种类很多，常用的有台式钻床、立式钻床、摇臂钻床等。钻床所能完成的工作如图 7-2 所示。

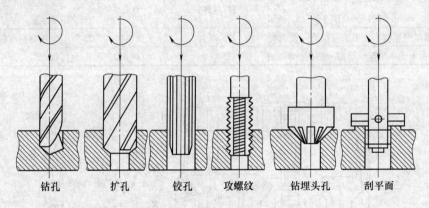

| 钻孔 | 扩孔 | 铰孔 | 攻螺纹 | 钻埋头孔 | 刮平面 |

图 7-2 钻床所能完成的工作

在钻床上用钻头在零件上加工孔的方法称为钻孔。钻头的种类很多，最常用的是麻花钻。切削部分担负主要的切削工作，导向部分起引导作用，也是切削部分的后备部分。切削部分和导向部分统称为工作部分。

用普通麻花钻钻孔存在着钻头易磨损、排屑困难及孔的精度差等问题。但经过长期实践，麻花钻的结构得到改进，已形成系列群钻，提高了钻头寿命、生产率及加工精度，并使操作更加简便，适用性更广。钻削是加工小于 $\phi 30\text{mm}$ 孔的主要方法，钻孔一般加工精度为 0.2mm，表面粗糙度值 Ra 为 $12.5 \sim 50\mu\text{m}$。

对于加工精度要求为 IT9，表面粗糙度值 Ra 为 $3.2 \sim 6.3\mu\text{m}$ 的孔，应当先钻孔后扩孔。对于加工精度要求为 IT7，表面粗糙度值 Ra 为 $0.4 \sim 1.6\mu\text{m}$ 的孔，应当采用先钻孔、后扩孔、再铰孔的加工方法。精细铰可达到 IT6 级精度，表面粗糙度值 Ra 可达到 0.2mm。

图 7-3 所示为孔加工方案的框图，可以作为拟定加工方案的依据和参考。

7.2.2 镗削

钻削只能加工 $\phi 50\text{mm}$ 以下的孔，当孔的直径很大时或者是箱体上的平行孔系就不能用钻削来加工，只能用镗削加工才能保证孔系的平行度和同轴度。

镗刀旋转作主运动，工件或镗刀作进给运动的切削加工方法称为镗削加工。镗削加工主要在铣镗床、镗床上进行，是常用的孔的加工方法。镗床典型的加工方法如图 7-4 所示。

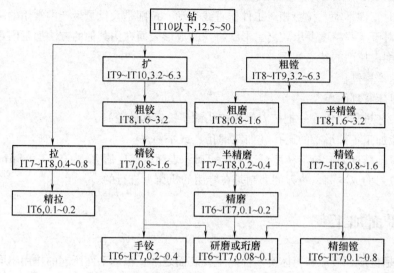

图 7-3　孔加工方案框图

注：图中"，"后的数字为 Ra 值，单位为 μm。

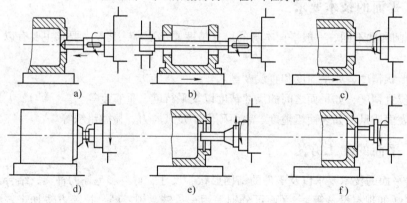

图 7-4　卧式镗床的典型加工方法

a）扩孔　b）镗通孔　c）镗小孔　d）镗端面　e）镗内部孔　f）镗螺纹孔

　　铣镗床镗孔主要用于机座、箱体、支架等大型零件上已有孔和孔系的加工。此外，铣镗床还可以加工外圆和平面。由于一些箱体和大型零件上的一些外圆和端面与它们上的孔有位置精度要求，所以在铣镗床上加工孔的同时，也希望能在一次装夹工位内把这些外圆和端面都加工出来。镗孔加工精度为 IT7 ~ IT8，表面粗糙度值 Ra 为 0.1 ~ 0.8 μm。

7.2.3　拉削

　　拉削是在拉床上用拉刀对工件已有孔或平面进行的粗、精加工合并为一个工步完成的加工方法。拉刀是一种加工精度和切削效率都比较高的多齿刀具，可加工多种孔和特殊表面，图5-43所示为拉削加工的表面。

拉削时工件不动，拉刀相对工件作直线运动。拉削是大批量生产中常用的一种精加工方法，对于某些精度要求较高、形状特殊的成形表面在用其他的方法加工困难时，也可采用拉削。拉削的特点如下：

1）生产率高。

2）机床管理简单。

3）工艺过程简化（一把拉刀代替扩孔钻、铰刀和砂轮）。

4）能加工各种形状的通孔（如花键孔）或平面。

5）拉削精度高，拉削精度可达IT6～IT8，表面粗糙度值 Ra 为 $0.4～0.8\mu m$。

6）拉刀的成本高，拉刀的磨制是在专用的机床上进行的。

7.3　平面加工

平面是盘形、板形和箱体类零件的主要表面之一。根据平面所起的作用不同可分为非结合面、结合面、导向平面、测量工具的工作面等。

7.3.1　平面的技术要求

与外圆和孔不同，一般平面本身的尺寸精度要求不高，其技术要求主要有以下三个方面：

1）形状精度，如平面度和直线度等。

2）位置精度，如平面之间的尺寸精度以及平行度、垂直度等。

3）表面质量，如表面粗糙度、表面硬度、残余应力、显微组织等。

7.3.2　平面的加工方法

根据平面的技术要求以及零件的结构形状、尺寸、材料和毛坯的种类，结合具体的加工条件（如现有设备等），平面可分别采用车、铣、刨、磨、拉等方法加工。要求更高的精密平面，可以用刮研、研磨等进行精整加工。

回转体零件的端面多采用车削和磨削加工，其他类型的平面以铣削或刨削加工为主。拉削仅适用于在大批量生产中加工技术要求较高且面积不太大的平面。淬硬的平面必须用磨削加工。

图7-5所示为平面加工方案的框图，可以作为拟定加工方案的依据和参考。

（1）粗刨或粗铣　用于加工精度较低的平面。

（2）粗刨（或粗铣）—精刨（或精铣）—刮研　用于精度要求较高且不淬硬的平面。若平面的精度较低可以省去刮研工作。当批量较大时，可以采用宽刀精刨代替刮研，尤其是加工大型工件上狭长的精密平面（如导轨面等），车间缺少导轨磨床时，多采用宽刀精刨的方案。

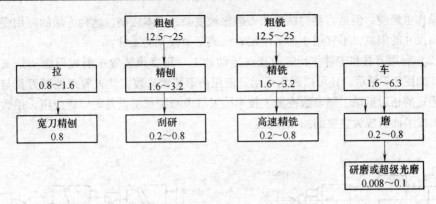

图 7-5　平面加工方案框图

注：图中数字为 Ra 值，单位为 μm。

（3）粗刨（或粗铣）—精刨（或精铣）—磨　多用于加工精度要求较高且淬硬的平面。不淬硬的钢件或铸铁件上较大平面的精加工往往也采用此方案，但不宜精加工塑性大的非铁金属工件。

（4）粗铣—半精铣—高速精铣　最适于高精度非铁金属工件的加工。若采用高精度高速铣床和金刚石刀具，铣削表面粗糙度值 Ra 可达 $0.008\,μm$ 以下。

（5）粗车—精车　主要用于加工轴、套、盘等类工件的端面。大型盘类工件的端面，一般在立式车床上加工。

7.4　成形面加工

带有成形面的零件在机器上用得也很多，如内燃机凸轮轴上的凸轮、汽轮机上的叶片、机床上的手柄等。

7.4.1　成形面的技术要求

与其他表面类似，成形面的技术要求也包括尺寸精度、形状精度、位置精度和表面质量等。但是，成形面往往是为了实现特定功能而专门设计的，因此其表面形状的要求是十分重要的。加工时，刀具的切削刃形状和切削运动应首先满足表面形状的要求。

7.4.2　成形面的加工方法

一般的成形面可以分别用车削、铣削、刨削、拉削或磨削等加工方法，这些加工方法可以归纳为如下两种基本方式。

（1）用成形刀具加工　即用切削刃形状与工件轮廓形状相符合的刀具直接加工出成形面，如图 7-6 所示。

用成形刀具加工成形面，机床的运动和结构比较简

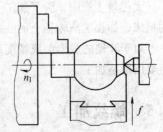

图 7-6　用成形车刀车成形面

单，操作也简便，但是刀具的制造和刃磨比较复杂，成本较高。这种方法的应用受工件成形面尺寸的限制，不宜用于加工刚度差而成形面较宽的工件。

（2）利用刀具和工件作特定的相对运动加工　用靠模装置车削成形面就是其中的一种，如图7-7所示。还可以利用手动、液压仿形装置或数控装置等来控制刀具与工件之间特定的相对运动。随着数控加工技术的发展及数控加工设备的广泛应用，用数控机床加工成形面已成为主要的加工方法。

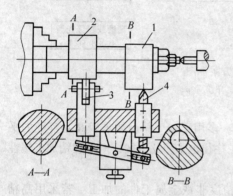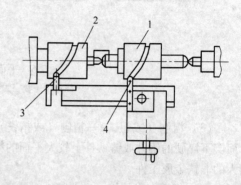

图7-7　利用靠模装置加工凸轮

1—靠模　2—工件　3—刀具　4—定位移动销

利用刀具和工件作特定的相对运动（靠模铣或车）来加工成形面，刀具比较简单，并且加工成形面的尺寸范围较大。但是，机床的运动和结构都较复杂，成本也高。

成形面的加工方法应根据零件的尺寸、形状及生产批量等来选择。

小型回转体零件上形状不太复杂的成形面，在大批量生产时，常用成形车刀在自动或半自动车床上加工；批量较小时，可用成形车刀在普通车床上加工。

成形的直槽和螺旋槽等，一般可用成形铣刀在万能铣床上加工。

尺寸较大的成形面，在大批量生产时，多采用仿形车床或仿形铣床加工。单件小批量生产时，可借助样板在普通车床上加工，或者依据划线在铣床或刨床上加工，但这种方法加工的质量和效率较低。为了保证加工质量和提高生产效率，在单件小批量生产中可应用数控机床加工成形面。

大批量生产中，为了加工一定的成形面，常常专门设计和制造专用的拉刀或专门化的机床，如加工凸轮轴上的凸轮用凸轮轴车床、凸轮轴磨床等。

对于淬硬的成形面或精度高、表面粗糙度值小的成形面，其精加工则采用磨削，甚至要用精整加工。

7.5　螺纹加工

螺纹也是零件上常见的表面之一，它有多种形式，按用途的不同可分为如下两类：

1. 紧固螺纹

它用于零件间的固定连接，常用的有普通螺纹和管螺纹等，螺纹牙型多为三角形。对普通螺纹的主要要求是可旋入性和连接的可靠性；对管螺纹的主要要求是密封性和连接的可靠性。

2. 传动螺纹

它用于传递动力、运动或位移，如丝杠和测微螺杆的螺纹等，其牙型多为梯形或锯齿形。对于传递螺纹的主要要求是传动准确、可靠，牙型接触良好及耐磨等。

7.5.1　螺纹的技术要求

螺纹也和其他类型的表面一样，有一定的尺寸精度、形位精度和表面质量的要求。由于它们的用途和使用要求不同，技术要求也有所不同。

对于紧固螺纹和无传动精度要求的传动螺纹，一般只要求中径、外螺纹的大径、内螺纹的小径的精度。

对于有传动精度要求或用于读数的螺纹，除要求中径和顶径的精度外，还要求螺距和牙型角的精度。为了保证传动或读数精度和耐磨性，对螺纹的表面粗糙度和硬度等也有较高的要求。

7.5.2　螺纹的加工方法

螺纹的加工方法很多，可以在车床、钻床、螺纹铣床、螺纹磨床等机床上利用不同的工具进行加工，也可以用丝锥、板牙进行手工加工。选择螺纹的加工方法时要考虑的因素较多，其中主要的是工件形状、螺纹牙型、螺纹的尺寸和精度、工件材料和热处理以及生产类型等。表 7-2 所示为各种螺纹的加工方法及适用范围。

表 7-2　各种螺纹的加工方法及适用范围

序号	螺纹加工方法		刀　具	设　备	适　用　范　围
1	车削螺纹		成形车刀	车床	螺纹精度要求高而产量不大的场合
2	攻螺纹		丝锥	手工或机床	广泛用于中、小内螺纹的加工
	套螺纹		板牙		用于加工中、小外螺纹
3	铣削螺纹	一般铣削	盘状、梳状、蜗杆状螺纹铣刀	螺纹铣床	常用于成批、大量生产螺纹，生产效率高；但所加工的螺纹表面粗糙度值较大，加工精度不太高
		旋风铣削	旋风铣刀	车床	
4	磨削螺纹		单线式成形砂轮	螺纹磨床	用于淬火螺纹的精加工，精度高，生产效率较低
			多线式成形砂轮		用于淬火螺纹的精加工，精度稍低，生产效率较高
5	无屑加工		搓螺纹	搓丝板	搓丝机	高生产率生产直径小于 40mm 的螺纹，市售螺钉标准件大多用此方法加工出来
		滚压螺纹	滚丝轮	滚丝机	

7.6 齿轮齿形加工

在机械传动中，广泛使用着各种形状的齿轮来传递运动、传递动力等，如圆柱齿轮、圆锥齿轮、蜗杆蜗轮等，其齿形有渐开线和圆弧形。这些零件的共同点是具有精度要求较高的特定形状的轮齿，并且这些轮齿又是加工该零件的关键。本节主要介绍圆柱齿轮齿形的加工。

7.6.1 圆柱齿轮的加工分析

1. 圆柱齿轮的结构特点

圆柱齿轮的结构由于使用要求不同而不同，但从工艺角度出发可将其看成是由齿圈和轮体两部分构成的。按齿圈上轮齿的分布形式，齿轮可分为直齿、斜齿和人字齿等；按轮体的结构特点，齿轮又可分为盘形齿轮、套筒齿轮、轴齿轮和齿条等，如图7-8所示。

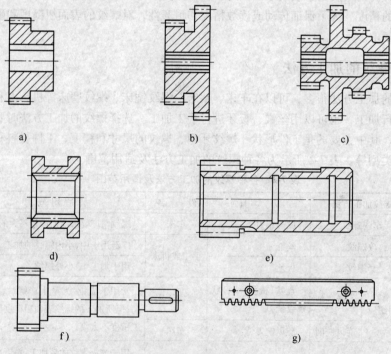

图7-8 圆柱齿轮的结构形式

a) 盘形齿轮   b) 双联齿轮   c) 多联齿轮

d) 内齿轮   e) 套筒齿轮   f) 轴齿轮   g) 齿条

2. 圆柱齿轮传动的精度要求

（1）传递运动的准确性   其含义为当主动轮转过一定角度时，从动轮应按速比关系准确地转过一个相应的角度。其衡量标准为齿轮在每一转过程中转角误差的最大值。齿轮的这种误差呈周期性变化，即齿轮每转一周，最大转角误差出现一次，故被称为大周期误差或低频误差。引起此种误差的主要原因是各种工艺因素引起的齿轮基圆与其回转中心发生偏移，即齿轮基圆与内孔（或支承轴颈）不同轴。在齿轮精度标准中用第 I 公差组内容评定。

（2）传递运动的平稳性　在齿轮标准中称为工作平稳性精度，用第 II 公差组内容评定。这是由限制齿轮瞬时传动比的变化来保证的。由啮合原理可知，齿轮瞬时传动比产生误差的主要原因之一是齿轮的齿形误差，而产生齿形误差的主要原因是各工艺因素引起的周节误差。因此，提高该项精度的关键就在于减少基圆半径偏差，即限制较小范围内的转角误差。

（3）接触良好　齿轮工作时齿面应接触均匀，并保证有 定的接触面积和要求的接触位置。综合评定指标为接触斑点，用齿轮精度标准中的第 III 公差组评定。影响该项精度的因素除齿轮副的装配精度外，主要还有齿向误差（影响沿轮齿长度方向的接触精度）、基节偏差与齿形误差（影响沿轮齿高度方向的接触精度）。

（4）齿轮齿侧间隙适当　一对相啮合轮齿的非工作表面间的间隙，简称侧隙，其大小按非工作齿廓法线方向计量，其允许值应在齿轮加工中予以保证。

7.6.2　圆柱齿轮齿形的加工方法

齿形加工是整个齿轮加工的核心与关键，圆柱齿轮轮齿的加工方法按加工原理分为成形法和展成法两类。

1. 成形法

用成形法切削加工齿轮时，采用的刀具有盘状铣刀和指状铣刀。盘状铣刀的切削刃形状为被切齿轮齿槽的形状。加工时，铣刀转动，同时轮坯沿本身轴线方向进给切出一个齿槽，然后轮坯退回到原来的位置，分度机构将轮坯转过 $360°/z$，再切第二个齿槽。依次不断切削，直至切削出所有的齿槽为止。图 7-9 所示为盘状铣刀加工齿轮的情形。图 7-10 所示为指状铣刀加工齿轮的情形，加工过程与盘状铣刀的加工相同。指状铣刀主要用于加工大模数的齿轮以及人字齿轮。

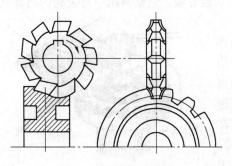

图 7-9　盘状铣刀加工齿轮

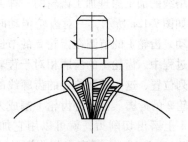

图 7-10　指状铣刀加工齿轮

铣齿具有如下特点：

（1）成本较低　铣齿可以在通用铣床（盘状铣刀用卧式铣床、指状铣刀用立式铣床）上进行，刀具也比其他齿轮刀具简单。

（2）生产率较低　铣刀每切一个齿间，都要重复消耗切入、切出、退刀以及分度等辅助时间。

（3）精度较低　模数相同而齿数不同的齿轮，其齿形渐开线的形状是不同的，齿数越多，渐开线的曲率半径越大。铣切齿形的精度主要取决于铣刀的齿形精度。从理论上讲，同一模数不同齿数的齿轮都应该用专门的铣刀加工，这样就需要很多规格的铣刀，使生产成本大为增加。为了降低加工成本，实际生产中，把同一模数的齿轮按齿数划分成若干组，通常分为8组或15组，每组采用同一个刀号的铣刀加工。各号铣刀的齿形是按该组内最小齿数齿轮的齿形设计和制造的，而齿形高度按每组刀号中齿数最多者设计，以保证齿槽深度。加工其他齿数的齿轮时，只能获得近似齿形，产生齿形误差。另外，铣床所用的分度头是通用附件，分度精度不高，致使铣齿的加工精度较低。其次，铣齿后热处理要产生变形。

2. 展成法

这种方法是利用具有切削刃的齿形刀具与被加工齿轮（轮坯），按一对齿轮正确啮合的传动比关系作啮合运转，刀具的切削刃相对于齿坯连续地进行切削，其切削刃运动轨迹包络形成齿坯上的齿形。展成法主要包括滚齿、插齿、剃齿、珩齿、磨齿等。

（1）滚齿　用齿轮滚刀按展成法加工齿轮、蜗轮等齿面的方法，称为滚齿。滚齿是齿形加工中生产率较高、应用最广的一种加工方法。滚齿加工通用性好，既可加工圆柱齿轮，又可加工蜗轮；既可加工渐开线齿轮，又可加工圆弧、摆线齿轮；既可加工小模数、小直径齿轮，又可加工大模数、大直径齿轮。

滚齿可直接加工 IT8～IT9 级精度的齿轮，也可作为 IT7 级精度以上齿轮的粗加工和半精加工。

滚齿可以获得较高的运动精度，因滚齿时齿面是由滚刀的刀齿包络而成的，参加切削的刀齿数有限，故与插齿相比，齿面的表面粗糙度值较高，为了提高加工精度和齿面质量，宜将粗、精滚齿分开。图 7-11 所示为滚齿加工齿轮的情形。

（2）插齿　插齿是生产中普遍应用的一种切齿方法。它是利用一对齿轮的齿廓互为包络线的加工原理加工齿轮的一种方法。

如图 7-12a 所示，一对齿轮传动时两节圆作纯滚动，齿轮 1 的节圆在齿轮 2 的节圆上作纯滚动的过程中，齿轮 1 的齿廓相对于齿轮 2 将占据一系列位置，这一系列位置的齿廓线的包络线即为齿轮 2 的齿廓。如果将齿轮 1 制成刀具，即在齿轮 1 上磨出切削刃，就可以用它加工齿轮 2。如图 7-12b 所示，1 是磨出切削刃的齿轮，称为齿轮插刀，2 是轮坯，由专用的插齿机的传动系

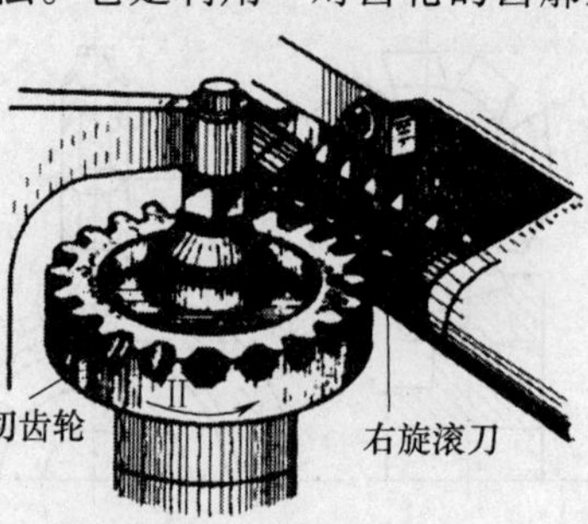

被切齿轮　　　右旋滚刀

图 7-11　用滚刀加工齿轮

统保证插刀和轮坯之间的相对转动。这样，插刀的切削刃在轮坯上留下连续的切削刃廓线，其包络线即为被加工齿轮的齿廓。

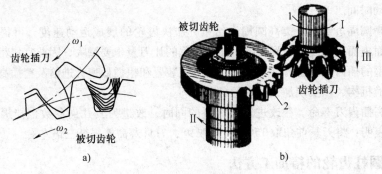

图 7-12　用齿轮插刀加工齿轮
a）加工原理　b）加工过程
1—齿轮插刀　2—轮坯

同滚齿相比，在加工质量、生产率和应用范围等方面均有一些特点。

1）插齿的工艺特点如下：

①插齿的加工质量。经过插齿的齿轮，齿形误差较小，齿面表面粗糙度值较低，但公法线长度变动较大。插齿的齿形精度比滚齿高。其原因是：插齿所用插齿刀的齿形，在设计上没有近似造形误差，在制造上可通过高精度磨齿机获得精确的渐开线齿形。插齿后的齿面表面粗糙度值比滚齿小。其原因是：插齿过程中包络齿面的切削刃数较滚齿多得多，插齿的包络线数 j 为

$$j = \frac{\pi m \varepsilon}{f}$$

式中　m——齿轮模数；

　　　ε——插齿刀和齿轮的重合度；

　　　f——插齿刀每双行程的圆周进给量。

由于插齿的圆周进给量通常较小，因此插齿后的齿面表面粗糙度值较小。

②插齿的生产率。切制模数较大的齿轮时，插齿速度要受插齿刀主轴往复运动惯性和机床刚性的制约。切削过程又有空程时间损失，故生产率比滚齿加工要低。但加工小模数、多齿、齿宽窄的齿轮时，插齿生产率比滚齿高。

③插齿的应用范围。插齿的应用范围广，它能加工外啮合齿轮、齿圈轴向距离较小的多联齿轮、内齿轮、齿条和扇形齿轮等。插齿是批量生产齿条且效率较高的加工方法，但需附加一插齿条夹具，并在插齿机上开一孔，才能加工齿条。对于外啮合的斜齿轮，虽然通过靠模可以加工，但远不及滚齿方便。从上面分析可知，插齿适用于加工模数较小、齿宽较小、工作平稳性要求较高而运动精度要求不太高的齿轮。

④一般条件下，插齿能保证 IT7～IT8 级精度，若采用精密插齿可达到 IT6 级精度。

2）提高插齿生产率的途径有：

① 高速插齿。随着高性能高速工具钢及静压技术的发展，插齿机主轴冲程数有了很大的提高。现有的中、小型高速插齿机的冲程数一般每分钟都超过了 1000 次，大大缩短了机动时间。

②提高圆周进给量。提高圆周进给量，加快齿轮的展成运动速度，可提高插齿效率。但齿面表面粗糙度会受到影响，插齿回程的让刀量也要增大，因此宜将粗、精插齿分开。新型的插齿机均备有加工余量预选分配装置和粗插低速大进给及精插高速小进给的自动转换机构，以实现加工过程的自动循环。

③提高插齿刀寿命。在改进刀具材料的同时，改进刀具几何参数也能提高刀具寿命。实验表明：将刀具前角取 15°，后角取 9°，刀具寿命能提高三倍左右。

7.6.3　圆柱齿轮的精加工方法

1. 剃齿

用剃齿刀对齿轮或蜗轮等的齿面进行精加工的方法，称为剃齿。剃齿也就是利用齿面上沿齿高方向开有许多沟槽的螺旋齿轮（剃齿刀）与工件轮齿双面紧密啮合运转过程，进行切削加工轮齿的方法。

剃齿是非淬火齿轮的精加工方法。剃齿时，剃齿刀与工件两者的轴线呈一夹角 φ（$\varphi = \beta_工 \pm \beta_刀$；$\beta_工$、$\beta_刀$ 分别为工件与刀具的螺旋角）。由图 7-13c 可见，剃齿刀和工件在啮合点处按 $v_{工切} - v_{刀法}$ 的速度作相对滑动，这就是剃齿时的切削运动。这时，在剃齿刀齿面上的许多小槽刃口处产生生切削作用，切下很细的切屑。剃齿时所需运动包括剃齿刀高速旋转速度 $n_刀$、工件沿轴向往复运动 $f_纵$（以切出全长）和工件往复一次后的进给运动 $f_径$（径向）。剃齿机工作台作往复运动的方向有：①与工件轴线一致，称为轴向剃齿，这是常用的一种剃齿法；②与工件轴线呈一夹角，称为对角剃齿，可提高剃齿生产率和剃刀寿命，但要求机床有较大的刚度和功率；③与工件轴线呈 90° 夹角，称为切向剃

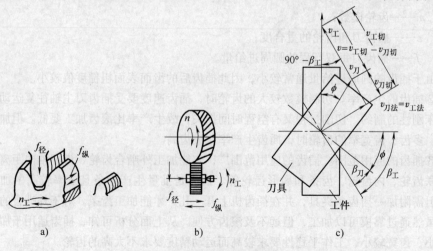

图 7-13　剃齿原理
a）剃齿　b）剃齿传动　c）切削运动

齿，其生产率和加工精度更高。此外，近年来还发展了径向剃齿法：工件和剃齿刀间没有相对往复运动，只有径向进给运动，此法生产率最高，比对角剃齿还高一倍左右。剃齿方法的选择应视具体情况而定。在各种剃齿方法中，工件均由剃刀带动而无强迫性的啮合运动，从而使剃齿精度主要取决于剃刀的精度。因此，无法保证分齿均匀，不能修正公法线长度变动量，并且还会部分地将径向圆跳动转化为公法线长度变动量，故齿轮的上述精度必须在剃齿前的工序中得到保证。

为了减少齿轮的噪声，避免由于装配和加工时的轴线平行度误差所引起的不良啮合而使啮合位于齿宽中部，最好将齿面的两端多切去一点，使之成为鼓形齿。如图 7-14 所示，当工作台 2 往复运动时，由于滑块 3 在斜槽 4 内的运动带动工作台 2 摆动，因而能在齿轮两端多切掉一些金属。

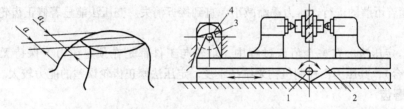

图 7-14　鼓形齿及其剃齿方法
1—调节螺钉　2—工作台　3—滑块　4—斜槽

2. 珩齿

用珩磨轮对齿轮或蜗轮等的齿面进行精加工，称为珩齿。珩齿是对热处理后的齿轮进行精加工的方法之一。珩齿与剃齿的运动关系相同，不同的是珩齿所用的工具——珩轮，是含有磨料的塑料齿轮（见图 7-15）。在珩磨轮与被珩齿轮的"自由啮合"过程中，借齿面间的压力和相对滑动来进行切削。

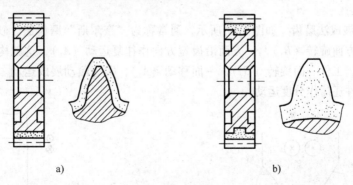

a)　　　　　　　　　　　　　　　b)

图 7-15　珩轮
a）带齿芯　b）不带齿芯

珩轮的齿面上均匀密布着磨粒，各磨粒间以粘结剂相隔，珩磨速度远比磨削时低。因此，珩齿切削过程的本质是低速磨削、研磨和抛光的综合过程。

珩轮有一定的弹性，不能强行切下误差部分的金属，因此珩齿修正误差的能力比剃齿差；另一方面，珩磨轮本身的误差不会全部反映到齿轮上，因此珩轮的精度要求不高，珩齿不能纠正齿形误差，故对珩前的齿轮的精度要求较高。珩齿主要用于改善表面质量，改善齿面的应力状态，珩齿后表面粗糙度值可由 $Ra = 1.6\mu m$ 下降到 $Ra = 0.2 \sim 0.8\mu m$。对于其他齿轮误差的修正，一般是不稳定的。

珩齿切削一般都是在一定压力下进行的，目前采用的珩齿工艺方式有以下几种：

（1）定隙法　珩轮与工件的轮齿之间保持预定的啮合间隙（单面啮合），工件具有可控制的制动力，使之在一定的阻力下进行珩磨。这种珩磨方式能得到较好的表面质量，可略微修正热处理变形，但不能修正偏心。

（2）变压法　珩齿过程中，珩轮与工件保持无隙啮合（双面啮合），并有一定压力，但随着珩磨的进行，压力逐渐减小，直到接近消失。变压法能显著修正齿轮的几何偏心。

（3）定压法　在整个珩齿过程中，珩轮与工件都是在预定压力下保持无隙啮合（双面啮合），其压力由控制机构来维持不变。定压法修正齿轮误差的能力较大。

3. 磨齿

用砂轮按展成法或成形法磨削齿轮或齿条等的齿面的方法，称为磨齿。磨齿是一种高精度的齿形加工方法。当齿轮的精度要求很高时，尤其对于淬火齿轮更需采用磨齿的加工方法，在一般情况下能达到 IT4 ~ IT6 级的精度，表面粗糙度值 Ra 可达 0.2 ~ 0.8μm。但在用片状砂轮磨齿时，生产率极低。

（1）用成形法磨齿　砂轮需修整成曲线（用样板修整器修整或数控修正），使之与被磨齿轮的齿间形状相吻合。由于这种磨齿方法的砂轮修整较复杂，在磨齿过程中砂轮磨损不均匀，会产生齿形误差，致使加工精度受到影响。但它在磨削内齿轮和特殊齿轮时是必须采用的办法。因此，实际生产中应用较少，而展成法应用较多。图 7-16 所示为成形法磨齿。

（2）用展成法磨齿　如图 7-17 所示，通常称为"奈尔斯"磨齿法。砂轮截面呈齿形，砂轮一方面旋转（B_1），一方面沿齿宽方向作往复运动（A_1），这就构成假想齿条上的一个齿。工件一面旋转（B_2），一面移动（A_2），实现滚动展成运动。为了继续磨削各齿，工件还需作分度运动。

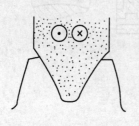

图 7-16　成形法磨齿

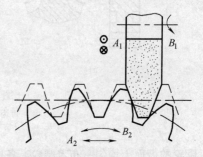

图 7-17　单片锥面砂轮磨齿原理

　　磨削斜齿轮时，可将砂轮轴线倾斜一个螺旋角 β_f，作斜向上下往复运动。磨齿过程为斜齿条和斜齿轮的啮合。这种磨齿方法，由于传动链条长且复杂，故磨齿精度较低，一般只能达到 IT6 级精度，最高也只能达到 IT5 级精度。但一次行程可以磨去较多的余量，与其他类型的磨齿机相比较，生产率较高。

　　（3）用两个锥面砂轮磨齿　YA7063A 型齿轮磨床采用这种磨齿方法，其工作原理也是齿条与齿轮啮合。图 7-18a、b 所示的磨削法适用于单件小批量生产；图 7-18c 所示的磨削法生产率高，但磨齿精度较低。

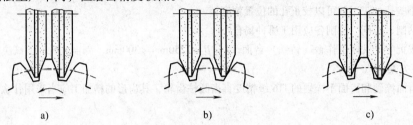

图 7-18　用两个锥面砂轮磨齿
a）砂轮内锥面磨削法　b）砂轮外锥面磨削法　c）内外锥面同时磨削法

　　YA7063A 型机床配有程序控制，从粗磨到结束磨齿，各种动作变化都可自动进行。又因其采用两片砂轮同时磨削齿形的两侧，故生产率高，加工精度可达 IT4～IT6 级。

　　（4）用两个碟形砂轮磨齿　采用两个碟形砂轮代替假想齿条，工件与滚筒同轴。因此，当滚筒在钢带上纯滚动时，工件就在假想齿条节线上纯滚动。这样，当滚筒钢带往复纯滚动一次，就磨出工件与砂轮相接触的左右齿廓。为磨出齿宽上的全部齿形，工件还沿其轴线作进给运动。每磨完一个齿后，由分度盘作分度运动，再磨削下一个齿，加工精度可达 IT4～IT6 级，如图 7-19c 所示。

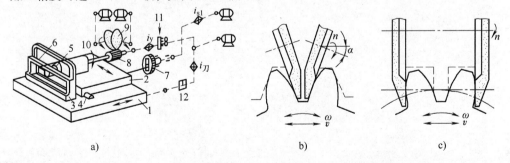

图 7-19　双碟形砂轮磨齿
a）磨齿工作原理　b）15°/20°磨齿　c）0°磨齿
1—纵向工作台　2—横向工作台　3、5、6—夹紧机构　4—定位机构
7、12—换置机构　8—工件　9—砂轮子　10—转轴　11—离合器

　　采用 15°/20°磨齿法，可得到网状花纹，对齿面润滑有利，如图 7-19b 所示；而采用 0°磨齿法，可以在齿面上形成鱼鳞状花纹。当利用专用机构时，在轮齿全长上形成

鼓形齿，对于提高啮合质量极为有利，但由于砂轮始终是采用同一圆周参数磨削的，故磨损很快且不均匀。

复 习 题

1. 试决定下列零件外圆面的加工方案。

1）纯铜小轴，$\phi20h7$，$Ra = 0.8\mu m$。

2）45 钢轴，$\phi40h6$，$Ra = 0.2\mu m$，表面淬火硬度为 40～50HRC。

2. 哪些孔加工工艺可以校正孔的位置精度？

3. 钻削、镗削、拉削各应用于哪种场合？

4. 成批生产铣床工作台（铸铁）台面，$L \times B = 1250mm \times 300mm$，$Ra = 1.6\mu m$，试决定此平面的加工方案。

5. 齿面淬硬和齿面不淬硬的 IT6 级精度直齿圆柱齿轮，其齿形的精加工应当采用什么方法？

第8章　金属工艺过程的拟定

在实际生产中，由于零件的生产类型、材料、结构、形状、尺寸和技术要求等不同，针对某一零件，往往不是单在一种机床上、用某一种加工方法就能完成的，而是要经过一定的工艺过程才能完成其加工。因此，不仅要根据零件的具体要求，结合现场的具体条件，对零件的各组成表面选择合适的加工方法，还要合理地安排加工顺序，逐步地把零件加工出来。

对于某个具体零件，可以采用几种不同的工艺方案进行加工。虽然这些方案都可能加工出合格的零件，但从生产效率和经济效益来看，可能其中只有一种方案比较合理且切实可行。因此，必须根据零件的具体要求和可能的加工条件等，拟定较为合理的工艺过程。本章将介绍与拟定工艺过程有关的工艺学知识。

8.1　概述

8.1.1　机械加工工艺过程

机械加工工艺过程是指在生产过程中直接改变生产对象的形状、尺寸、性能和相对位置关系，使其成为零件的过程。

机械加工工艺过程是由一个或若干个顺序排列的工序组成的，工序又可细分为工步、走刀等。

1. 工序

工序是指一个（或一组）工人在一台机床（或一个工作地点）对同一个（或同时对几个）工件所连续完成的那一部分工艺过程。如图 8-1 所示的圆柱齿轮，其工艺过程主要包括以下内容：加工外圆，加工内孔，加工端面，加工齿形，倒角，去飞边等。根据车间加工条件和

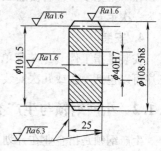

图 8-1　圆柱齿轮

生产规模的不同，可采用不同的加工方案来完成该工件的加工。表 8-1 所示为圆柱齿轮在单件小批量生产时宜采用的工艺过程。

表 8-1　齿轮单件小批量生产的工艺过程

序号	工序内容及要求	基　面	设　备
1	锻造		
2	正火		
3	粗车各部，均放余量 2mm	外圆、端面	C611

（续）

序号	工序内容及要求	基　面	设　备
4	精车内孔为 $\phi40H7$，总长放余量 0.2mm，其余达图样要求	外圆、内孔、端面	D616
5	滚齿，齿面表面粗糙度值 $Ra = 2.5\mu m$	内孔、端面	Y38
6	倒角		倒角机
7	钳去飞边		
8	热处理齿部		
9	平面磨两端面达图样要求	端面	平面磨床
10	钳飞边		
11	内圆磨校正内孔及端面（公差 0.01mm），磨内孔达图样要求	内孔、端面	M220
12	磨齿达图样要求	内孔、端面	Y7150
13	终结检查		

2. 工步

工步是指在加工表面、加工工具和切削用量（仅指机床转速和进给量）均不变的条件下所连续完成的那一部分工艺过程。

一个工序包括一个或几个工步。构成工步"三个不变"的任一因素改变后即变成另一个工步。上述齿轮零件的加工，在表 8-1 的工序 3 中包括了很多工步。

3. 走刀

在一个工步中，若被加工表面需切除的金属层很厚，需分几次切削，则每一次切削称为一次走刀。

4. 安装

安装是指工件（或装配单元）通过一次装夹后所完成的那一部分工艺过程，一个工序可以包括一次或几次安装。

8.1.2　生产纲领与生产类型

生产纲领是指企业在计划期内应生产的产品产量和进度计划。企业应根据市场需求和自身的生产能力决定其生产计划，零件的生产纲领还应该包括一定的备品和废品数量。计划期为一年的生产纲领称为年生产纲领，可按下式计算。

$$N = Qn(1 + \alpha\%)(1 + \beta\%)$$

式中　　N——零件的年生产纲领，单位为件/年；

　　　　Q——产品的年产量，单位为台/年；

　　　　n——每台产品中包括的该零件的数量，单位为件/台；

　　　　$\alpha\%$——备品率；

　　　　$\beta\%$——废品率。

年生产纲领确定之后，还应根据车间（或工段）的具体情况，确定在计划期内一次投入或产出的同一产品（或零件）的数量，即生产批量。零件生产批量的计算公式如下：

$$n' = \frac{NA}{F}$$

式中　n'——每批中的零件数量；

N——年生产纲领规定的零件数量；

A——零件的储备天数；

F——一年中的工作日天数。

生产类型是指企业（或车间、工段、班组、工作地）生产专业化程度的分类，一般分为下列三种生产类型。

1. 单件生产

产品的品种很多，但同一品种的产品数量很少，极少重复，甚至完全不重复，工作地点经常变换。例如，新产品的试制，重型机械、专用设备的制造等。

2. 成批生产

产品周期性地成批投入生产，各工作地点分批轮流制造几种不同的产品，加工对象周期性地重复。例如，机床、电动机、水泵、汽轮机等的生产就属于成批生产。

根据生产批量的大小和产品特征，成批生产又分为小批生产、中批生产和大批生产。

3. 大量生产

产品的数量很大，品种少，在大多数工作地点按照一定的生产节拍长期不断地重复同一道工序的加工，整个工艺过程流水式进行，设备的专业化程度很高。例如，汽车、拖拉机、轴承、洗衣机等的制造多属于大量生产。

表 8-2 所示为各种生产类型的划分依据，可供参考。

表 8-2　各种生产类型的划分

生 产 类 型		零件的年生产纲领（台/年或件/年）		
		重型零件	中型零件	轻型零件
单件生产		≤5	≤10	≤100
成批生产	小批生产	>5～100	>10～150	>100～500
	中批生产	>100～300	>150～500	>500～5000
	大批生产	>300～1000	>500～5000	>5000～50000
大量生产		>1000	>5000	>50000

8.2　工件的装夹与夹具

8.2.1　概述

1. 装夹

将工件在夹具或机床中定位和夹紧的过程，称为装夹。

2. 定位

工件在机床或夹具中，保证逐次加工一批零件都有相同的位置的操作，称为定位。

3. 夹紧

把工件固定在正确位置上，在加工过程中不会因为重力、切削力、惯性矩使工件发生位置变化而影响加工精度，必须把零件压紧、夹牢，称为夹紧。

根据工件的不同技术要求，可以先定位后夹紧，也可以在夹紧过程中定位，其目的就是要保证各加工面在加工过程中相对于刀具及成形运动有正确且不变的位置，从而保证各加工面的精度。

8.2.2 装夹方法

1. 直接安装法

工件直接安放在机床工作台或者通用夹具（如自定心卡盘、平口虎钳等）上，有时不另外进行找正即夹紧，如利用自定心卡盘安装工件；有时则需要根据工件上某个表面或划线找正工件，再进行夹紧，如在平口虎钳上安装工件。

用这种方法安装工件时，找正比较费时，且定位精度的高低主要取决于所用工具或仪表的精度以及工人的技术水平，定位精度不易保证，生产率较低，所以通常仅适用于单件小批量生产。

2. 夹具装夹

为了保证加工面的精度和提高生产率，事先按照图样技术要求，设计出可靠的某工序加工用的夹具，加工时将工件的定位基准面紧贴在夹具的定位面上，直接由夹具来保证加工面与机床刀具的相对运动位置。对工人的技术水平要求不高，因为零件加工面的精度是靠夹具来保证的。

8.2.3 夹具简介

夹具是为完成零件加工中的某道工序，将工件进行定位、夹紧，将刀具进行导向或对刀，以保证工件和刀具之间有正确的相对位置关系的一种工艺装备。它对保证工件的加工精度、提高生产效率和减轻工人的劳动强度都起着很大的作用。

1. 夹具的种类

夹具按用途可分为以下五类：

（1）通用夹具　通用夹具是指结构已经标准化，且有较大适用范围的夹具，不需要特殊的调整就可以加工不同规格的工件。例如，车床上的自定心卡盘，单动卡盘，铣床、牛头刨床上用的平口钳，铣工、钳工用的万能分度头都属于通用夹具。其共同特点是通用性强，能充分发挥机床的技术性能，扩大了使用范围，已经标准化并由专业厂家提供。

（2）专用夹具　专用夹具属于非标准设备，它必须是根据工件某一要求专门设计的，没有通用性。利用专用夹具加工工件，既能提高产品的加工精度，又能提高生产率。

（3）通用可调夹具和成组夹具　这类夹具的特点：夹具的部分元件可以更换，部分装置可以调整，以适应不同尺寸零件的加工。用于相似零件的成组加工所需要的夹具，称为可调夹具，它适用范围广，但加工对象不明确。

（4）组合夹具　组合夹具是由完全标准化的元件，根据零件的加工要求拼装而成的，不同元件的不同组合连接，构成不同结构和用途的夹具。这类夹具具有较强的灵活性和万能性，生产周期短，投资少，见效快，特别适合试制和小批量生产。

（5）随引夹具　随引夹具是在自动化生产或柔性制造系统中使用的。工件安装在随引夹具上，除完成对工件的定位安装夹紧之外，还负责将工件运输至各机床，并实现在机床上的定位夹紧。

夹具除按使用范围分类之外，还可以按加工类型和在什么机床上使用来分类，如果在车床上使用就叫做车床夹具，在铣床上使用就叫做铣床夹具等。按夹紧方式可分为气动、手动、液动、气液动夹具。

2. 夹具的主要组成部分

图 8-2 所示为在轴上钻孔用的专用夹具。在工件的外圆上有一个直径为 ϕ 的孔，它与轴端的距离为 l_2。孔 ϕ 在圆周方向上是任意的，但对端面 A 有距离要求，设计夹具时要保证尺寸 l_2。该夹具由下列元件或装置组成：

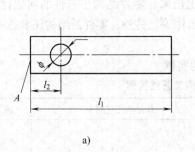
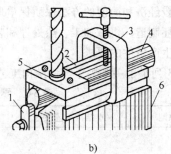

a)　　　　　　　　　　　　　　b)

图 8-2　在轴上钻孔的夹具

a）零件图　b）零件装夹

1—挡铁　2—V 形块　3—夹紧机构　4—工件　5—钻套　6—夹具体

（1）定位元件　定位元件是用来确定工件正确位置的元件。在图 8-2 中，工件的外圆表面用长 V 形块定位，它限制 $\vec{X}$，$\vec{Z}$，$\widehat{X}$，$\widehat{Z}$ 四个自由度；挡铁也是定位元件，为了保证 l_2 的尺寸精度，它限制 $\vec{Y}$ 一个自由度。

（2）夹紧机构　夹紧机构是工件定位后，为了防止切削力引起工件移位，必须将其夹紧的装置。图 8-2 中用框架和螺杆（常用的夹紧机构）将工件夹紧。

（3）导向元件　导向元件也叫对刀块或引刀块，用来保证刀具相对于夹具定位元件具有正确位置关系的元件。图 8-2 中钻套 5 就是导向元件。钻套和导向套用在钻床上叫钻模，用在镗床上叫镗模。

（4）夹具体和其他部分　图8-2中夹具体6是夹具的基准零件，用来连接并固定定位元件、夹紧机构及导向元件，使之成为一个整体，并通过它安装在机床工作台上。

根据加工工件的要求，有时还需要在夹具上设置分度机构、导向链、平衡块和操作件等。

零件的加工精度主要取决于夹具的设计精度和制造（安装、调试）精度。

如果将图8-2中的挡铁设计成在 Y 方向可调整的，就称为可调整夹具，它可以扩大 l_2 尺寸加工的范围。

8.3　零件结构工艺性分析及毛坯的选择

8.3.1　零件结构工艺性分析

分析零件的结构，主要从零件的主要表面、表面的尺寸和各表面的组合方式去认识其结构特点。只有掌握了零件的结构特点，才能恰当地选择加工方法，编制工艺规程。

零件的结构工艺性是指所设计的零件在能满足使用要求的前提下，制造的可行性和经济性。零件的结构对工艺过程的影响很大。使用性能相同而结构不同的零件，其加工方法和制造成本可能有很大的差别。所谓结构工艺性好是指这种结构在相同生产条件下，能用较经济和简便的方法保质保量地加工出来。零件结构工艺性的问题比较复杂，它涉及毛坯制造、机械加工、热处理和装配工作等。另外，零件的结构还要适应生产类型和具体生产条件的要求。

表8-3列举了一些关于零件结构工艺性的实例。

表8-3　零件结构工艺性实例

序号	设计原则	A 结构工艺性差	B 结构工艺性好	说　明
1	尽量采用标准化参数	$\phi 30.5_{0}^{+0.018}$	$\phi 30_{0}^{+0.025}$	B 结构孔径的基本尺寸及公差为标准值，便于采用钻—扩—铰方案加工，可大大提高生产效率，并保证质量
2	零件应有足够的刚度			薄壁套筒类零件可在一端加凸缘，以增加零件的刚度

（续）

序号	设计原则	A 结构工艺性差	B 结构工艺性好	说　明
3	便于装夹		工艺凸台	B 结构在车床小拖板上设置工艺凸台,以便加工下面的燕尾槽,加工完成后再去掉该凸台
4	减少装夹次数			B 结构的键槽在同一方向,可在一次装夹中加工
5	便于退刀和进刀			加工螺纹时,应留有退刀槽或保留足够的退刀长度,可使螺纹清根,操作较容易,避免打刀
6				在套筒类零件上插削键槽时,必须在键槽前端设置一孔或留有退刀槽,以便退刀
7	减少刀具种类	3×M8　4×M10 4×M12　3×M6	8×M12　6×M8	箱体上的螺纹孔孔径应尽量一致或减少种类,以便采用同一加工刀具或减少刀具规格

8.3.2　毛坯的选择

　　毛坯质量的好坏,对零件的加工质量、加工方法、材料利用率、加工劳动量和制造成本等都有很大的影响。机械加工中常用的毛坯有铸件、锻件、型材、焊接件等。选择毛坯时应考虑以下因素:

1. 零件的材料及其力学性能

零件的材料及其力学性能决定了毛坯的种类。例如，当零件材料为铸铁和青铜时，采用铸件；零件材料为钢材，形状不复杂而力学性能要求较高时，采用锻件或铸钢件；零件材料力学性能要求不高时，常采用棒料。

2. 零件的结构形状和尺寸

外形尺寸较大的零件，一般用自由锻件或砂型铸造件；零件尺寸较大但结构较简单时，可选用焊接件；中小型零件，可选用模锻件或特种铸造毛坯；阶梯轴零件，各台阶直径相差不大时可选用棒料，相差较大时可选用锻件；形状复杂、壁薄的零件，往往不能采用金属型铸造毛坯。

3. 零件的生产纲领

生产规模越大，越适宜采用高精度和高生产率的毛坯制造工艺，如金属模铸件、压铸件、模锻或精密模锻的毛坯。零件产量较少时，应选用精度和生产率较低的毛坯制造方法，如自由锻件、木模砂型铸件。

4. 车间的生产条件

结合本车间现有设备和技术水平合理选择毛坯。例如，我国生产的第一台12000t水压机的大立柱，整锻困难，就采用了焊接结构。

5. 充分应用新工艺、新技术、新材料

例如，采用精密铸造、精锻、冷轧、冷挤压、粉末冶金、异型钢材、工程塑料等毛坯制造工艺和材料时，可大大减少机械加工量，甚至可以不再进行机械加工而直接使用。

8.4 工艺规程的拟定

为了保证产品质量、提高生产效率和经济效益，要根据具体生产条件拟定的较合理的工艺过程，用图表或文字的形式写出文件，即工艺规程。它是生产准备、生产计划、生产组织、实际加工及技术检验等的重要技术文件，是进行生产活动的基础资料。本节仅介绍拟定机械加工工艺规程的一些基本问题。

8.4.1 零件的工艺分析

首先要熟悉整个产品的用途、性能和工作条件，结合装配图了解零件在产品中的位置、作用、装配关系及其精度等技术要求对产品质量和使用性能的影响。然后从加工的角度对零件进行工艺分析，主要内容如下：

1. 检查零件的图样是否完整和正确

例如：视图是否足够、正确，所标注的尺寸、公差、表面粗糙度和技术要求等是否齐全、合理，并要分析零件主要表面的精度、表面质量和技术要求等在现有的生产条件下能否达到，以便采取适当的措施。

2. 审查零件材料的选择是否恰当

零件材料的选择应立足于国内，尽量采用我国资源丰富的材料，不要轻易选择贵重

材料。另外还要分析所选的材料会不会使工艺变得困难和复杂。

3. 审查零件的结构工艺性

零件的结构是否符合工艺性一般原则的要求，现有生产条件能否经济地、高效地、合格地加工出来。

如果发现问题，应与有关设计人员共同研究、协商，按规定程序对原图样进行必要的修改与补充。

8.4.2　定位基准的选择

在零件加工中，如何选择定位基准，对加工质量的影响很大。在加工的起始工序中，只能用毛坯上未加工的表面作为定位基准，这种定位表面称为粗基准；选用已经加工过的表面作为定位基准，称为精基准。

由于粗、精基准的用途不同，在选择时所考虑的侧重点也不同。

1. 粗基准的选择

粗基准的选择对零件的加工会产生重要的影响。选择粗基准是为了给后续工序提供精基准，考虑的重点是如何保证各加工表面有足够的余量和保证不加工表面与加工表面之间的尺寸、位置等符合零件图样的设计要求，同时要明确哪一方面的要求是主要的。选择粗基准时，一般应遵循以下原则：

1）若必须首先保证工件重要表面具有较小而均匀的加工余量，应选择该表面为粗基准。例如，在车床床身加工中，导轨面是最重要的表面，它不仅要求精度高，而且要求导轨面有均匀的金相组织和较高的耐磨性，因此加工时导轨面去除余量要小而均匀。此时应以导轨面为粗基准，先加工底平面，然后再以底平面为精基准，加工导轨面，如图 8-3a 所示，这样就可以保证导轨面的加工余量均匀。若违反本条原则，势必造成导轨面加工余量不均匀，降低导轨表面的耐磨性，如图 8-3b 所示。

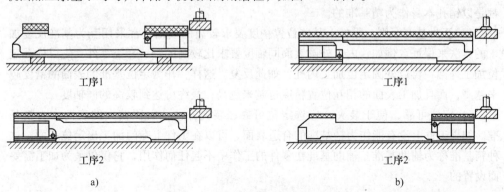

工序1　　　　　　　　　　　　　　　　工序1

工序2　　　　　　　　　　　　　　　　工序2

a)　　　　　　　　　　　　　　　　　　b)

图 8-3　床身加工粗基准选择对比

a) 合理　b) 不合理

2）如果必须保证工件上加工表面与不加工表面之间的相互位置要求，应以不加工表面为粗基准。如果在工件上有多个不加工表面，则应以其中与加工表面相互位置要求较高的不加工表面为粗基准。

3）如果工件上各表面均要求加工，应选加工余量最小的表面作为粗基准，以保证该表面有足够的加工余量。

4）定位可靠，便于装夹。作为粗基准的表面，应选用比较可靠、平整光洁的表面，并有足够大的尺寸，不允许有飞边、浇口、冒口、夹砂或其他缺陷。若工件上没有合适的表面作为粗基准，可以先铸出或焊上几个工艺凸台，加工完毕后再去掉。

5）粗基准一般不应被重复使用，因为毛坯的定位表面很粗糙，不能保证每次安装都在同一位置，如果在两次装夹中不能保证安装在同一位置，就会造成相当大的定位误差。

2. 精基准的选择

精基准的选择应从保证零件的加工质量出发，减少误差，保证加工精度以及装夹准确、可靠、方便。选择精基准时，一般应遵循以下原则：

1）基准重合原则。应尽可能选用零件的设计基准作为精基准，以避免由于基准不重合引起的定位误差。

2）基准统一原则。尽可能使工件各主要表面的加工采用统一的定位基准，即基准统一原则。采用基准统一原则，可以在一次安装中加工多个表面，减少安装次数和安装误差，有利于保证各加工表面之间的相互位置精度，简化工艺过程，减少夹具的设计与制造，缩短生产准备时间，降低成本。例如，当车床主轴采用中心孔定位时，不但能在一次装夹中加工大多数表面，而且保证了各级外圆表面的同轴度要求以及端面与轴心线的垂直度要求。

选作统一基准的表面，一般应是面积较大、精度较高的平面、孔或其他距离较远的几个面的组合。例如，箱体零件用一个较大的平面和两个距离较远的孔作为精基准。

3）自为基准原则。当精整加工或光整加工工序要求加工余量小而均匀时，应选择加工表面本身作为精基准。例如，在活塞销孔的精加工工序中，精镗销孔和滚压销孔，都是以销孔本身作为精基准的。

4）互为基准原则。零件上某些位置精度要求较高的表面，常采用互为基准反复加工的方法来保证。例如，内、外圆表面同轴度要求比较高的轴、套类零件，先以内孔定位加工外圆，再以外圆定位加工内孔，如此反复。这样，作为定位基准的表面的精度越来越高，而且加工表面的相互位置精度也越来越高，最终可达到较高的同轴度。

5）定位可靠，便于装夹。应选定位可靠、装夹方便、面积较大的表面作为精基准。如果工件上没有能作为精基准的合适表面，可以在工件上专门加工出定位基面，这种精基准称为辅助基准。辅助基准在零件的工作中不起任何作用，它仅仅是为加工需要而设置的。

8.4.3 加工余量的确定

1. 加工余量的概念

加工余量是指零件在加工过程中，从被加工表面上必须切除的金属层厚度。加工余量分为工序余量和加工总余量（毛坯余量）两种。完成一道工序时，从某一表面上所必须切除的金属层厚度称为该工序的工序余量。毛坯尺寸与零件图的设计尺寸之差，称为加工总余量（毛坯余量），也就是某加工表面上切除的金属层总厚度，也等于该表面各道工序的工序余量的总和，即

$$Z_{总} = \sum_{i=1}^{n} Z_i$$

式中　$Z_{总}$——加工总余量；

　　　Z_i——工序余量；

　　　n——加工工序数目。

2. 确定加工余量的方法

确定加工余量的基本原则是在保证加工质量的前提下，尽量减少加工余量。具体方法有以下三种：

（1）分析计算法　分析计算法是以一定的试验资料为依据，运用加工余量计算公式，对影响加工余量的各项因素进行分析和综合计算来确定加工余量的方法。该方法最为经济合理，但必须要积累比较全面而可靠的试验数据和资料，且计算比较繁琐，在实际生产中应用较少。

（2）查表法　查表法是根据生产实践和试验研究积累的资料制成表格，结合实际加工情况查表确定加工余量的方法。该方法应用比较广泛，使用时应注意，查表的数据要结合工厂实际加工情况进行修正。

（3）经验估计法　经验估计法是依靠工艺人员和操作工人的实践经验来确定加工余量的方法。该方法为了防止因余量过小而产生废品，所估计确定的加工余量一般偏大，常用于单件小批量生产。

8.4.4　工艺路线的拟定

1. 确定加工方案

根据零件每个加工表面（特别是主要表面）的技术要求，选择较合理的加工方案。常见典型表面的加工方案可参考第 7 章的有关内容来确定。

在确定加工方案时，除了表面的技术要求外，还要考虑零件的生产类型、材料性能及本单位现有的加工条件等。

2. 安排加工顺序

一个复杂零件的加工过程包括以下几种工序：机械加工工序、热处理工序、辅助工序等。

（1）机械加工工序的安排原则　包括以下 4 点：

1）先基面后其他。作为精基准的表面应在机械加工工艺过程一开始便进行加工，因为后续工序中加工其他表面时要用该精基准来定位，如果精基准不止一个，则应按照基面转换的顺序和逐步提高加工精度的原则来安排基面和主要表面的加工。例如：精度要求较高的轴类零件（如机床主轴，丝杠，汽车发动机曲轴等），其第一道机械加工工序一般是铣端面，打中心孔，然后以顶尖孔定位加工其他表面；箱体类零件（如车床

主轴箱，汽车发动机中的气缸体、气缸盖、变速器壳体等）也都是先安排定位基准面的加工（多为一个大平面，两个销孔），再加工其他平面和孔系。

2）先粗后精。对精度和表面质量要求较高的零件，应先安排粗加工，中间安排半精加工，最后安排精加工和光整加工。

3）先主后次。先安排主要表面的加工，后安排次要表面的加工。主要表面指设计基准面、工作表面、装配基面等；次要表面指非工作表面，如键槽紧固用的光孔和螺孔等。因为次要表面的加工工作量较小，且往往与主要表面有位置精度的要求，因此，一般要在主要表面达到一定的精度（如半精加工）之后，再以主要表面定位加工次要表面。例如，箱体主轴孔端面上的轴承盖螺钉孔，对主轴孔有位置要求，应排在主轴孔加工后加工，因为加工这些次要表面时，切削力、夹紧力小，一般不影响主要表面的精度。

4）先面后孔。对于箱体、支架等零件，其上有较大的平面可作为定位基准，应以平面为精基准来加工孔，可以保证定位稳定、准确、可靠，装夹方便，如法兰盘上的螺钉孔。

（2）热处理工序及表面处理工序　热处理是用来改善材料的性能及消除内应力的。热处理工序在工艺路线中的安排，应根据零件的材料和热处理的目的来确定。

1）预备热处理。预备热处理的目的是改善切削性能，消除毛坯制造时的内应力和降低硬度，因此一般安排在机械加工之前。例如，对于碳的质量分数超过0.5%的碳钢一般采用退火，以降低硬度；对于碳的质量分数小于0.5%的碳钢一般采用正火，以提高材料的硬度，使切削时切屑不粘刀，表面较光滑。通过调质可使零件获得细密均匀的回火索氏体组织，也可用作预备热处理，调质处理常安排在粗加工之后、半精加工之前。

2）最终热处理。最终热处理应安排在半精加工之后、磨削加工之前进行（氮化处理应安排在精磨之后），目的是提高零件材料的强度、硬度和耐磨性等。氮化处理由于温度低、变形小，氮化层较薄（0.3~0.7mm），故应放在精磨之后进行。表面装饰性镀层、发蓝处理、阳极氧化等表面处理工序一般都安排在工艺过程的最后进行。

3）去除应力处理。去除应力处理最好安排在粗加工之后、精加工之前，如人工时效、退火。有时，为了避免过多的运输工作量，对于精度要求不太高的零件，一般把去除内应力的人工时效和退火放在毛坯进入机械加工车间之前进行。但是，对于精度要求特别高的零件（如精密丝杠），在粗加工和半精加工的过程中，要经过多次去除内应力退火，在粗、精磨过程中，还要经过多次人工时效。

（3）辅助工序　辅助工序主要包括工件的检验、去飞边、去磁、清洗和涂防锈油等。其中检验工序是主要的辅助工序，它是监控产品质量的主要措施，除了各工序的操作工人自行检验外，还必须在下列情况下安排单独的检验工序：

1）粗加工阶段结束之后。

2）重要工序之后。

3）送往外车间加工的前后，特别是热处理前后。

4）特种性能（如磁力无损检测、密封性等）检验之前。

除检验工序外，其余的辅助工序也不能忽视，如果缺少相关的辅助工序或要求不严，将对装配工作带来困难，甚至使机器不能使用。例如，未去净的飞边，将使零件不能顺利地进行装配，并危及工人的安全；润滑油道中未去净的切屑，将影响机器的运行，甚至使机器损坏。

8.4.5 工艺文件的编制

工艺过程拟定之后，要以图表或文字的形式写成工艺文件。工艺文件的种类和形式多种多样，其繁简程度也有很大不同，要视生产类型而定，通常有以下几种：

1. 机械加工工艺过程卡

用于单件小批量生产，格式见表8-4，它的主要作用是概略地说明机械加工的工艺路线。实际生产中，工艺过程卡内容的繁简程度也不一样，最简单的只列出各工序的名称和顺序，较详细的则附有主要工序的加工简图等。

表8-4 机械加工工艺过程卡

（厂名）		机械加工工艺过程卡	产品型号		零件图号				
			产品名称		零件名称		共 页		第 页
材料牌号		毛坯种类	毛坯外形尺寸		每毛坯可制件数		每件台数	备注	
工序号	工序名称	工序内容		车间	工段	设备	工艺装备	工 时	
								准终	单件
描 图									
描 校									
底图号									
装订号					设计（日期）	审核（日期）	标准化（日期）	会签（日期）	
	标记	处数	更改文件号	签字	日期	处数	更改文件号	签字	

2. 机械加工工序卡

大批量生产中，要求工艺文件更加完整和详细，每个零件的各加工工序都要有工序卡片。它是针对某一工序编制的，要画出该工序的工序图，以表示本工序完成后工件的形状、尺寸及技术要求，还要表示出工件的装夹方式、刀具的形状及其位置等，见表8-5。

表8-5　机械加工工序卡

(厂名)	机械加工工序卡	产品型号		零件图号			第　页	
		产品名称		零件名称			共　页	
(工序简图)		车　间	工序号	工序名称		材料编号		
		毛坯种类	毛坯外形尺寸	每批件数		每台件数		
		设备种类	设备型号	设备编号		同时加工件数		
		夹具编号	夹具名称	切削液		单件时间	准终时间	
		更改内容						

工步号	工步内容	工艺装备	主轴转速 /(r/min)	切削速度 /(m/min)	进给量 /(mm/r)	背吃刀量 /mm	走刀次数	工时定额	
								机动	单件
编制	抄写		校对		审核		批准		

3. 机械加工工艺（综合）卡

主要用于成批生产，它比工艺过程卡详细，比工序卡简单灵活，是介于两者之间的一种格式。工艺卡既要说明工艺路线，又要说明各工序的主要内容，见表8-6。

表 8-6　机械加工工艺卡

（厂名）	机械加工工艺卡	产品型号		零件图号					
		产品名称		零件名称			共　页		第　页

材料牌号		毛坯种类	毛坯外形尺寸	每毛坯可制件数		每件台数	备注		

工序	安装	工步	工序内容	同时加工零件数	切削用量				设备名称及编号	工艺装备名称及编号			技术等级	工　时	
					背吃刀量/mm	切削速度/(m/min)	每分钟转速或往复次数	进给量/(mm/r)		夹具	刀具	量具		准终	单件
									设计（日期）	审核（日期）		标准化（日期）	会签（日期）		

标记	处数	更改文件号	签字	日期	处数	更改文件号	签字	日期		

8.5　典型零件加工工艺

现以传动轴的加工为例说明在单件小批量生产中一般轴类零件的工艺过程，零件图如图 8-4 所示。

8.5.1　零件主要部分的作用及技术要求

1）在 $\phi30_{-0.014}^{0}$ 和 $\phi20_{-0.014}^{0}$ 的轴段上装滑动齿轮，为传递运动和动力开有键槽；$\phi24_{-0.04}^{-0.02}$ 和 $\phi22_{-0.04}^{-0.02}$ 的两段为轴颈，支承于箱体的轴承孔中。表面粗糙度值 Ra 均为 $0.8\mu m$。

2）各圆柱配合表面对轴线的径向圆跳动误差为 $0.02mm$。

3）工件材料为 45 钢，淬火硬度为 $40\sim45HRC$。

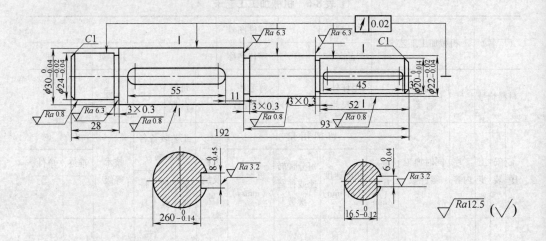

图 8-4　传动轴

8.5.2　工艺分析

　　该零件的各配合表面除本身有一定的精度（相当于 IT7）和表面粗糙度要求外，对轴线的径向圆跳动还有一定的要求。

　　根据对各表面的具体要求，采用如下的加工方案：

　　　　　　　　粗车—半精车—热处理—粗磨—精磨

　　轴上的键槽可以用键槽铣刀在立式铣床上铣出。

8.5.3　基准选择

　　为了保证各配合表面的位置精度，用轴两端的中心孔作为粗、精加工的定位基准。这样既符合基准统一和基准重合的原则，也有利于生产率的提高。为了保证定位基准的精度和表面粗糙度，热处理后应修研中心孔。

8.5.4　工艺过程

　　该轴的毛坯用 φ35 圆钢料。在单件小批量生产中，其工艺过程可按表 8-7 安排。

表 8-7　单件小批量生产轴的工艺过程

工序号	工序名称	工 序 内 容	设　备
1	备料		
2	热处理	正火	
3	车	1）车一端面，钻中心孔 2）切断，长 194 3）车另一端面至长 192，钻中心孔	卧式车床

（续）

工序号	工序名称	工 序 内 容	设　备
4	车	1）粗车一端外圆分别至 $\phi 32 \times 104$、$\phi 26 \times 27$ 2）半精车该端外圆分别至 $\phi 30.4_{-0.1}^{\ 0} \times 105$、$\phi 24.4_{-0.1}^{\ 0} \times 28$ 3）切槽 $\phi 23.4 \times 3$ 4）倒角 $C1.2$ 5）粗车另一端外圆分别至 $\phi 24 \times 92$、$\phi 22 \times 51$ 6）半精车该端外圆分别至 $\phi 22.4_{-0.1}^{\ 0} \times 93$、$\phi 20.4_{-0.1}^{\ 0} \times 52$ 7）切槽分别至 $\phi 21.4 \times 3$、$\phi 19.4 \times 3$ 8）倒角 $C1.2$	卧式车床
5	铣	粗-精铣键槽分别至 $8_{-0.045}^{\ 0} \times 26.2_{-0.09}^{\ 0} \times 55$、$6_{-0.040}^{\ 0} \times 16.7_{-0.07}^{\ 0} \times 45$	立式铣床
6	热处理	淬火、回火 40~45HRC	
7	钳	修研中心孔	
8	磨	1）粗磨一端外圆分别至 $\phi 30.06_{-0.04}^{\ 0}$、$\phi 24.06_{-0.04}^{\ 0}$ 2）精磨该端外圆分别至 $\phi 30_{-0.014}^{\ 0}$、$\phi 24_{-0.04}^{-0.02}$ 3）粗磨另一端外圆分别至 $\phi 22.06_{-0.04}^{\ 0}$、$\phi 20.06_{-0.04}^{\ 0}$ 4）精磨该端外圆分别至 $\phi 22_{-0.04}^{-0.02}$、$\phi 20_{-0.014}^{\ 0}$	磨床
9	检验	按图样要求检验	

复 习 题

1. 什么是工序、安装、装夹、工步？工序和工步、安装和装夹的主要区别是什么？
2. 如何理解结构工艺性的概念？如何分析设计和制造的关系和矛盾？
3. 试分析图 8-5 中结构工艺性方面存在的问题，并提出改进意见。

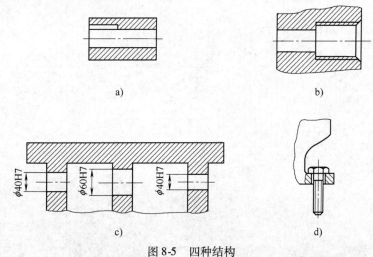

a）　　　　　　　　　　　　b）

c）　　　　　　　　　　　　d）

图 8-5　四种结构

a）结构一　b）结构二　c）结构三　d）结构四

4. 应该怎样选择毛坯类型和制造方法？

5. 粗、精定位基准的选择原则各有哪些？

6. 机械加工工艺过程卡和工序卡的区别是什么？简述它们的应用场合。

7. 试拟定图 8-6 所示轴套零件的机械加工工艺规程。

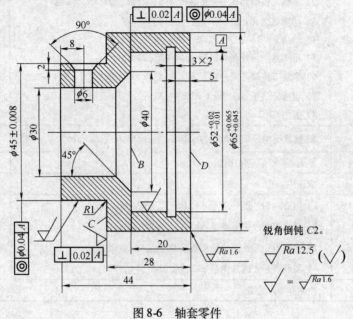

图 8-6　轴套零件

参 考 文 献

[1] 卢秉恒. 机械制造技术基础 [M]. 北京：机械工业出版社，2007.

[2] 周光万. 机械制造工艺学 [M]. 成都：西南交通大学出版社，2010.

[3] 周昌治，杨忠鉴，赵之渊，等. 机械制造工艺学 [M]. 重庆：重庆大学出版社，2006.

[4] 郑甲红，朱建儒，刘喜平. 机械原理 [M]. 北京：机械工业出版社，2006.

[5] 邓文英，宋力宏. 金属工艺学 [M]. 北京：高等教育出版社，2008.

[6] 赵雪松，赵晓芬. 机械制造技术基础 [M]. 武汉：华中科技大学出版社，2006.

[7] 宫成立. 金属工艺学 [M]. 北京：机械工业出版社，2007.

[8] 王文清，李魁盛. 铸造工艺学 [M]. 北京：机械工业出版社，2009.

[9] 姜不居. 特种铸造 [M]. 北京：化学工业出版社，2010.

[10] 陈宗民，姜学波，类成玲. 特种铸造与先进铸造技术 [M]. 北京：化学工业出版社，2008.

[11] 林伯年. 特种铸造 [M]. 杭州：浙江大学出版社，2004.

[12] 黄乃瑜，叶升平，樊自田. 消失模铸造原理及质量控制 [M]. 武汉：华中科技大学出版社，2004.

[13] 崔忠圻. 金属学及热处理 [M]. 北京：机械工业出版社，2006.

[14] 夏巨谌，张启勋. 材料成形工艺 [M]. 北京：机械工业出版社，2010.

[15] 申荣华，丁旭. 工程材料及其成形技术基础 [M]. 北京：北京大学出版社，2008.

[16] 骆志斌. 金属工艺学 [M]. 北京：高等教育出版社，2011.

[17] 王宗杰. 焊接方法及设备 [M]. 北京：机械工业出版社，2007.

[18] 韩荣第. 金属切削原理与刀具 [M]. 哈尔滨：哈尔滨工业大学出版社，2007.

[19] 朱兴元，刘忆. 金属学与热处理 [M]. 北京：中国林业大学出版社，2006.

[20] 刘胜新. 焊接工程质量评定方法及检测技术 [M]. 北京：机械工业出版社，2009.

[21] 王建勋，任廷春. 弧焊电源 [M]. 北京：机械工业出版社，2012.

[22] 吴宗泽，高志，罗圣国，等. 机械设计课程设计手册 [M]. 北京：高等教育出版社，2012.

[23] 张文钺. 金属熔焊原理及工艺 [M]. 北京：机械工业出版社，1980.

[24] 唐继红. 无损检测实验 [M]. 北京：机械工业出版社，2011.

[25] 王东升. 金属工艺学 [M]. 杭州：浙江大学出版社，2000.

[26] 黄政艳. 焊接机器人的应用现状与技术展望 [J]. 装备制造技术，2007 (3)：46.